U0231306

《"中国制造 2025"出版工程》
编 委 会

主 任

孙优贤（院士）

副主任（按姓氏笔画排序）

王天然（院士）　杨华勇（院士）　吴　澄（院士）

陈　纯（院士）　陈　杰（院士）　郑南宁（院士）

桂卫华（院士）　钱　锋（院士）　管晓宏（院士）

委 员（按姓氏笔画排序）

马正先	王大轶	王天然	王荣明	王耀南	田彦涛
巩水利	乔　非	任春年	伊廷锋	刘　敏	刘延俊
刘会聪	刘利军	孙长银	孙优贤	杜宇雷	巫英才
李　莉	李　慧	李少远	李亚江	李嘉宁	杨卫民
杨华勇	吴　飞	吴　澄	吴伟国	宋　浩	张　平
张　晶	张从鹏	张玉茹	张永德	张进生	陈　为
陈　刚	陈　纯	陈　杰	陈万米	陈长军	陈华钧
陈兵旗	陈茂爱	陈继文	陈增强	罗　映	罗学科
郑南宁	房立金	赵春晖	胡昌华	胡福文	姜金刚
费燕琼	贺　威	桂卫华	柴　毅	钱　锋	徐继宁
郭彤颖	曹巨江	康　锐	梁桥康	焦志伟	曾宪武
谢　颖	谢胜利	蔡　登	管晓宏	魏青松	

国家出版基金项目
NATIONAL PUBLICATION FOUNDATION

"十三五"国家重点出版物
出版规划项目

"中国制造2025"
出版工程

聚合物3D打印
与3D复印技术

杨卫民　鉴冉冉　著

化学工业出版社

·北京·

本书创新提出聚合物3D复印技术的概念，类比介绍了聚合物3D打印与3D复印两种技术，并详细阐述了聚合物3D复印技术的核心原理及工艺，聚合物3D复印机的组成、基本参数、结构设计，聚合物3D复印制品的精度控制方法、缺陷的产生机理及解决办法，此外还对聚合物3D复印技术的发展趋势进行了讨论。

本书取材传统与新型兼备，内容新颖，注重理论性与实用性，在篇章结构上兼顾学术参考和工业应用两方面的需要，较系统地反映了聚合物3D打印及3D复印技术的内容和应用，可供从事聚合物加工的工程技术人员、研发人员和相关专业师生阅读、参考。

图书在版编目（CIP）数据

聚合物3D打印与3D复印技术/杨卫民，鉴冉冉著. —北京：化学工业出版社，2018.3（2021.1重印）

"中国制造2025"出版工程

ISBN 978-7-122-31307-2

Ⅰ.①聚… Ⅱ.①杨…②鉴… Ⅲ.①立体印刷-印刷术 Ⅳ.①TS853

中国版本图书馆CIP数据核字（2018）第002265号

责任编辑：曾　越　张兴辉　　　　　　　　　文字编辑：陈　喆
责任校对：边　涛　　　　　　　　　　　　　装帧设计：尹琳琳

出版发行：化学工业出版社（北京市东城区青年湖南街13号　邮政编码100011）
印　　装：北京盛通商印快线网络科技有限公司
710mm×1000mm　1/16　印张17½　字数330千字　2021年1月北京第1版第2次印刷

购书咨询：010-64518888　　　　　　　　售后服务：010-64518899
网　　址：http://www.cip.com.cn
凡购买本书，如有缺损质量问题，本社销售中心负责调换。

定　　价：89.00元　　　　　　　　　　　　版权所有　违者必究

序

　　制造业是国民经济的主体，是立国之本、兴国之器、强国之基。近十年来，我国制造业持续快速发展，综合实力不断增强，国际地位得到大幅提升，已成为世界制造业规模最大的国家。但我国仍处于工业化进程中，大而不强的问题突出，与先进国家相比还有较大差距。为解决制造业大而不强、自主创新能力弱、关键核心技术与高端装备对外依存度高等制约我国发展的问题，国务院于 2015 年 5 月 8 日发布了"中国制造 2025"国家规划。随后，工信部发布了"中国制造 2025"规划，提出了我国制造业"三步走"的强国发展战略及 2025 年的奋斗目标、指导方针和战略路线，制定了九大战略任务、十大重点发展领域。2016 年 8 月 19 日，工信部、发展改革委、科技部、财政部四部委联合发布了"中国制造 2025"制造业创新中心、工业强基、绿色制造、智能制造和高端装备创新五大工程实施指南。

　　为了响应党中央、国务院做出的建设制造强国的重大战略部署，各地政府、企业、科研部门都在进行积极的探索和部署。加快推动新一代信息技术与制造技术融合发展，推动我国制造模式从"中国制造"向"中国智造"转变，加快实现我国制造业由大变强，正成为我们新的历史使命。当前，信息革命进程持续快速演进，物联网、云计算、大数据、人工智能等技术广泛渗透于经济社会各个领域，信息经济繁荣程度成为国家实力的重要标志。增材制造（3D 打印）、机器人与智能制造、控制和信息技术、人工智能等领域技术不断取得重大突破，推动传统工业体系分化变革，并将重塑制造业国际分工格局。制造技术与互联网等信息技术融合发展，成为新一轮科技革命和产业变革的重大趋势和主要特征。在这种中国制造业大发展、大变革背景之下，化学工业出版社主动顺应技术和产业发展趋势，组织出版《"中国制造 2025"出版工程》丛书可谓勇于引领、恰逢其时。

　　《"中国制造 2025"出版工程》丛书是紧紧围绕国务院发布的实施制造强国战略的第一个十年的行动纲领——"中国制造 2025"的一套高水平、原创性强的学术专著。丛书立足智能制造及装备、控制及信息技术两大领域，涵盖了物联网、大数据、3D 打印、机器人、智能装备、工业网络安全、知识自动化、人工智能等一系列的核心技术。丛书的选题策划紧密结合"中国制造 2025"规划及 11 个配套实施指南、行动计划或专项规划，每个分册针对各个领域的一些核心技术组织内容，集中体现了国内制造业领域的技术发展成果，旨在加强先进技术的研发、推广和应用，为"中国制造 2025"行动纲领的落地生根提供了有针对性的方向引导和系统性的技术参考。

这套书集中体现以下几大特点：

首先，丛书内容都力求原创，以网络化、智能化技术为核心，汇集了许多前沿科技，反映了国内外最新的一些技术成果，尤其国内的相关原创性科技成果得到了体现。这些图书中，包含了获得国家与省部级诸多科技奖励的许多新技术，图书的出版对新技术的推广应用很有帮助！这些内容不仅为技术人员解决实际问题，也为研究提供新方向、拓展新思路。

其次，丛书各分册在介绍相应专业领域的新技术、新理论和新方法的同时，优先介绍有应用前景的新技术及其推广应用的范例，以促进优秀科研成果向产业的转化。

丛书由我国控制工程专家孙优贤院士牵头并担任编委会主任，吴澄、王天然、郑南宁等多位院士参与策划组织工作，众多长江学者、杰青、优青等中青年学者参与具体的编写工作，具有较高的学术水平与编写质量。

相信本套丛书的出版对推动"中国制造 2025"国家重要战略规划的实施具有积极的意义，可以有效促进我国智能制造技术的研发和创新，推动装备制造业的技术转型和升级，提高产品的设计能力和技术水平，从而多角度地提升中国制造业的核心竞争力。

中国工程院院士 潘云鹤

前言

3D 打印技术最开始被叫做快速成型技术，诞生于 20 世纪 80 年代后期，是基于材料堆积法的一种高新制造技术。"3D 打印"的概念被提出后，使得人们重新认识快速成型技术。多学科交叉知识的普及，也使得快速成型技术得到飞速发展。借鉴这样一个成功的范例，我们在模塑成型的基础上提出了"3D 复印"的概念。基于目标产品的虚拟设计或三维扫描建模、模具结构智能规划三维打印、智能化注射模塑成型集成创新发展起来的"3D 复印"技术可望成为现代制造业智能化发展的新趋势，有着广阔的应用前景。

3D 复印技术最早可追溯到青铜器时代，甚至比二维纸质印刷出现得还要早。早在 3000 多年前，人类就开始使用模具制造青铜立人、四羊方尊、后母戊鼎等大型青铜作品。北宋时毕昇发明活字印刷术，雕版制作"泥活字"，先制成单字的阳文反文字模，然后按照稿件把单字挑选出来，排列在字盘内，涂墨印刷，印完后再将字模拆出，留待下次排印时再次使用。进入 20 世纪以来，随着制造业和经济水平的飞速发展，模塑成型以其成型效率高、产品质量好等优势成为制造业最重要的加工手段之一。

本书围绕聚合物 3D 打印与 3D 复印智能制造技术的主题，通过对 3D 打印和 3D 复印的类比介绍，集成聚合物精密注射模塑成型和熔体微分 3D 打印技术应用基础研究成果，结合智能制造的重大需求和背景知识，创新提出并初步探索 3D 打印/复印智能制造的核心原理和技术路线，探讨了 3 个关键环节的科学技术问题和解决方案。全书共 6 章：第 1 章主要介绍 3D 打印与 3D 复印的概念、意义和核心原理等基础知识；第 2 章主要介绍聚合物 3D 打印与 3D 复印工艺；第 3 章和第 4 章分别介绍几种典型的聚合物 3D 打印机和 3D 复印机；第 5 章对聚合物 3D 复印用材料及其制品缺陷产生机理和解决办法进行了阐述；第 6 章对聚合物 3D 复印技术的未来进行了展望和畅想，重点介绍了几种切实可行的发展方向。

本书内容参阅了国内外公开发表的研究论文和技术资料，其中也包括笔者和同事们近年来在该研究领域所取得的一些研究成果，目的是帮助广大读者比较系统全面地了解该领域的理论发展与技术进步，并且以复印的观念重新认识模塑成型技术，希望能够推动聚合物模塑成型技术的快速发展。对本书原创成果有重要贡献的团队老师有杨卫民、关昌峰、张有忱、谢鹏程、焦志伟、丁玉梅、阎华、何雪涛、安瑛、谭晶等，直接以本书内容为研究课题的博士研究生有鉴冉冉、迟百宏、王建、张攀攀等，硕士研究生有解利杨、刘丰丰、刘晓军、严志云、杜彬、李月林等。此外参与本书整理工作的学生还有胡力、张玉丽等。

笔者在本书著述过程中反复斟酌，数易其稿，系统深入地介绍聚合物 3D 打印与 3D 复印创新知识，特别注意了兼顾学术参考和工业应用两方面的需要，但是因水平所限，书中不足之处在所难免，还请读者批评指正。

杨卫民

目录

第1章

绪　论

随着社会的不断发展，聚合物在各领域的应用比重逐年提高，甚至表现出比金属材料更优异的性能，不仅可以达到金属材料的强度刚度要求，还可以通过添加助剂使其具有阻燃、导电、抗氧化等特性以满足特定场合的使用要求，在某些领域已经代替钢铁等金属材料。而聚合物加工成型与先进制造技术也取得了长足的发展，正朝着更加精密、更加节能、更加高效的方向发展。

聚合物3D打印技术是一种先进制造技术，它为材料到结构提供了一种新的制造方法，是一种"从无到有"的增材制造方法，突破了传统制造技术在形状复杂性产品制造方面的技术瓶颈，能快速制造出传统工艺难以加工，甚至无法加工的复杂形状及结构特征。但是，目前由于其设备和材料成本高昂，制品精度和强度较低，应用范围受到很大限制。此外，由于"3D打印"是以逐层堆积的方式构造产品，成型效率相对较低。

在聚合物模塑成型技术基础上发展起来的聚合物"3D复印技术"，对三维实体进行精确复制，将熔融的聚合物注入特定模腔进行冷却固化成型，是一种"从一到多"的等材制造方法。聚合物"3D复印"技术是将注塑成型装备作为"3D复印机"，以3D打印模具为手段，实现复杂结构特征塑料制品的三维立体复制，生产过程高度自动化、效率高、速度快、制品精度高。"3D复印机"与传统的纸质复印机一样，能够实现样本的快速、高精度、大批量复制。而复印的价值就在于"低成本、高效率"，因此3D复印技术具有广阔的应用前景，能够满足日益迫切的市场需求。3D复印工艺大致分为三个阶段：制品实体扫描或原型构建、模具设计与打印、模塑成型。无论是高精度产品制造还是大批量生产，"3D复印"技术都有着其他技术无可比拟的优势。

1.1 3D 打印概论

随着新型工业化、信息化、城镇化的同步推进，居民消费潜力不断释放，客户需求日趋多样化和个性化，产品更新速度加快、生产周期变短、质量要求越来越高、成本越来越低。多品种、小批量生产模式已成为企业现代经济的一种模式[1-3]。而个性化、小批量的高分子医用产品、航空航天配件、文化创意制品等需求的快速发展，又使研发及设计样品制造需求不断扩大，因此一种满足小批量快速加工的塑料成型方法成为研究热点。

3D 打印技术是先进制造技术中的重要研究领域，它的优点在于可制备复杂曲面制品、近净成型、数字化设计与制造等[4]。经过 30 多年的发展，3D 打印技术从概念、工艺及设备研发向行业应用迅速转移，给传统制造业及智能制造发展趋势带来深刻影响。根据加工材料的类型与方式进行分类，又可分为金属 3D 打印、聚合物 3D 打印、生物材料 3D 打印等。

我们平常使用的普通打印是用于打印计算机输出的平面物品，但是实际上，3D 打印与普通打印的工作原理基本相似。普通打印是将墨水喷涂在纸张上，而 3D 打印则是利用金属、塑料等材料累积叠加成三维立体图形，将计算机建立的模型以实物的形式展现出来。

与传统加工方式相比，3D 打印技术的生产成本与制品的复杂程度无关，只与用料多少及用料成本有关，从一定程度上，能够降低制造成本。3D 打印技术可以直接成型整个部件，无需组装，并且大大扩展了所加工制品形状的范围。3D 打印因具有的这些优势，在未来会逐渐渗透到人们的生活中，得到越来越广泛的应用。

1.1.1 3D 打印的工作原理

3D 打印技术（3D Printing）又被称为增材制造技术（additive manufacturing）、快速成型技术（rapid prototyping）。ASTM 国际标准组织 F42 增材制造技术委员会对其原理的定义为："根据三维模型数据，通过逐层堆积材料的方式进行加工，有别于减材制造方法，通常通过喷头、喷嘴或其他打印技术进行材料堆积的一种制品加工方法。"[5] 它与普通打印工作原理基本相同，打印机内装有液体或粉末等"打印材料"，与电脑连接后，通过电脑控制把"打印材料"一点点叠加起来，最终把计算机上的蓝图变成实物。

3D 打印材料、3D 打印机、设计好的 3D 模型图是 3D 打印的必备条件。3D 打印材料就如同普通喷墨打印机的"A4 纸"和"墨水"，想打印不同种类，只需根据自身需求，结合实际情况选择相应的 3D 打印材料就可打印出最终作品。要提到的一点是，如果选择金属类材料，需选择与之对应的金属 3D 打印。

3D 打印基本的加工流程可分为 5 个步骤，如图 1-1 所示。

① 三维建模　运用三维软件构建三维曲面或实体模型，可使用的软件包括 NX、Pro/E、SolidWorks 等工程类软件，Rhinos、Maya、3Dmax 等复杂曲面建模软件等。

② 三角网格化（STL） STL 文件是一种数字化网格文件，能够描述三维物体的几何信息。在三维软件中可通过设置弦高的方式提高模型精度，并导出模型的数字文件。

③ 模型分层 将 STL 文件转到 3D 打印软件进行模型分层和工艺设定。不同类型的 3D 打印设备具有不同的工艺设定软件，如开源 3D 桌面打印机的 Cura、Simplify、Makerware 软件等；对于工业级 3D 打印机，其软件与设备合成，开源软件较少。在软件中对数字模型进行切片分层、路径规划，并对打印速度、填充率、温度、压力等参数进行设定，最终生成 3D 打印设备可识别的语句，如 Gcode 切片文件。

④ 堆积制造 不同类型的 3D 打印机有不同的打印准备流程，与耗材及工艺相关，但均采用逐层堆积的方式进行加工，这样将复杂的物理实体转化为二维片层加工，降低了加工难度，而且产品的结构复杂程度对加工工艺无影响。

⑤ 后期处理 在打印完成后，为保证制品的表面精度及其他性能，需进行一系列后处理，如清除支撑结构、清洗残余粉末及树脂等；或者在丙酮蒸气里进行表面光滑处理，以及为提高制品力学性能，用紫外线进行照射等处理方法。

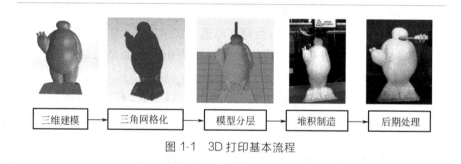

三维建模 → 三角网格化 → 模型分层 → 堆积制造 → 后期处理

图 1-1 3D 打印基本流程

1.1.2 3D 打印发展历程

3D 打印的想法起源于 19 世纪末美国的一项分层构造地貌地形图的专利。1984 年，Hull 提出快速成型的概念，真正确立则是以美国麻省理工学院的 Scans E. M 和 Cima M. J 等在 1991 年申报关于三维打印专利为标志。近三十年来，3D 打印技术得到了迅速发展，其发展历程如图 1-2 所示。2005 年，Zcrop 公司成功研制出首台高清彩色 3D 打印机——Spectrum Z510。2010 年 11 月，第一辆 3D 打印的汽车 Urbee 由美国 Jim Kor 团队打造出来。之后，更是出现 3D 打印金属枪/飞机等。

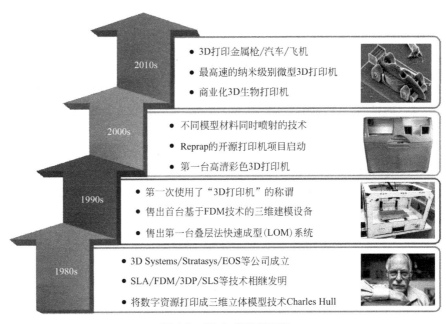

2010s
- 3D打印金属枪/汽车/飞机
- 最高速的纳米级别微型3D打印机
- 商业化3D生物打印机

2000s
- 不同模型材料同时喷射的技术
- Reprap的开源打印机项目启动
- 第一台高清彩色3D打印机

1990s
- 第一次使用了"3D打印机"的称谓
- 售出首台基于FDM技术的三维建模设备
- 售出第一台叠层法快速成型(LOM)系统

1980s
- 3D Systems/Stratasys/EOS等公司成立
- SLA/FDM/3DP/SLS等技术相继发明
- 将数字资源打印成三维立体模型技术Charles Hull

图 1-2　3D 打印发展历程

3D 打印工艺主要分为 7 大类[6]：耗材挤出成型（material extrusion）、耗材喷射成型（material jetting）、胶液喷射成型（binder jetting）、片层堆叠成型（sheet lamination）、光固化成型（vat photopolymerization）、粉末床熔结成型（power bed fusion）、定向能量沉积成型（direction energy deposition）。每大类包含众多分类，成型工艺稍有区别。

常用于聚合物且已得到广泛应用的 3D 打印工艺有：丝材熔融沉积成型（fused deposition modeling，FDM）、选择性激光烧结成型（selective laser sintering，SLS）、液态树脂光固化成型（stereo lithography apparatus，SLA）、薄材叠层实体制造（laminated objected manufacturing，LOM）、三维印刷（three dimension printing，3DP）、微滴喷射成型（micro-droplet jetting，MDJ）。这 6 种打印工艺各有优缺点，根据耗材的不同或其 3D 打印设备的价格来选择不同的成型工艺，将在后续章节进行详细介绍。

1.1.3 3D 打印在聚合物加工成型中的应用

根据 Wohlers 2015 研究报告[6]，3D 打印技术应用日趋广泛，2014 年非金属打印机销售 13393 台，其中用于聚合物加工的设备占 90% 以上。基于聚合物的 3D 打印制品主要应用于模型制品及结构功能制品，主要分布在：①视觉教具，应用于工程、设计及医学教学领域；②展示模型，应用于建筑及创新设计展示领域；③结构器件，应用于临时装配、组装的机械结构领域；④铸造模具，应用于小批量翻模或铸造阳模等领域；⑤功能制品，具有特殊用途的相关制品领域。

研究人员在聚合物 3D 打印制品应用领域进行了大量的尝试，并针对其特殊应用对 3D 打印工艺进行优化，拓宽了 3D 打印的应用范围。

1.2 3D 复印概论

3D 复印技术是相较于 3D 打印技术而提出的概念，顾名思义，是指大批量复制三维实体的技术。狭义上讲，即聚合物模塑成型技术，包括注塑、吹塑、滚塑等；广义上讲，所有依靠"模子"来重复成型制品的技术均属于 3D 复印的范畴，例如，金属铸造、金属压铸、冲压等金属加工技术。

3D 复印工艺分为三个阶段：制品实体扫描或原型构建、模具设计与制造、模塑成型。制品实体扫描是指以实物化为导向，对实体进行三维数据采集，导入计算机系统；制品原型构建是指以数字化为导向，通过三维制图软件进行制品设计和模拟仿真软件进行制品优化，形成三维数据。

模具是 3D 复印技术的核心部件。它的作用是控制和限制材料（固态或液态）的流动，使之形成所需要的形体。模具因其具有效率高、产品质量好、材料消耗低、生产成本低的特点而广泛应用于制造业中。在电子、汽车、电机、电器、仪表、家电和通信等产品中，60%～80% 的零部件都依靠模具成形。模具质量的高低决定着产品质量的高低，因此，模具被称为"工业之母"。模具又是"效益放大器"，用模具生产的最终产品的价值，往往是模具自身价值的几十倍，甚至上百倍。

传统的模具制造主要通过机加工的方式，成型周期较长。而在 3D 复印工艺中，可通过 3D 打印模具或模仁的方式，缩短成型周期。3D 打印模具主要分为塑料模具和金属模具，首先打印塑料模具进行试模修模等，然后打印金属模具进行最终制品的成型和复制。

进入 20 世纪以来，随着制造业和经济水平的飞速发展，模塑成型以其成型效率高、产品质量好等优势成为制造业最重要的加工手段之一（图 1-3）。而模具生产的工艺水平及科技含量的高低，已成为衡量一个国家科技与产品制造水平的重要标志，它在很大程度上决定着产品的质量、效益、新产品的开发能力，决定着一个国家制造业的国际竞争力。

图 1-3 3D 复印技术

1.2.1 3D 复印的工作原理

3D 复印的基本原理（图 1-4）是根据三维实体的结构轮廓、形状特征等信息制作模具型腔，然后在模具型腔内注入材料，在外力或材料自身相态变化的作用下，复制成型。在此加工过程中，不同的材料需要分别加以控制，使其达到所需要的加工温度，而后按预先设定好的工艺流程，注入模具中，最后冷却固化得到所需要的制品。

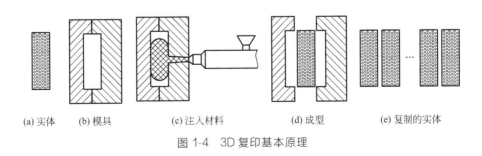

(a) 实体　　(b) 模具　　　　(c) 注入材料　　　　　(d) 成型　　　　(e) 复制的实体

图 1-4 3D 复印基本原理

3D复印成型加工有许多种基本方式。这里主要介绍两种：一种是注塑技术及其衍生技术；另一种是滚塑成型技术。

（1）注塑技术及其衍生技术

注射成型技术（简称注塑技术），是将加热熔融的聚合物材料注射到模具型腔内，经冷却固化而得到成型制品的技术，它是塑料制品加工成型最重要的工艺方法之一，也是3D复印技术最基本、应用最广泛的形式之一[7]。

图1-5 注塑机工作过程循环周期

注射成型是一个周期性往复循环的过程，从注射成型机（简称注塑机）单元操作来看，其动作分为塑化、注射、充模、保压、冷却、脱模等阶段，其工作过程循环周期如图1-5所示。循环由模具闭合开始，熔体注射进入型腔；型腔充满后会继续保持压力以补充物料收缩，称为保压；在物料冷却过程开始时，螺杆开始转动，在螺杆前端储料用于下一次注射；待制品充分冷却后，开模，顶出制品。完成一次循环的时间称为成型周期，它是关系生产率和设备使用率的重要指标。

① 模具的闭合与锁紧 注塑机的复印过程从模具闭合开始，动模板首先以高速向定模板移动，在二者快要接触时，动模板改以低速压紧，待动定模板之间的压力达到所需值之后，信号反馈给控制系统，进行下一动作。

② 注射座前移、注射及保压 注射系统接到控制系统的信号后，开始慢慢地向模具系统移动，直到和模具贴合。螺杆在注塑油缸驱动下快速前移，以一定压力和速度将熔料注入模具中。但是，由于低温模具的冷却作用，注入模具中的熔料，随着时间的推移会发生收缩，为了补偿这一部分收缩，制得质量致密的制品，通常螺杆前端会存有少量熔料（料垫），收缩过程中，这部分熔料便进入到模具中，此时螺杆相应的会有一小段向前的位移。

③ 制品冷却与预塑化 熔料自进入模具便开始冷却，冷却达到一定程度后，浇口封闭，此时熔料无法回流到注射系统，制品便在模具内慢

慢冷却定型。为了缩短成型周期、提高生产效率，制品冷却的同时，注射系统开始为下一次注射做准备，螺杆转动，料斗内的料粒或粉料向前输送并熔融塑化，在正常情况下，熔料向前的压力低于喷嘴给它的阻力，但大于注射油缸工作油的回泄阻力，所以螺杆边转动边后退，后移量即为料垫的量。当螺杆后退到达到计量值时，螺杆停止转动。

④ 注射座后移与制品取出　螺杆塑化计量结束后，注射系统后移，模具打开，利用顶出机构将已定型的制品顶出，一个注塑周期结束。

在整个成型周期中，以注射时间和冷却时间最为重要，它们对于制品成型质量有着决定性的影响。注射时间包括充模时间和保压时间两个部分。充填时间相对较短，一般在 3～5s；保压时间所占比例较大，一般为 20～120s（壁厚增加时则更长）。注塑机充填过程以速度控制方式完成，经过速度/压力切换点转换为压力控制方式开始保压，速度/压力切换时间的确定直接影响到制品质量。

在保压过程中，保压压力与时间的关系称为保压曲线。保压压力过高或保压时间过长，产品容易出现飞边且残余应力较高；而保压压力过低或保压时间过短，产品则容易产生缩痕，影响产品质量。因此保压曲线存在最佳值，在浇口凝固之前，通常以制品收缩率波动范围最小的压力曲线为准。

冷却时间则主要取决于制品的厚度、塑料的热性能和结晶性能以及模具的温度。冷却时间过长，会影响成型周期，降低生产力；冷却时间过短，将造成产品粘模，难以脱模，且成品未完全冷却固化便脱模，容易受外力影响而引起变形。成型周期中其他时间则与注塑机自身性能及自动化程度有关[8]。

注射成型技术是根据金属压铸成型原理发展而来的。随着科技的不断进步，注射成型工艺不断创新，诸如注射压缩成型、注拉吹成型、气体或水辅助注射成型、传递模塑成型（RTM 技术）、反应注射成型、微发泡注射成型、多组分注射成型、微分注射成型[9]（图 1-6）、纳米注射成型等。

图 1-6　微分注射成型技术

（2）滚塑成型技术

滚塑成型技术[10]（又叫旋塑成型技术），是顺应大型塑料制品的市场需求而出现的特种高分子制品模塑成型技术，是一种在高温、低压条件下制造中空塑料制品的工艺方法。它适用于模塑表面纹理精细、形状复杂的大尺寸及特大尺寸中空制品，且所加工制造的产品具有壁厚均匀、尺寸稳定、无残余应力、无成型缝、无边角废料等优点。

滚塑成型过程主要分为填充、加热、冷却、脱模4个阶段（见图1-7），具体如下。

① 填充　将依据科学计算后所需的热塑性工程塑料进行称量和预处理，以粉料或者液体的形式注入滚塑模具的型腔中。

② 加热　把滚塑成型装置置于加热室中，对滚塑模具进行加热。在对滚塑模具加热的过程中，同时对内外轴（也称主副轴）按照一定的旋转速比进行旋转，使所有的粉料黏附并固化在滚塑模具型腔的内表面上。

③ 冷却　将滚塑模具从加热室移置于冷却室内，使得滚塑模具型腔内的热塑性粉料冷却到能够定型的温度。在此过程中需要依据物料的流动性能和制品的结构形状设置精确的冷却时间和冷却条件，并且滚塑成型装置需要保持不断地旋转。

④ 脱模　设置滚塑装置内外轴转速，使滚塑成型装置位于设定的开模位置，打开滚塑模具，取出制品，并作定型处理（可根据制品的结构复杂程度设计是否需要做定型处理）。

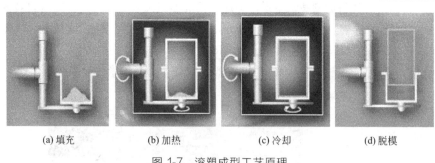

(a) 填充　　　　(b) 加热　　　　(c) 冷却　　　　(d) 脱模

图 1-7　滚塑成型工艺原理

旋塑成型主要用于制造大型的塑料制品，例如，家具、皮划艇、军用包装箱等，如图1-8所示。目前的旋塑成型装备、模具及工艺技术相比于其他的塑料成型方法还比较落后，存在成型周期长、能源消耗大的问题，在很大程度上制约了旋塑技术在聚合物成型领域的广泛应用。

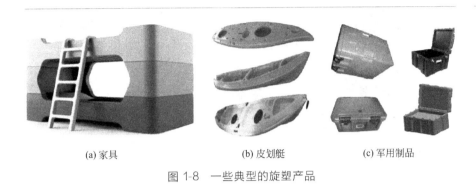

(a) 家具　　　　　　　　(b) 皮划艇　　　　　　　(c) 军用制品

图 1-8　一些典型的旋塑产品

1.2.2 3D 复印的意义

在探索产业前进方向的进程中，3D 打印的出现，使产品工业设计快速更新，对现代制造业生产流程产生着积极的影响。然而，3D 打印以逐层堆积的方式构造产品，加工难度较大，成型效率相对较低。相对于 3D 打印，以注射成型为代表的 3D 复印在模塑成型领域则拥有着更为迫切的市场需求和广阔的应用前景。3D 复印技术是将注塑成型装备作为 3D 复印机，实现复杂结构特征塑料制品的三维立体复制，生产过程高度自动化，效率高、速度快、制品精度高。无论是高精度产品制造还是大批量生产，3D 复印技术都有着其他技术无可比拟的优势。

20 世纪以来，人们的物质生活和精神生活都有了较高的要求。人们日益增长的物质文化需求必然依赖于先进的社会生产力，大批量、高精度的产品制造技术应运而生。因此，诸如注塑、滚塑等 3D 复印技术的出现，使得同一产品大规模生产成为可能。3D 复印技术最大的特点是成型效率高。例如，在 2013 年德国国际橡塑展（K2013）上，Arburg（阿博格）公司推出 1.85s 生产 64 个薄壁零件的超高速注塑机，用于滴管系统的金银丝细工结构的薄壁扁平滴头制造；KraussMaffei（克劳斯玛菲）公司现场演示高速注塑瓶盖技术，注射成型周期仅为 2.1s，一台设备一年可生产十几亿瓶盖，极大地提高了生产效率（图 1-9）。

(a) Arburg公司推出的超高速注塑机　　　　(b) KraussMaffei公司现场演示注塑瓶盖

图 1-9　K2013 展会推出的超高速注塑机

1.3　3D 打印与 3D 复印的区别

　　3D 打印是以点为单位进行微滴堆叠，在成型复杂制品方面具有很大的灵活性，但是具有成型周期长、成型效率低、原料范围窄、制品精度无法满足实际生产需要等缺点，主要面向于多品种、小批量生产。目前，常规的线材 3D 打印机已得到大量推广应用，打印原材料主要有 PLA 和 ABS 两种，主要用于工艺品、装饰品等的成型。3D 打印的应用领域延伸性很强，但是目前仍然处于概念阶段或起步阶段，例如，3D 打印食品、3D 打印房子、3D 打印骨骼、3D 打印太空零件等，相信随着 3D 打印技术日趋成熟，这些设想会在不久的将来得到成熟应用（图 1-10）。

(a) 3D打印　　　　　　　　　　　　　(b) 3D复印

图 1-10　3D 打印与 3D 复印应用领域

　　3D 复印则以模腔为单位进行液体充填，分为一模一腔、一模多腔、嵌件注射等形式，具有成型周期短、成型效率高、原料范围宽、制品精度高等优点，但是模具制造成本较高，主要面向于单一制品、大批量生产，广泛地应用于日用品、汽车工业、航空航天、医疗器械、电子电器等领域（图 1-10）。

　　在 3D 打印技术诞生之前，世界各地加工制造业都是以模具为生产主力。模具为加工制造业做出了巨大贡献，所以又被称为"工业之母"。3D 打印工艺不需要模具，而是靠堆积成型来增材制造，就像燕子做窝，用嘴含着泥土一点点累积起来的，经过一定时间的堆积，最后形成最终作品。

　　3D 打印与传统模具的区别如下。

　　传统模具：

　　① 模具耐用性：要耐磨损，而且要经济实惠。鉴于此，大部分模具都采用钢制，有些甚至采用硬质合金制造。

　　② 模具制造：用 3D 建模软件，例如，PRO/E 将模具图绘制出来，经过不断调整达到最终成型效果。

　　③ 模具用途：以传统注塑和冲压产品为主。

　　④ 模具强度精度：根据用户实际需求确认强度，精度较高。

　　⑤ 模塑成型生产周期：成型时间较为快速。

　　3D 打印技术：

　　① 3D 打印所需材料：根据用户实际需求考虑最适合的打印材料。

　　② 3D 打印成型方式：累积式，一点一点增加上去，最终打印完成作品。

　　③ 3D 打印用途：小型复杂零件用 3D 打印可以轻松实现；大型零件，整体打印拼凑。

　　④ 3D 打印强度精度：关于 3D 打印的强度和精度有很多综合因素，3D 打印机的精度、所选材料的好坏、3D 模型图的精度都决定了最终产品的精度和强度。3D 打印强度和精度正在以飞快的速度在改善。

　　⑤ 3D 打印生产时间：成型时间较长。

　　图 1-11 为模具实物图。

图 1-11　模具实物图

参考文献

[1] 孙郁瑶. 强调市场决策　推动制造业迈向协同创新 [J] . 中国产业经济动态，2015，（13）：26-28.

[2] 徐君，高厚宾，王育红. 新型工业化、信息化、新型城镇化、农业现代化互动耦合机理研究 [J]. 现代管理科学，2013，（09）：85-88.

[3] 赵钢. 多品种小批量生产模式的企业生产流程再造的应用研究 [D]. 上海：上海交通大学，2013.

[4] Alok K Priyadarshi, Satyandra K Gupta, Regina Gouker, et al. Manufacturing multimaterial articulated plastic products using in-mold assembly[J]. The International Journal of Advanced Manufacturing Technology, 2007, 32 (3-4)：350-365.

[5] 王运赣，王宣. 3D 打印技术[M]. 武汉：华中科技大学出版社，2014.

[6] Terry T Wohlers, Tim Caffrey. Wohlers Report 2015: 3D Printing and Additive Manufacturing State of the Industry Annual Worldwide Progress Report[M]. Wohlers Associates, 2015.

[7] 杨卫民，丁玉梅，谢鹏程. 注射成型新技术[M]. 北京：化学工业出版社，2008.

[8] 谢鹏程. 精密注射成型若干关键问题的研究 [D]. 北京：北京化工大学，2007.

[9] 张攀攀，王建，谢鹏程，等. 微注射成型与微分注射成型技术 [J]. 中国塑料，2010，（06）：13-18.

[10] 秦柳. 大型塑料制品旋塑成型装备及工艺关键问题研究 [D]. 北京：北京化工大学，2015.

第2章

聚合物3D打印
与3D复印工艺

　　无论是 3D 打印技术还是 3D 复印技术，其工艺流程和纸质打印复印机是异曲同工的，都需要经过数据采集、模型分析、原料制备、样本复制等工艺过程，如图 2-1 所示。

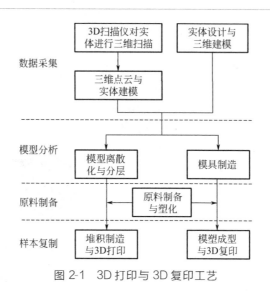

图 2-1　3D 打印与 3D 复印工艺

2.1　数据采集

　　在进行 3D 打印或 3D 复印之前，都需要获取实体模型的信息，包括尺寸信息、轮廓信息、结构信息等。因此需要对三维物体进行测绘、扫描，从而得到实体样本。

　　对于三维实体的数据采集，传统的采集手段有现场测绘，对实体尺寸、轮廓等信息进行收集，然后得到二维图纸，进而进行三维建模或者直接加工制造。三维扫描仪的出现，使得对三维实体的数据采集变得更加简单方便。三维扫描仪能对物体进行高速高密度测量，输出三维点云（point cloud）供进一步后处理用。三维扫描仪扫描出来的点云可以通过点云处理软件转换格式输入到我们需要的各个三维软件中。如 Geomagic Studio，是专门处理三维点云的软件，可以把三维点云数据处理成各种需要的格式，如 STL 格式，然后转到 Cura、Simplify 等 3D 打印切片软件进行模型切片和工艺参数设定，或者导入到 3Dmax、CAD、Por/E、UG、CATIA、Imageware、ZBrush 等三维建模软件进一步处理。

三维扫描仪的用途是创建物体几何表面的点云（point cloud），这些点可用来插补成物体的表面形状，越密集的点云创建的模型越精确（这个过程称作三维重建）。

最早出现的三维扫描仪采用接触式测量方法，如三维坐标测量机，虽然精度达到微米量级（0.5μm），但是由于体积巨大、造价高以及不能测量柔软的物体等，使其应用领域受到限制。于是出现了非接触式测量方法，主要分两类：一类是被动方式，就是不需要特定的光源，完全依靠物体所处的自然光条件进行扫描，常采用双目技术，但是精度低，只能扫描出有几何特征的物体，不能满足很多领域的要求；另一类是主动方式，就是向物体投射特定的光，其中代表技术是激光线式扫描，精度比较高，但是由于每次只能投射一条光线，所以扫描速度慢。另外，由于激光会对生物体以及比较珍贵的物体造成伤害，所以不能应用于某些特定领域。

新兴的技术是结构光非接触式扫描，属于主动方式，通过投影或者光栅同时投射多条光线，就可以采集物体的一个表面，只需要几个面的信息就可以完成扫描，其特点是扫描速度快，可编程实现。

结构光非接触式扫描是一种结合结构光、相位测量、计算机视觉的复合三维非接触式测量技术，所以又称之为"三维结构光扫描仪"。其基本原理如图 2-2 所示，测量时光栅投影装置投影数幅特定编码的结构光到待测物体上，成一定夹角的两个摄像头同步采得相应图像，然后对图像进行解码和相位计算，并利用匹配技术、三角形测量原理，计算出两个摄像机公共视区内像素点的三维坐标。

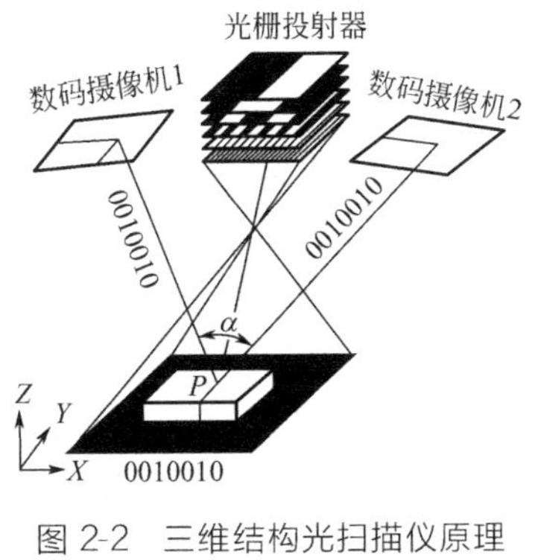

图 2-2　三维结构光扫描仪原理

这种测量技术使得对物体进行照相测量成为可能。所谓照相测量，就是类似于照相机对视野内的物体进行照相，不同的是照相机摄取的是物体的二维图像，而三维扫描仪获得的是物体的三维信息。与传统的三维扫描仪不同的是，该扫描仪能同时测量一个面。

三维扫描仪可随意搬至工件位置做现场测量，并可调节成任意角度做全方位测量，对大型工件可分块测量，测量数据能实时自动拼合，非常适合各种大小和形状物体（如汽车、摩托车外壳及内饰、家电、雕塑等）的测量。

2.2　数据处理

三维实体的数据处理主要依靠各类软件。数据处理软件分为三维建模软件、数值分析软件、点云处理软件、3D 打印切片软件等。

2.2.1　三维建模软件

对 3D 打印来讲，除了通过三维扫描仪对三维实体进行扫描外，还可以通过三维建模软件直接建模，以提高模型的准确性，便于优化设计。因为使用三维扫描仪进行实体扫描，可能会出现扫描的实体不完整，难以进行结构优化等问题，此外模型的精度受限于点云的疏密。

对于 3D 复印来讲，通过计算机辅助设计（CAD）的手段进行数据分析、建立模型等已经成为工程师进行机械设计的必要手段之一。通过三维建模软件，可以对模具结构进行设计与优化，减少了试模修模的次数，降低试验成本，提高工作效率。此外通过三维建模软件建立的模型，可以继续导入有限元分析软件进行计算机辅助工程设计（CAE），如结构力学分析、模流分析等，进一步优化。

三维建模软件主要是建立三维实体模型，针对所建立的三维模型进行结构优化设计，大大节省了设计的时间和精力，而且准确性更高。常见的三维建模软件有 Pro/E、SolidWorks、UG（Unigraphics）、CATIA 等。

（1）Pro/E

① Pro/E 软件概述　Pro/E 是 Pro/Engineer 的缩写，是由美国 PTC（Parametric Technology Corporation）公司开发的一款 CAD/CAM/CAE 一体化的功能强大的三维系统设计软件。Pro/Engineer 软件以参数化著称，是参数化技术的最早应用者，在目前的三维造型软件领域中占有着重要地位。Pro/E 采用模块化方式，可以进行草图绘制、零件制作、装配设计、钣金设计、加工处理等，保证用户可以按照自己的需要进行选择使用。

② Pro/E 软件的应用范围　Pro/E 在工程机械设计、分析中的应用

极为广泛。在机械设计过程中，可以利用 Pro/E 的各种功能模块，迅速地对要加工的对象有个直观形象的认识了解。它可以应用于工作站，也可以应用到单机上。

③ Pro/E 软件的主要特点[1]

a. 参数化设计。Pro/E 是首个提出参数化设计概念的 CAD 软件。所谓参数化设计是相对于产品而言的，当把产品看成几何模型的时候，无论多么复杂的几何模型，都能将其分解成有限能处理的特征结构，此时可对每个特征结构进行参数化和量化。

b. 基于特征建模。特征建模就是将一个无比复杂的几何模型分解，然后对其有限特征结构进行参数化。Pro/E 是基于特征的实体模型化系统，工程设计人员采用具有智能特性的基于特征的功能去生成模型，如腔、壳、倒角及圆角，可以随意勾画草图，轻易改变模型。这一功能特性给工程设计者在设计上提供了从未有过的简易和灵活。

c. 单一数据库处理。Pro/E 的单一数据库处理工作流程是指每一个独立为产品工作的资料，全来自同一个数据库。换言之，在整个设计过程的任何一处发生改动，亦可以反应在整个设计前后过程的相关环节上。例如，一旦工程详图有改变，NC（数控）工具路径也会自动更新；组装工程图如有任何变动，也完全反应在整个三维模型上。这种独特的数据结构与工程设计的完整结合，使得设计更优化，成品质量更高，产品能更好地推向市场，价格也更便宜。

（2）SolidWorks

① SolidWorks 软件概述　SolidWorks 是一套基于 Windows 的 CAD/CAE/CAM/PDM 桌面集成系统，是由美国 SolidWorks 公司在总结和继承大型机械 CAD 软件的基础上，在 Windows 环境下实现的第一个机械 CAD 软件，于 1995 年 11 月研制成功。它能够十分方便地实现复杂的三维零件实体造型、复杂装配和生成工程图。它主要包括机械零件设计、装配设计、动画和渲染、有限元高级分析技术和钣金制作等模块，功能强大，完全满足机械设计的需求[2]。它能够提供不同的设计方案、减少设计过程中的错误以及提高产品质量。

② SolidWorks 软件的应用范围　目前，SolidWorks 已经成为了领先的、主流的三维 CAD 解决方案，该软件可以应用于以规则几何形体为主的机械产品设计及生产准备工作中。

③ SolidWorks 软件的主要特点[3]

a. 基于特征及参数化的造型。SolidWorks 装配体由零件组成，而零件由特征（例如，凸台、螺纹孔、筋板等）组成。这种特征造型方法，直观地展示人们所熟悉的三维物体，体现设计者的设计意图。

b. 巧妙地解决了多重关联性。SolidWorks 创作过程包含三维与二维交替的过程，因此完整的设计文件包括零件文件、装配文件和二者的工程图文件。SolidWorks 软件成功处理了创作过程中存在的多重关联性，使得设计过程顺畅、简单及准确。

c. 易学易用。SolidWorks 软件易于使用者学习，便于使用者进行设计、制造和交流。熟悉 Windows 系统的人基本上都可以运用 SolidWorks 软件进行设计，而且软件图标的设计简单明了，帮助文件详细，自带教程丰富，又采用核心汉化，易学易懂。其他三维 CAD 软件学习通常需要几个月的时间，而 SolidWorks 只需要几星期就可以掌握。

（3）UG（Unigraphics）

① UG 软件概述　UG（Unigraphics NX）是 Siemens PLM Software 公司出品的一个产品工程解决方案，它为用户的产品设计及加工过程提供了数字化造型和验证手段。UG 是一款 CAD/CAE/CAM 一体化的机械工程计算机软件。它具有高性能的实体造型能力、极方便的图形显示及编辑能力。它提供了包括特征造型、曲面造型、实体造型在内的多种造型方法，同时提供了自顶向下和自下向上的装配设计方法，也为产品设计效果图输出提供了强大的渲染、材质、纹理、动画、背景、可视化参数设置等支持。

② UG 软件的应用范围　UG 最早应用于美国麦道飞机公司。UG 的加工制造模块功能极强，它在航空制造业和模具制造业已有十几年成功应用经验，是其他应用软件无法比拟的。

③ UG 绘图模块主要特点[4]

a. 在视图显示上，可以灵活地根据需要选择视图的数目和种类，最多时可多达 6 个视图。除常见的平面视图外，还包含轴测图，直观、形象。另外，UG 在造型画图上的优势还在于它只在一个视图上工作（对点、线等造型），其他视图上会自动生成相应的投影几何形状。它还可以通过一些模块来达到用户所需之造型，而且省时、准确。

b. UG 可以通过特殊的曲面、曲线模块伴以工作坐标系的旋转、变换来完成三维构图。二维绘图部分可以将三维实体模型直接传送到二维不同的视图中。能直接对实体作旋转、剖切和阶梯切，产生剖面图，增强了工程图绘制的实用性。

c. 具有良好的二次开发工具 GRIP，用户能增加一些程序来补充菜单操作的不足。它是一种类似 FORTRAN 的高级语言，具有对 UG 各模块进行操作的语句。用户可以运用 GRIP 语言建立和发展几何图形，可用程序控制方法执行一些复杂或重复的操作，将交互操作转化成批处理。

d. 造型中的辅助功能，如标注尺寸也很简单。它通过系统本身的存储对相应的选择项稍加修改，辅以鼠标操作。可自动生成多样尺寸，尺寸的格式可以根据用户的需要来更正、变换，并保证符合标准。此外，较复杂的形位公差也能标注。

④ UG 制造模块的主要特点

a. 该模块具有 2.5～5 轴的数控加工能力，可以直接加工实体造型模块生成的任何实体模型。

b. 能自动检测碰刀，避免过切，可进行加工过程的动态仿真及加工路径模拟校核，能给出加工方向，并考虑生成最佳走刀轨迹。加工曲面表面光顺，只要给定刀痕高度，可自动确定刀具走刀路径和尺寸。

c. 具有通用性极强的后置处理程序，能生成西门子、发那科、辛辛拉提等 80 多种数控机床控制系统的 G 代码程序，驱动机床动作，真正实现 CAD/CAM 集成制造。

（4）CATIA

① CATIA 软件概述　CATIA 是法国达索公司的产品开发旗舰解决方案，它作为一种 CAD 软件，具有强大的曲线曲面造型功能，使用 Automation 技术提供 API[5]。作为 PLM 协同解决方案的一个重要组成部分，它可以帮助制造厂商设计他们未来的产品，并支持从项目前阶段、具体的设计、分析、模拟、组装到维护在内的全部工业设计流程。作为一个完全集成化的软件系统，CATIA 将机械设计、工程分析及仿真、数控加工和 CATweb 网络应用解决方案有机地结合在一起，为用户提供严密的无纸工作环境。

② CATIA 软件的应用范围　CATIA 广泛应用于航空航天、汽车制造、造船、机械制造、电子电器、消费品行业，它的集成解决方案覆盖所有的产品设计与制造领域。CATIA 提供方便的解决方案，迎合所有工业领域的大、中、小型企业需要。CATIA 源于航空航天业，但其强大的功能已得到各行业的认可。CATIA 的著名用户包括波音、宝马、奔驰等一大批知名企业，其用户群体在世界制造业中具有举足轻重的地位。波音飞机公司使用 CATIA 完成了整个波音 777 的电子装配，从而也确定了 CATIA 在 CAD/CAE/CAM 行业内的领先地位。

③ CATIA 软件的主要特点

a. CATIA 具有先进的混合建模技术，包括设计对象的混合建模、变量和参数化的混合建模以及几何和智能工程的混合建模。CATIA 具有在整个产品周期内的方便的修改能力，尤其是后期修改性无论是实体建模还是曲面造型，由于 CATIA 提供了智能化的树结构，用户可方便快捷地对产品进行重复修改，即使是在设计的最后阶段需要做重大的修改，或者是对原有方案的更新换代，对于 CATIA 来说，都是非常容易的事。

b. CATIA 所有模块具有全相关性。CATIA 的各个模块基于统一的数据平台，因此 CATIA 的各个模块存在着真正的全相关性，三维模型的修改，能完全体现在二维、有限元分析、模具和数控加工的程序中。

c. 并行工程的设计环境使得设计周期大大缩短。CATIA 提供的多模型链接的工作环境及混合建模方式，使得并行工程设计模式已不再是新鲜的概念，总体设计部门只要将基本的结构尺寸发放出去，各分系统的人员便可开始工作，既可协同工作，又不互相牵连；由于模型之间的互相连接性，使得上游设计结果可作为下游的参考，同时，上游对设计的修改能直接影响到下游工作的刷新，实现真正的并行工程设计环境。

d. CATIA 覆盖了产品开发的整个过程。CATIA 提供了完备的设计能力：从产品的概念设计到最终产品的形成，以其精确可靠的解决方案提供了完整的 2D、3D、参数化混合建模及数据管理手段，从单个零件的设计到最终电子样机的建立。

2.2.2 数值分析软件

（1）有限元分析

有限元分析是针对结构力学分析迅速发展起来的一种现代计算方法。它是 20 世纪 50 年代首先在连续体力学领域——飞机结构静、动态特性分析中应用的一种有效的数值分析方法，随后很快广泛地应用于求解热传导、电磁场、流体力学等连续性问题。有限元分析软件目前最流行的有 ABAQUS、ANSYS 等。

① ABAQUS

a. ABAQUS 软件概述。ABAQUS 是一套功能强大的工程模拟有限元软件，包括一个丰富的、可模拟任意几何形状的单元库，并拥有各种类型的材料模型库，可以模拟典型工程材料的性能。ABAQUS 有两个主求解器模块 ABAQUS/Standard 和 ABAQUS/Explicit。ABAQUS 还包含一个全面支持求解器的图形用户界面，即人机交互前后处理模块 ABAQUS/CAE。ABAQUS 对某些特殊问题还提供了专用模块来加以解决。

b. ABAQUS 软件的应用范围。ABAQUS 解决问题的范围从相对简单的线性分析到许多复杂的非线性问题。作为通用的模拟工具，ABAQUS 除了能解决大量结构（应力/位移）问题，还可以模拟其他工程领域的许多问题，例如，热传导、质量扩散、热电耦合分析、声学分析等。由于其具有良好的前后处理程序以及强大的非线性求解器，在高层、大跨建筑结构和大型桥梁结构的抗震分析中的应用日趋广泛[6]。

c. ABAQUS 软件的主要特点。

• ABAQUS 被广泛地认为是功能最强的有限元软件，可以分析复杂的固体力学、结构力学系统，特别是能够驾驭非常庞大复杂的问题和模拟高度非线性问题。

• ABAQUS 不但可以做单一零件的力学和多物理场的分析，同时还可以做系统级的分析和研究。ABAQUS 的系统级分析的特点相对于其他的分析软件来说是独一无二的。

• ABAQUS 具有优秀的分析能力和模拟复杂系统的可靠性，在大量的高科技产品研究中都发挥着巨大的作用。

② ANSYS[7]

a. ANSYS 软件概述。ANSYS 软件是美国 ANSYS 公司研制的大型通用有限元分析软件，它融结构、流体、电场、磁场、声场分析于一体，能与多数 CAD 软件接口，实现数据的共享和交换。ANSYS 是一种广泛的商业套装工程分析软件。所谓工程分析软件，主要是在机械结构系统受到外力负载所出现的反应，例如，应力、位移、温度等，根据该反应可知道机械结构系统受到外力负载后的状态，进而判断是否符合设计要求。

b. ANSYS 软件的应用范围。ANSYS 软件在工程上应用相当广泛，在机械、电机、土木、电子及航空等领域的使用，都能达到某种程度的可信度，颇获各界好评。

c. ANSYS 软件的主要特点。

• 数据统一。ANSYS 使用统一的数据库来存储模型数据及求解结果，实现前后处理、分析求解及多场分析的数据统一。

• 强大的建模能力。ANSYS 具备三维建模能力，仅靠 ANSYS 的 GUI（图形界面）就可建立各种复杂的几何模型。

• 强大的求解功能。ANSYS 提供了数种求解器，用户可以根据分析要求选择合适的求解器。

• 强大的非线性分析功能。ANSYS 具有强大的非线性分析功能，可进行几何非线性、材料非线性及状态非线性分析。

• 智能网格划分。ANSYS 具有智能网格划分功能，根据模型的特点自动生成有限元网格。

• 良好的优化功能。

- 良好的用户开发环境。

（2）模流分析

模流分析软件是对熔体充模过程进行模拟的软件，可以准确预测熔体的填充、保压和冷却情况，以及制品中的应力分布、分子和纤维取向分布、制品的收缩和翘曲变形等情况，以便设计者能尽早发现问题并及时进行修改，而不是等到试模后再返修模具。这不仅是对传统模具设计方法的一次突破，而且在减少甚至避免模具返修报废、提高制品质量和降低成本等方面，都有着重大的技术、经济意义。常用的模流分析软件有 Moldflow、Moldex3D 等。

① Moldflow

a. Moldflow 软件概述。Moldflow 是美国 Moldflow 公司开发的一款具有强大功能的专业注射成型 CAE 软件，该软件具有集成的用户界面，可以方便地输入 CAD 模型、选择和查找材料、建立模型并进行一系列的分析，同时先进的后处理技术能为用户观察分析结果带来方便，还可以生成基于 Internet 的分析报告，方便地实现数据共享[8]。

Moldflow 软件主要包括以下两部分[9]。

- 产品优化顾问（MPA）：在设计完产品后，运用 MPA 软件模拟分析，在很短的时间内就可以得到优化的产品设计方案，并确认产品表面质量。

- 注射成型模拟分析（MPI）：对塑料制品和模具进行深入分析的软件包。它可以在计算机上对整个注塑过程进行模拟分析，包括填充、保压、冷却、翘曲、纤维取向、结构应力和收缩，以及气体辅助成型分析等，使设计者在设计阶段就找出未来产品可能出现的缺陷，提高一次试模的成功率。

b. Moldflow 软件的应用范围。早期，Moldflow 主要应用于结构体强度计算与航天工业上。目前，Moldflow 软件被广泛应用于注射成型领域中的模流分析。

c. Moldflow 软件的主要特点。使用 Moldflow 软件能够优化塑料制品，得到制品的实际最小壁厚，优化制品结构；能够优化模具结构，得到最佳的浇口位置、合理的流道与冷却系统；能够优化注塑工艺参数，确定最佳的注塑压力、保压压力、锁模力、模具温度、熔体温度、注射时间、保压时间和冷却时间，以注塑出最佳的塑料制品。

② Moldex3D

a. Moldex3D 软件概述。Moldex 是 Mold Expert 的缩写，而 Moldex3D 为科盛科技公司研发的三维实体模流分析软件，该软件拥有计算快速准确的能力，并且搭配超人性化的操作界面与最新引入的三维立体绘图技术，真实呈现所有分析结果，让用户学习更容易，操作更方便。

b. Moldex3D软件的应用范围。该软件可用于仿真成型过程中的充填、保压、冷却以及脱模塑件的翘曲过程，并且可在实际开模前准确预测塑料熔胶流动状况、温度、剪切应力、体积收缩量等变量在各程序结束瞬间的分布情形等。

c. Moldex3D软件的主要特点[10]。Moldex3D主要特点包括先进的数值分析算法、友好的用户界面、丰富的塑胶材料库以及高分辨率的3D立体图形显示，具体如下。

• Moldex3D首创真三维模流分析技术，经过严谨的理论推导与反复的实际验证，将惯性效应、重力效应和喷泉效应等许多现实因素加入分析考虑，并且拥有计算准确、稳定快速的优点，进行真正的三维实体模流分析，使分析结果更接近现实状况，并且大大节省工作时间。整个Moldex3D分析核心所采用的数值分析技术为特别针对三维模流分析所开发出的新数值分析法——高效能体积法，该方法不但具有传统有限元分析的优点，并且大幅度提高三维实体流动分析精确度、稳定度与分析性能，是Moldex3D三维模流分析的核心。

• 在操作界面上，Moldex3D提供高亲和力及更具人性化的直觉式视窗界面，采用图标工具栏，操作非常简便，让使用者轻松地选择模具、塑胶材料及设定射出机台，直观地得到各项分析结果，并制作最终分析报告。

• Moldex3D内有近5500种材料数据库可供使用，数据非常完整，可任意在材料库中选择适当的材料进行分析，或是利用所提供的接口输入参数，建立使用者自己的材料数据库。对于加工条件方面，可使用针对不同材料所建议的条件或是利用软件所提供的输入接口输入各程序的成型条件，设定非常方便。

• Moldex3D采用最新的3D立体显示技术，快速清楚地展示出模型内外部的温度场、应力场、流动场和速度场等十余种结果。对于上述分析结果的展现也可利用等位线或等位面方式显示，或者直接切剖面观看模型内部变化情形，让实体模型内外部各变量变化情形呈现更清楚，此外可利用曲线（XY-Plot）功能检视加工过程进胶点（Spure）变量随着时间的变化历程曲线。Moldex3D还提供动画的功能，透过3D动画的方式展现塑料在模穴中的流动变化，以较直观的方式认清在设计与制造的过程中可能遇到的问题，并利用计算机试模方式测试各种方案，可迅速累积设计以及故障排除的能力。另外亦提供多样化的显示工具，可将图形任意放大、缩小、旋转、改变视角、透明化、变化光源及颜色等，并将图形输出成图形文件（.BMP）或直接转贴至其他软件使用。

2.2.3 点云处理软件

点云处理软件是根据三维扫描仪获得的实体点三维坐标进行处理的软件。在逆向工程中，通过测量仪器得到的产品外观表面的点数据集合也称之为点云，通常使用三维坐标测量机所得到的点数量比较少，点与点的间距也比较大，叫稀疏点云；而使用三维激光扫描仪或照相式扫描仪得到的点数量比较大，并且比较密集，叫密集点云。稀疏点云或密集点云都是逆向造型的基础，有不少专门的逆向软件能够进行点云的编辑和处理，比如 Geomagic、Imageware、Copycad 和 Rapidform 等。

（1）Geomagic

① Geomagic 软件概述　Geomagic Studio 软件是一款逆向工程和三维检测软件，它可根据物体扫描所得的点阵模型创建出良好的多边形模型或网格模型，并将它们转换为 NURBS 曲面。

② Geomagic 软件的应用范围　目前，Geomagic 软件和服务在众多领域都得到了广泛的应用，比如汽车、航空、医疗设备以及消费产品。

③ Geomagic 软件的主要特点　该软件主要特点是支持多种文件格式的读取和转换、海量点云数据的预处理、智能化 NURBS 构面等，具体如下。

a. Geomagic Studio 软件采用的点云数据采样精简算法，克服了其他同类软件在对点云数据进行操作时，软件图形拓扑运算速度慢、显示慢等弊端，而且软件人性化的界面设计，使其操作非常方便[11]。

b. Geomagic Studio 软件简化了初学者及经验工程师的工作流程，自动化的特征和简化的工作流程减少了用户的培训时间，避免了单调乏味、劳动强度大的任务。与传统计算机辅助设计（CAD）软件相比，在处理复杂的或自由曲面的形状时生产效率可提高十倍。所以，订制同样的生产模型，利用传统的方法（CAD）可能要花费几天的时间，但 Geomagic 软件可以在几分钟内完成。

c. Geomagic Studio 软件还具有高精度和兼容性的特点，可与所有的主流三维扫描仪、计算机辅助设计软件（CAD）、常规制图软件及快速设备制造系统配合使用。

d. Geomagic Studio 软件允许用户在物理目标及数字模型之间进行工作，封闭目标和软件模型之间的曲面。

e. Geomagic Studio 软件提供了多种建模格式，包括主流的 3D 格式数据：点、多边形及非均匀有理 B 样条曲面（NURBS）模型，并且数据的完整性与精确性确保可以生成高质量的模型。

（2）Imageware

① Imageware 软件概述　Imageware 由美国 EDS 公司出品，后被德国 Siemens PLM Software 所收购，现在并入旗下的 NX 产品线，是一款著名的逆向工程软件。软件模块主要包括 Imageware TM 基础模块、Imageware TM 点处理模块、Imageware TM 评估模块、Imageware TM 曲面模块、Imageware TM 多边形造型模块、Imageware TM 检验模块。

② Imageware 软件的应用范围　Imageware 因其强大的点云处理能力、曲面编辑能力和 A 级曲面的构建能力而被广泛应用于汽车、航空、航天、消费家电、模具、计算机零部件等的设计与制造。

③ Imageware 软件的主要特点[12]

a. Imageware 可以接收几乎所有扫描设备的数据，还可以输入 G-Code、STL 等其他格式的数据。

b. 由于有些零件形状复杂，一次扫描无法获得全部数据，需要多次扫描，Imageware 可以对读入的点云数据进行对齐、合并处理，创建一个完整的点云。

c. Imageware 提供了多种方法通过点来生成曲线，用户可以根据精度和光顺性的要求，根据需要选择曲线生成方法并选择恰当的参数。Imageware 提供了包括显示法向、曲率半径、控制点的比较等诊断方法来判断曲线的光顺性，还可以对曲线进行修改，改变曲线与相邻曲线的连续性或者对曲线进行延展。

d. Imageware 提供了多种创建曲面的方法，可以用点直接生成曲面，可以用曲线通过蒙皮、扫掠、4 条边界线、曲线网格混成等方法生成曲面，也可以结合点和曲线的信息来创建曲面。在生成曲面时可以实时检查曲面的准确性、光顺性、连续性等方面的瑕疵。

（3）Copycad

① Copycad 软件概述　Copycad 是由英国 DELCAM 公司出品的功能强大的逆向工程系统软件，它可从已有的零部件或实际模型中产生三维 CAD 模型。

② Copycad 软件的应用范围　Copycad 广泛应用于汽车、航天、制鞋、模具、玩具、医疗和消费性电子产品等制造行业。

③ Copycad 软件的主要特点[13]。

a. 该软件提供了一系列能从数字化点云数据产生 CAD 模型的综合工具，接收三坐标测量机、探测仪和激光扫描器所测到的数据。

b. 简易的用户界面使用户在最短的时间内掌握其功能和操作。

c. Copycad 用户可以快速编辑数字化点云数据，并能做出高质量、复杂的表面。该软件可以通过多种方式形成符合规定公差的平滑、多面块曲面，还能保证相邻表面之间相切的连续性。

（4）Rapidform

① Rapidform 软件概述　Rapidform 是韩国 INUS 公司出品的全球四大逆向工程软件之一。该软件提供了一整套模型分割、曲面生成、曲面检测的工具，用户可以方便地利用以前构造的曲线网格经过缩放处理后应用到新的模型重构过程中[14]。

② Rapidform 软件的应用范围　Rapidform 软件主要用于处理测量、扫描数据的曲面建模以及基于 CT 数据的医疗图像建模，还可以完成艺术品的测量建模以及高级图形生成。

③ Rapidform 软件的主要特点。

a. 该软件具有多点云数据管理界面。高级光学 3D 扫描仪会产生大量的数据，由于数据非常庞大，因此需要昂贵的电脑硬件才可以运算，现在 Rapidform 提供记忆管理技术（使用更少的系统资源），可缩短处理数据的时间。

b. Rapidform 的多点云处理技术可以迅速处理庞大的点云数据，不论是稀疏的点云还是跳点，都可以轻易地转换成非常好的点云。该软件还提供过滤点云工具以及分析表面偏差的技术来消除 3D 扫描仪所产生的不良点云。

c. 在所有逆向工程软件中，Rapidform 针对 3D 及 2D 处理，提供了一个最快最可靠的计算方法，可以将点云快速计算出多边形曲面。Rapidform 能处理无顺序排列的点数据以及有顺序排列的点数据。

d. Rapidform 支持彩色 3D 扫描仪，可以生成最佳化的多边形，并将颜色信息映像在多边形模型中。在曲面设计过程中，颜色信息将完整保存，也可以运用 RP 成型机制作出有颜色信息的模型。Rapidform 也提供上色功能，通过实时上色编辑工具，使用者可以直接对模型编辑自己喜欢的颜色。

e. Rapidform 提供点云合并功能，使用者可以方便地对点云数据进行各种各样的合并。

2.2.4 3D 打印切片软件

3D 打印切片软件主要是针对 3D 打印设备而开发的模型离散化与分层软件。同时在切片软件里可以选择打印机的类型，进行打印参数的设置，例如，模型的填充率、温度以及打印速度等。目前使用比较广泛且操作便捷的切片软件有 Cura、Makerbot、XBuilder 等。切片软件的好坏，会直接影响到打印物品的质量。

（1）Cura

Cura 是 Ultimaker 公司开发的一款用于 3D 打印模型切片的开源软件，以高度整合性以及容易使用为设计目标，可以在 Windows、Mac OS X 及 Linux 平台使用，并能根据多种 3D 打印设备类型设置相应参数。使用 Python 语言开发，集成 C＋＋开发的 CuraEngine 作为切片引擎[15]。但相对来说，界面还是较为专业的，初学者不建议使用。

相比同类开源产品 Slic3r、Skeinforge，Cura 的优点在于：切片速度快、切片稳定、对 3D 模型结构包容性强、设置参数少。

（2）Makerbot

Makerbot 是由美国 Makerbot 公司研制开发的切片软件，该软件操作方式容易，很容易进行掌握。在运行软件时，只需几个步骤就可以完成切片[16]。

（3）XBuilder

XBuilder 3.0 软件是由西锐三维打印科技自主开发的一款中文版软件，完全汉化，界面简洁，操作方便，支持.stl、.gcode、.obj 等常用 3D 格式文件[16]。

2.3　原料制备与塑化

（1）"硒鼓"概念类比

在普通打印机中非常重要的一个部件就是"硒鼓"。硒鼓，也称为感光鼓，一般由铝制成的基本基材，以及基材上涂的感光材料所组成。在激光打印机中，70％以上的成像部件集中在硒鼓中，打印质量的好坏实际上在很大程度上是由硒鼓决定的。

硒鼓是一个表面涂覆了有机材料（硒，一种稀有元素）的圆筒，预先就带有电荷，当有光线照射来时，受到照射的部位会发生电阻的反应。而发送来的数据信号控制着激光的发射，扫描在硒鼓表面的光线不断地变化，这样就会有的地方受到照射，电阻变小，电荷消失，也有的地方没有受到光线照射，仍保留有电荷，最终，硒鼓的表面就形成了由电荷所组成的潜影。而硒鼓中的墨粉就是一种带电荷的细微树脂颗粒，墨粉电荷与硒鼓表面上的电荷极性相反，当带有电荷的硒鼓表面经过涂墨辊时，有电荷的部位就吸附着墨粉颗粒，于是将潜影变成了真正的影像。而当硒鼓在工作中转动的同时，打印系统将打印纸传送过来，而打印纸带上了与硒鼓表面极性相同但强很多的电荷，随后纸张经过带有墨粉的硒鼓，硒鼓表面的墨粉被吸引到打印纸之上，图像就在纸张的表面形成了。此时，墨粉和打印纸仅仅是靠电荷的吸引力而结合在一起，在打印纸被送出打印机之前，经过高温加热，墨粉被熔化，在冷却过程中固化在纸张的表面。在将墨粉附给打印纸之后，硒鼓表面继续旋转，经过一个清洁器，将剩余的墨粉都去掉，以便进入下一个打印的循环。其工作原理如图 2-3 所示。

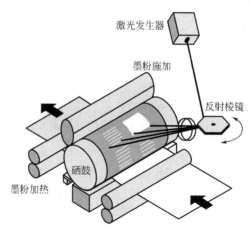

图 2-3　激光打印机硒鼓工作原理

所以从硒鼓的工作原理可以看出，硒鼓既承担了"原料输送与熔融"的功能，又起到"成型"的功能，是普通打印机的核心部件。

对于 3D 打印技术，以熔融沉积成型（FDM）为例。热塑性丝状材料由供丝机构送至热熔喷头，并在喷头中加热，熔化成半液态，然后被挤压出来，有选择性的涂覆在工作台上，快速冷却后形成一层薄片轮廓，然后层层堆积成型三维实体。供丝机构和热熔喷头组成了 3D 打印机的"硒鼓"，在工作台或喷头的三维移动下逐层堆积。

对于 3D 复印技术，以注射成型（injection molding）为例。塑料在注塑机注射装置加热料筒中塑化后，由柱塞或往复螺杆注射到闭合模具模腔中，冷却固化成型制品。注射装置和模具组成了３Ｄ复印机的"硒鼓"，注射装置起到原料输送与熔融的作用，模具起到成型的作用。熔融的塑料进入模具型腔，经过保压、补缩、冷却固化，成型制品。物料的塑化质量对最终制品的精度具有重要影响。

（2）原料塑化质量控制

螺杆塑化系统是热塑性聚合物加工的基本装置，由于其优良的塑化能力，被广泛应用到各种塑料机械中，如注塑机、挤出机等[17]。螺杆塑化装置主要包括螺杆、机筒、加热冷却系统、驱动系统等。其中，螺杆作为塑化装置的重要组成部分之一，对聚合物熔体的塑化质量和温度均匀性具有十分关键的作用，而聚合物熔体的温度分布最终影响了聚合物制品的质量和产量[18]。现代制造业的快速发展对塑料零部件的成型精度和生产效率要求越来越高，如微透镜和微流控芯片等高端塑料制品，采用传统螺纹构型螺杆，由于塑化不均，很难满足要求[19]。

螺杆塑化系统内聚合物的温度分布最终影响了聚合物制品的质量和产量。与一般流体相比，聚合物熔体表现出高黏度、非牛顿以及其物理性质易受温度和压力的影响等特性，这些都易引起熔体质量的波动，也使得对聚合物加工中的温度以及温差均匀性进行有效的控制变得尤为困难。

以注塑机为例，材料塑化不均往往是导致精密注塑制品缺陷的直接因素。聚合物由于摩擦生热显著且自身导热性差，在塑化过程中物理温度分布不均严重影响成型制品质量。例如，塑化不良会使熔料流动性差，导致制品出现欠注、凹痕等缺陷；还会使供料填充过量或不足，引起制品龟裂、翘曲变形等；此外由于局部温度过高，还可能使得物料过热分解。因此，改善螺杆塑化系统中聚合物塑化质量和温度均匀性成为减少聚合物制品缺陷、提高聚合物制品精度的最有效的方法之一。

对聚合物加工温度和温差均匀性进行有效控制成为该领域亟待解决的难题。针对这些问题，目前各国专家学者从传统挤出理论出发，从改变剪切流变或拉伸流变的角度进行了研究，大致有两种主要的研究趋势，一种是对普通螺杆进行改进和开发新型螺杆，如分离型螺杆[20]、屏障型螺杆[21]、分流型螺杆[22]、变流道型螺杆等多种螺杆结构，通过设计新型的混炼元件来增强塑化过程混合性能，对聚合物的流动进行干扰以达到对流混合的效果[23]；另一种是从改进操作条件出发，如高速挤出机、电磁动态塑化挤出机以及振动力场作用下的螺杆[24,25]。

笔者所在团队根据熔体微积分思想和场协同理论提出场协同螺杆，从传热学的角度对改善螺杆塑化系统的塑化质量和传热特性进行了研究。场协同螺杆的结构如图2-4所示。将一定长度的某段螺杆沿圆周方向 n

等分设置分割槽，入口处将单股料流分流成多股，出口处将多股料流汇流成单股；在分割槽内设计两个相互垂直的90°扭转曲面，使聚合物在轴向移动的同时在分割棱和机筒的引导下实现扭转，把原先位于分割槽底部的物料移动到分割槽顶部，从而强化聚合物的径向对流，改善速度场与热流场的协同作用，实现强化传质传热的目的，从而改善熔体塑化质量，提高熔体温度均匀性。

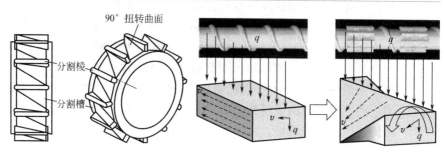

图 2-4　场协同螺杆物理模型及料流模型

　　笔者对理论模型进行简化、展开，对其温度场、速度场等进行了模拟。普通螺杆和场协同螺杆的结构展开如图 2-5 所示，其速度分布与温度分布分别如图 2-6 和图 2-7 所示。结果表明，场协同螺杆结构改变了速度场分布，熔体在扭转曲面与机筒的黏滞作用下发生翻滚、螺旋流动，实现了强化传质，同时也使得速度场与温度梯度场的协同性更好，起到了强化传热的作用。

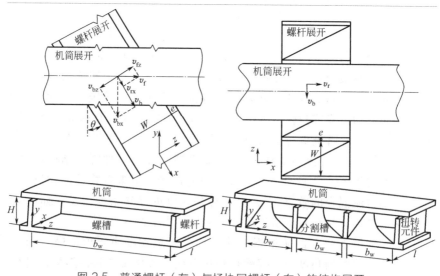

图 2-5　普通螺杆（左）与场协同螺杆（右）的结构展开

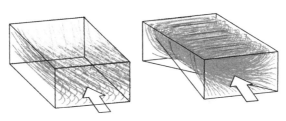

图 2-6 普通螺杆（左）与场协同螺杆（右）速度分布

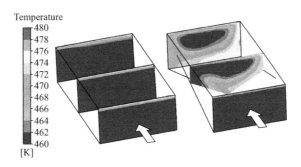

图 2-7 普通螺杆（左）与场协同螺杆（右）温度分布

2.4 模具设计与制造[26]

模具是工业生产的重要工艺装备，它被用来成型具有一定形状和尺寸的各种制品，是 3D 复印技术的核心部件。在各种材料加工工业中广泛使用着各种模具，如金属制品成型的压铸模、锻压模、浇注模，非金属制品成型的玻璃模、陶瓷模、塑料模等。

采用模具生产制件具有生产效率高、质量好、节约能源和原材料、成本低等一系列优点，模具成型已成为当代工业生产的重要手段，是实现三维领域实体复印的重要方法。

塑料制品与模具之间具有直接的关系。模具的形状、尺寸精度、表面粗糙度、分型面位置、脱模方式对制品的尺寸精度、外观质量等影响很大。模具的控温方式、进浇点、排气槽位置等对塑件的结晶、取向等凝聚态结构及由它们决定的物理力学性能、残余应力，以及气泡、凹痕、烧焦、熔接痕等各种制品缺陷有重要影响。

设计注塑模具时，既要考虑塑料熔体的流动行为、冷却行为、收缩变形等塑料加工工艺方面的问题，又要考虑模具制造装配等结构方面的问题。注塑模设计的主要内容有以下几个方面。

① 根据塑料熔体的流变行为和流道、型腔内各处的流动阻力，通过分析得出充模顺序，同时考虑塑料熔体在模具型腔内被分流及重新熔合的问题、模腔内原有空气导出的问题，分析熔接痕的位置，决定浇口的数量和方位。在这方面除了用经验或解析的方法分析外，国内外一些具有流动分析的 CAE 软件可对充模过程做出比较准确的模拟。塑料性能数据库可提供用于分析流变等的各种数据。对于比较简单的制品，凭经验或简单计算也可作出判断。

② 根据塑料熔体的热学性能数据、型腔形状和冷却水道的布置，分析得出保压和冷却过程中制品温度场的变化情况，解决制品收缩和补缩问题，尽量减少由于温度和压力不均、结晶和取向不一致造成的残余应力和翘曲变形。同时还要尽量提高冷却效率、缩短成型周期，这方面也有一些成熟的 CAE 冷却分析及应力分析软件，帮助模具设计者进行定量分析，对于简单对称的制品也可凭经验进行分析判断解决。

③ 制品脱模和横向分型抽芯的问题可通过经验和理论计算分析来解决。目前还正在大力研究建立在经验和理论计算基础上的计算机专家系统软件，以期这方面的工作能更快、更准确无误地在计算机上实现。

④ 决定制品的分型面，决定型腔的镶拼组合。模具的总体结构和零件形状不单要满足充模和冷却等工艺方面的要求，同时成型零件还要具有适当的精度、粗糙度、强度、刚度、易于装配和制造，制造成本低。除了通过经验分析和理论计算进行成型零件设计外，还可以利用一些专用软件和型腔壁厚、刚度强度计算软件在计算机上快速解决这些问题。

以上这些问题，并非孤立存在，而是相互影响的，应综合加以考虑。下面介绍注塑模的典型结构。

（1）注塑模具的典型结构

注塑模具的结构是由塑件结构和注塑机的形式决定的。只要是注塑模具，均可分为动模和定模两大部分。注射时动模与定模闭合构成型腔和浇注系统，开模时动模与定模分离，通过脱模机构推出塑件。定模安装在注塑机的固定模板上，动模则安装在注塑机的移动模板上。图 2-8 所示为注塑模具的典型结构。根据模具上各个部件的作用，可细分为以下几个部分。

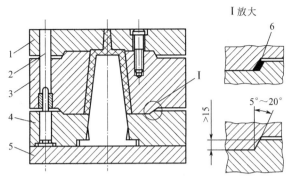

图 2-8　注塑模具典型结构

1—定模固定板；2—导向孔；3—定模板；4—动模板；5—动模固定板；6—定位锥面

① 成型零部件　型腔是直接成型零部件的部分，它通常由凸模（成型塑件内部形状）、凹模（成型塑件外部形状）、型芯或成型杆、镶块等构成。

② 浇注系统　将塑料熔体由注塑机喷嘴引向型腔的流道称为浇注系统，它由主流道、分流道、浇口、冷料井所组成。

③ 导向部分　为确保动模与定模合模时准确对中而设导向零件。通常有导向柱、导向孔（套）或在动定模上分别设置相互吻合的内外锥面，有的注塑模具的推出装置为避免在推出过程中发生运动歪斜，也设有导向零件。

④ 分型抽芯机构　带有外侧凹或侧孔的塑件，在被推出以前，必须先进行侧向分型，拔出侧向凹凸模或抽出侧抽芯，塑件方能顺利脱出。

⑤ 推出机构　在开模过程中，将塑件和浇注系统凝料从模具中推出的装置。

⑥ 排气系统　为了在注塑过程中将型腔内原有的空气排出，常在分型面处开设排气槽。但是小型塑件排气量不大，可直接利用分型面排气，大多数中小型模具的推杆或型芯与模具配合间隙均可起到排气作用，可不必另外开设排气槽。

⑦ 模温调节系统　为了满足注塑工艺对模具温度的要求，模具设有冷却或加热系统。冷却系统一般是在模具内开设冷却水道，加热系统则是在模具内部或四周安装电加热元器件，成型时要力求模温稳定、均匀。目前，新兴的快变模温技术通过对模具的快速加热和快速冷却，改善熔体的流动行为，提高了注射制品的质量，以此为基础的注射成型技术称为快速热循环注射成型技术，相关内容将在后面章节详细介绍。

注塑模具的设计主要围绕上述几个部分展开。每副模具都只能安装在与之相适应的注塑机上进行生产，因此模具设计与所用的注塑机关系十分密切。在设计模具时，应详细地了解注塑机的技术规范，才能设计出合乎要求的模具。从模具设计的角度出发，应仔细了解的技术规范有：注塑机的最大注射量、最大注射压力、最大锁模力、最大成型面积、模具最大厚度与最小厚度、最大开模行程、模板安装模具的螺钉孔（或 T 形槽）的位置和尺寸、注塑机喷嘴孔直径和喷嘴球头半径值等。

（2）CAE 仿真分析

CAD/CAE/CAM 模具技术的日趋完善和在模具制造上的应用，使其在现代模具的制造中发挥了越来越重要的作用，CAD/CAE/CAM 模具技术已成为现代模具制造的必然发展趋势，并以科学合理的方法给模具制造者提供了一种行之有效的辅助工具，使模具制造者在模具制造之前就能借助计算机对零件、模具结构、加工工艺、成本等进行反复修改和优化，直至获得最佳结果。总之，CAD/CAE/CAM 模具技术能显著地缩短模具设计与制造周期，降低模具成本，并提高产品的质量，是现代模具制造中不可缺少的辅助工具，它与"逆向工程"及现代先进加工设备等一起构成现代模具制造业中流行且具有竞争力的必要条件。它不仅缩短了模具的设计和制造周期，还提高了产品开发的成功率，增加了模具的价值和市场竞争力。

众所周知，在模具设计过程中需要充分考虑熔体收缩率波动等因素的影响，对模具成型尺寸给予适当的补偿，这就要求计算时所采用的收缩率尽可能与真实成型工况下的收缩率相一致。传统模具设计由于收缩率准确性不高，往往需要反复试模、修模，这样不但费时费力，还会增加成本，制约着产品的生产效率[27-30]。通过 CAE 数值模拟方法对制件的收缩、翘曲等进行预测，进而对模具结构或模具成型尺寸进行设计和修改，可以有效地提高模具成型尺寸计算准确性，减少试模修模次数，降低成本[31]。因此，模拟软件中物性参数、加工工艺参数设置的准确性对模拟结果预测显得尤为重要。

目前，塑料注射成型 CAE 软件（如 Moldex3D 和 Moldflow 等）提供了许多状态方程以及常用聚合物材料的物性参数，这些材料的物性参数是否与实际生产过程材料的物性参数相同决定了数值模拟结果有无实际意义。聚合物材料的测试参数主要有聚合物的热膨胀系数、比体积、转化点温度值以及等温压缩系数等，它们对聚合物的应用和加工有着非常重要的指导作用，通过聚合物的 PVT 关系特性曲线图，可以获得相关的信息，因此聚合物材料的 PVT 特性对聚合物产品的注射成型过程有着非常重要的作用，特别是对于精密注射成型[31]。Moldex3D 和 Moldflow 等 CAE 软件都需要应用聚合物材料的 PVT 物理属性，来仿真分析制件成型时产生的变形和收缩量等缺陷，并指导模具或制品的结构设计和制定最佳的注射成型工艺参数等[32,33]。

因此，将聚合物的 PVT 关系特性应用于注射成型加工的计算机模拟仿真中，保证了分析软件使用的材料数据库与实际加工的材料的真实性，从而能够根据软件的分析结果来改进模具或制件的结构，做到能够确实提升实际注塑加工产品的质量。PVT 特性在模具设计中的主要作用如下。

① 指导成型尺寸的计算　模具的成型尺寸是指型腔上直接用来成型塑件部位的尺寸，主要有型腔和型芯的径向尺寸（包括矩形或异形型芯的长和宽）、型腔和型芯的深度或高度尺寸、中心距尺寸等。在设计模具时必须根据制品的尺寸和精度要求来确定成型零件的相应尺寸和精度等级，给出正确的公差值。计算成型尺寸的方法主要有平均收缩率法、极限尺寸法和近似计算法。无论哪一种计算方法，公式中都需要考虑塑件的收缩率等。在设计模具时，所估计的塑件收缩率与实际收缩率的差异、生产制品时收缩率的波动都会影响塑件精度。这就取决于 CAE 软件中模拟得到的收缩率的准确性，计算中采用的收缩率与实际制品收缩率越接近，塑件成型尺寸精度越高。

② 指导模具结构的修正　塑料制品在成型过程中可能会出现各种各样的缺陷，如翘曲变形、气泡缩孔、熔接痕、多腔流动不平衡等问题。这些缺陷产生的原因是多方面的，可能是浇口位置或数量不合理，流道布置或流道尺寸不合理等。通过注射成型 CAE 软件进行模拟，可以直观地反映缺陷，有效地进行修模等。模拟结果越准确，对模具设计的参考意义越大。

（3）热流道技术

热流道技术是应用于塑料注塑模浇注流道系统的一种先进技术，是塑料注塑成型工艺发展的一个热点方向。所谓热流道成型是指从注射机喷嘴送往浇口的塑料始终保持熔融状态，在每次开模时不需要固化作为废料取出，滞留在浇注系统中的熔料可在再一次注射时被注入型腔。

理想的注塑系统应形成密度一致的部件，不受其流道、飞边和浇口入口的影响。相对冷流道来讲，热流道要做到这一点，就必须维持材料在热流道内的熔融状态，不会随成型件送出。热流道工艺有时称为热集流管系统，或者称为无流道模塑。

基本来讲，可以把热流道视为机筒和注塑机喷嘴的延伸部分。热流道系统的作用就是把材料送到模内的每一浇口。

热流道成型技术的关键在于热流道系统，图2-9为一典型的热流道系统结构。

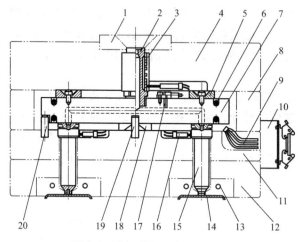

图 2-9 典型的热流道系统结构

1—中心定位环；2—主流道喷嘴；3—主流道喷嘴的加热器；4—定模固定板；5—承压圈；
6—电热弯管；7—流道板（分流板）；8—垫板；9—耐温导线；10—接线盒；11—定模夹板；
12—定模板；13—冷却水孔；14—注塑件；15—喷嘴；16—喷嘴引出线；17—流道板
测温热电偶；18—支承垫；19—中心定位销；20—止转销

热流道系统位于定模一侧，主要由主流道杯、流道板、喷嘴、温控系统元件及安装和紧固零件组成。

理论上主流道杯应有加热和温控装置，以保证物料处于熔融状态，但由于主流道杯较短，通过注射机喷嘴和流道板的热传导可保证其温度补偿。在实际生产中，有时不需要对其安装加热装置，主流道杯与流道板采用螺纹连接。中心定位环的外径与注射机上定模板定位孔相配。

流道板悬置于定模板与垫板构成的模框中，利用空气间隙绝热。流道板与定模板之间是承压圈，为了避免流道板将热量传递给定模底板，承压圈应该用绝热材料制造。承压圈还应具备极高的强度，因为它要承受流道板受热时的热膨胀应力和注射机喷嘴的压力。为了保证流道板的定位准确，除了在模具中央轴线上，流道板与定模板之间配有中心定位销外，流道板边缘上还有止转定位销。喷嘴与流道板的连接应可靠地防止熔体泄漏。流道板的加热元件有圆棒式加热器和管状加热器。目前采用较多的是管状加热器。流道板内安装有热电偶对其温度进行检测，通过温度调节器来控制加热元件电路的断开和连接。流道板应该具有良好的加热和绝缘设施，保证加热器的效率和温度控制有效。

热流道喷嘴的通道直径，应与流道板上流道直径相配，喷嘴的流道入口要圆滑过渡。喷嘴浇口有两种安装位置，一种在喷嘴壳体的末端，另一种在定模板上。浇口的类型主要有两种，一种是主流道型的直浇口，另一种是顶针式浇口。喷嘴上浇口直径需要慎重考虑，因为此处熔体温度较高，剪切速率很大，会有降解的危险。所有的喷嘴必须安装有热电偶；它们的加热系统必须有自己的控制回路。

为了防止泄漏，在流道板的紧固和密封时，需计入热膨胀的作用，还要限制流道板的热损失。如图 2-9 所示，喷嘴轴线上的承压圈、流道板和喷嘴，在注射加热时应有恰当的过盈配合，以防止泄漏。在高温热膨胀的情况下，过大的膨胀力会挤压破坏定模板或定模固定板的表面。因此，应仔细校核承压圈的厚度。

（1）热流道系统的结构

热流道系统一般由热流道元件、电热元件和温度控制器三部分组成，热流道元件包括主流道杯、流道板、喷嘴，其主要作用是将熔料引入型腔中；热流道的加热和温控系统主要由加热元件、监控点和控制系统组成。加热元件一般常用加热棒、加热圈、加热板、间隔加热器、浇铸加热器、嵌入式加热器等，要求其具有较高的功率密度。监控点为设置在整个流道中靠近薄弱部位或工作面附近的温度监测点，使用热电偶来测温。控制系统的作用是调控整个热流道系统的温度，使其温度波动能被控制在某一设定的范围内。

① 温度控制系统　热流道系统是一个热平衡系统，工作过程中的热流道系统存在着热损失，此时需要有加热器对其加热进行热量补偿。为了维持热流道系统始终处于一个理想的等温状态，需要有灵敏的热电偶和温度调节器对热流道系统进行有效准确地控制。

② 主流道杯　主流道杯相当于冷流道的主流道，将注射机喷嘴内的物料引入到流道板。理论上主流道杯应有加热和温控装置，以保证物料处于熔融状态，由于主流道杯很短，一般不需要专门的加热，其热量通常以热传导的形式从注射机喷嘴和流道板获得。

如图 2-10 所示为三种常被使用的主流道杯。

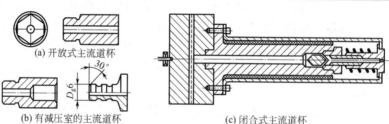

(a) 开放式主流道杯

(b) 有减压室的主流道杯

(c) 闭合式主流道杯

图 2-10　流道板上的主流道杯

③ 熔体传输及流道板的总体布置　采用流道板的热流道系统一般具有多个喷嘴，为了保证生产制品的质量，无论是在成型同一制品的多型腔模具和不同制品的多型腔模具，还是多个注射口的单型腔注射成型中，实现塑料熔体的平衡充模是十分关键的。

在塑料熔体充模过程中，采用两个途径实现充模平衡。

a. 以相等的流经长度来设计流道系统，提供自然或几何的平衡，如图 2-11 所示，称为自然平衡（也叫几何平衡）。

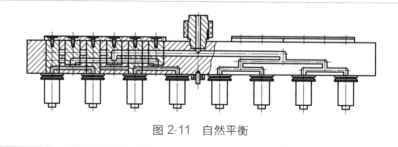

图 2-11　自然平衡

b. 以各注射点有相同的压力降来设计流道系统，对不同的流经长度给以流道截面的补偿，获得基于流变学理论计算所得平衡，称为流变学平衡，如图 2-12 所示。

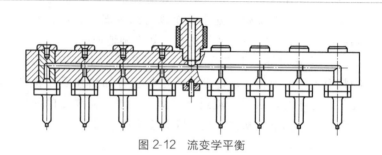

图 2-12　流变学平衡

④ 喷嘴

a. 开放式喷嘴。有些热流道厂商将顶针式喷嘴也归入开放式喷嘴，因为相对于开关式喷嘴而言，他们都是热流闭合的浇口。这里的开放式喷嘴不包括顶针式喷嘴。

开放式喷嘴的浇口口径较大，一般为1～4mm。在实际生产中，这种浇口的喷嘴易产生拉丝和流涎，因此不适合易产生浇口拉丝或流涎的塑料。

开放式喷嘴如图2-13所示，可分为两类：直接浇口的整体式喷嘴[如图2-13(a) 所示]和有绝热舱的整体式或部分式喷嘴[如图2-13(b)、(c) 所示]。

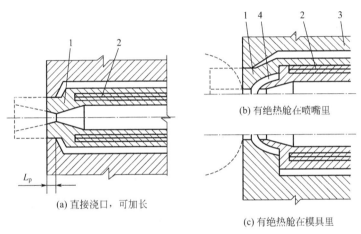

图 2-13　开放式喷嘴的结构

L_p—喷嘴头与模具孔的接触配合长度；

1—喷嘴壳体；2—加热器；3—模具上孔；4—绝热器

b. 顶针式喷嘴。在热流道注射生产中，针点式的开放式喷嘴由于容易拉丝和流涎，被性能更好的顶针式喷嘴所替代。顶针式喷嘴在浇口中央的顶针有助于防止熔料拉丝和流涎，而且顶针式喷嘴的应用逐年增加，这是因为使用该种喷嘴在制品上残留废料少，而且无定形和结晶性塑料都适用该种喷嘴。它最显著的特征是塑料熔体被热顶针引流到浇口，浇口直径较小，留在制品上的痕迹很小。浇口的温度容易控制，可用于热敏性塑料如PVC、POM的注射。

由于顶针的存在，顶针式喷嘴不适合注射对剪切敏感的塑料，以及含有阻燃剂或有机颜料的塑料，因为在浇口里的环形小间隙中，容易产生温度上升和物料的分解。

顶针式喷嘴可分为三种基本类型：加热鱼雷顶针、鱼雷顶针、管道顶针，其结构如图 2-14 所示。

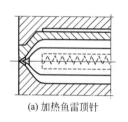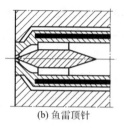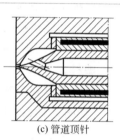

(a) 加热鱼雷顶针   (b) 鱼雷顶针   (c) 管道顶针

图 2-14 顶针式喷嘴的结构

c.开关式喷嘴。开关式喷嘴满足了人们对大直径浇口设计和消除浇口残留废料的要求。在开关式喷嘴的中央有一可沿轴向移动的柱销，它可由弹簧、气缸或油缸驱动，当保压阶段结束时，柱销在动力的驱动下向前移动，喷嘴里的浇口被移动的柱销闭合，喷嘴闭合控制促使保压时间一致，保证熔体计量重复，改善了制品精度。因浇口在模塑固化之前已经闭合，与开式喷嘴相比，开关式喷嘴可缩短注射成型周期。

开关式喷嘴的浇口直径很大，因此注射时的压力损失小，而且也会降低塑料分子结构的损失与剪切应力和摩擦热，所以，开关式喷嘴可用于低剪切阻抗的材料，它会使含有添加剂而对剪切敏感的塑料更容易通过。由于压力降小，故可采用较低的保压压力，与其他各种喷嘴相比，注塑件的内应力较低，而且该种喷嘴彻底防止了流涎或拉伸缺陷的产生。

如图 2-15 所示，开关式喷嘴的结构可分为部分式和整体式两大类型。图 2-15(a) 为部分式开关喷嘴，浇口开设在模具上，浇口区温度较低，被推荐用来注射成型无定形塑料。图 2-15(b) 所示为整体式开关喷嘴，浇口孔座由喷嘴的加热器加热，适用于结晶型塑料的加工。

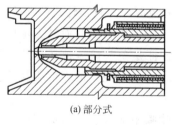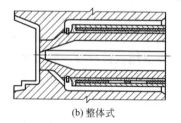

(a) 部分式   (b) 整体式

图 2-15 部分式和整体式开关喷嘴

⑤ 热流道模具的优缺点

a.热流道模具的优点。热流道模具在当今世界各工业发达国家和地区均得到极为广泛的应用。这主要是因为热流道模具拥有如下显著特点。

• 缩短制件成型周期。冷流道模具中，产品最大壁厚往往远远小于主流道的厚度，冷却时，主流道冷却滞后于制品，而采用了热流道系统的模具，没有主流道，也就没有主流道的冷却问题，故而可以大大缩短成型周期，提高注塑效率。据统计，与普通流道相比，改用热流道后的成型周期一般可以缩短30％。

• 节省塑料原料。普通浇注系统中要产生大量的料柄，在生产小制品时，浇注系统凝料的重量可能超过制品重量。由于塑料在热流道模具内一直处于熔融状态，制品不需修剪浇口，基本上是无废料加工，因此可节约大量原材料。

• 提高产品一致性和质量。在热流道模具成型过程中，塑料熔体温度在流道系统里得到准确地控制。塑料可以更为均匀一致的状态流入各模腔，其结果是得到品质一致的零件。热流道成型的零件浇口质量好，脱模后残余应力低，零件变形小。所以市场上很多高质量的产品均由热流道模具生产。如人们熟悉的 MOTOROLA 手机，HP 打印机，DELL 笔记本电脑里的许多塑料零件均用热流道模具制作。

• 消除后续工序，有利于生产自动化。塑料产品经过热流道模具成型后，无需修剪浇口、取冷凝料柄工序，有利于浇口与产品的自动分离，便于实现生产过程自动化。

• 扩大注塑成型工艺应用范围。许多先进的塑料成型工艺是在热流道技术基础上发展起来的。如 PET 预成型制作，模具中多色共注、多种材料共注工艺，叠箱铸模（STACK MOLD）等。

• 适用材料范围广，成型条件设定方便。由于热流道温控系统技术的完善及发展，现在热流道不仅可以用于熔融温度较宽的 PE、PP，也能用于加工温度范围窄的热敏性塑料，如 PVC、POM 等。对易产生流涎的 PA，通过选用阀式喷嘴也能实现热流道成型。

• 强化注射机功能。热流道系统中塑料熔体有利于压力传递，流道中的压力损失较小，可大幅度降低注塑压力和锁模力，减小了注射和保压时间，使得在较小的注射机上成型长流程的大尺寸塑件成为可能，因此减少注射机的费用，强化了注射机的功能，改善了注塑工艺。

b.热流道模具的缺点。尽管与冷流道模具相比，热流道模具有许多显著的优点，但模具用户亦需要了解热流道模具的缺点。概括起来有以下几点。

- 模具成本上升。热流道系统元件价格比较昂贵，结构相对复杂，机加工成本高，模具成本大幅提高，有时热流道系统的成本就会超过冷流道模具本身的成本，如果产品生产量较小，选用热流道系统可能会得不偿失。

- 热流道模具制作工艺设备要求高。热流道模具需要精密加工机械作保证，热流道系统与模具的配合极为严格，还要考虑到模具材料膨胀等一系列问题，配合不好，就会产生溢料、浇口冻结等现象，导致塑料产品品质下降，严重的无法生产。

- 操作维修复杂。与冷流道模具相比，热流道模具操作维修复杂。如使用操作不当极易损坏热流道零件，使生产无法进行，造成巨大经济损失。对于热流道模具的新用户，需要较长时间来积累使用经验。

（2）热流道模具的选用

热流道技术虽然在模具制造业较发达的欧美国家已有几十年的发展应用历史，但传统的冷热流道模具至今仍占有很大的比例，如在美国，有人估计冷流道、热流道各占50%；有人则说热流道模具占60%，冷流道模具占40%。哪个数字更为准确且先不说，至少可以看出如果冷、热流道模具能够长期共存，就一定有各自存在的道理和应用特点。对于模具用户及塑料制品注塑加工生产商来说，一个最基本的问题就是何时应考虑使用热流道模具成型，何时应考虑使用传统的冷流道模具成型。

在论证是否使用冷流道或热流道模具成型时，主要考虑两方面的因素：一是经济成本方面的因素，二是技术要求方面的因素。

① 经济成本上的考虑 一般来说热流道模具的生产设计制造周期要比冷流道模具长，涉及的环节较多，所以就模具成本本身来说，热流道模具要贵很多。热流道模具在经济上的优越性主要是通过减小和消除生产废料及实现注塑成型生产自动化来实现的。

如果塑料制品产量要求非常大（如产量要求在数百万件上）且生产率要求高，应用热流道就非常有优越性。一般地说影响注塑成型周期（cycle time）最重要的一个因素就是塑料制品的冷却固化时间（cooling time）。在冷流道模具上，因流道系统的横截面尺寸往往比塑料制品壁厚大，因此其冷却时间就较长。这经常会导致整体注塑成型周期加长。相反的，在热流道模具上因不存在需要较长冷却时间的冷流道，所以注塑成型周期可显著地得以降低。另外，用冷流道模具成型常常需要二次加工操作，如修剪浇口、回收流道系统废料等。应用热流道模具就可避免二次加工操作等问题，实现注塑成型生产自动化。

对于塑料原料价格昂贵、制品产量要求大且不准许用回收料加工的项目，热流道模具就应该是首选的模具类别。

在塑料制品产量小的情况下，选用冷流道模具经济上就比较划算，模具交货期短，使用维护都相对简单。因热流道元器件贵，且热流道模具生产设计制造周期与冷流道模具相比要长很多，所以对要求短、平、快的注塑成型项目，从经济成本上讲，就不适合选用热流道模具加工成型，而应考虑冷流道模具。

很多模具公司亦将冷、热流道模具结合使用。如在制作一个贵重的热流道模具之前，先使用冷流道模具进行小批量的塑料制品生产，供生产方案的研究论证以及检测塑料制品的使用特性等使用，取得经验后再根据需要购置热流道系统，将原来的冷流道模具转变成热流道模具。

对于刚开始学习使用热流道模具的公司来说，初始投资和费用是比较大的。除购买热流道系统本身外，还需购置温度控制器。因为热流道模具要消耗大量的电力，电费会因此大幅度增加。对于电力资源紧张的地区，这就是一个重要的经济成本因素。用户对热流道使用技术的掌握很关键，人员的充分培训也是一笔支出。

与冷流道模具相比，热流道模具更容易出现各种生产故障。热流道模具的使用与维护比较复杂。热流道元器件是处在高温和高压动负荷状态下工作的，导致其失效的因素很多。很多热流道元器件亦是易磨易损件，需定期更换，所以热流道用户在购置正常的热流道系统外，还经常需要购买备用元器件。这都会增加额外的使用成本，而冷流道模具出现故障的机会就少得多。对于热流道模具的故障问题，还常常需要热流道供应商派出技术服务人员帮助才能顺利解决，而这些技术服务经常都是收费的服务，也会增加使用热流道模具成本。同时，塑料注塑加工的经济效益主要是靠不停顿地大量生产来保障的，所以一旦有停产故障，经济损失是很大的。因此在决定是采用冷流道还是热流道模具时，必须考虑热流道模具停产故障是否可以顺利解决这个因素。

由以上的讨论可以看出，决定采用热流道模具的经济成本因素是有很多方面的，要全面综合考虑。概括地说，对于批量生产要求大，塑料原料价格贵的项目及技术经验丰富的公司，应考虑使用热流道模具；对生产批量小，用户技术经验不够丰富，产品质量要求一般的项目，使用传统的冷流道模具就比较经济划算。

② 技术要求上的考虑　注塑加工和任何其他经济活动一样，经济效益当然是最重要的目标。但同时应看到技术上的要求亦非常重要。因为对很多，尤其是近年来出现的各种新型注塑成型工艺，用传统的冷流道模具在技术上是无法实现的。在这种情况下，虽然采用热流道模具价格

成本比较高，但从技术上讲是唯一的选择。同时，热流道技术亦将传统的注塑加工工艺提高到一个新的高度。应用热流道技术后，模具设计更加灵活多样。原来冷流道无法做到的设计方案，现在使用热流道都能实现了。

③ 热流道模具的应用范围

a.塑料材料种类。热流道模具已被成功地用于加工各种塑料材料。如 PP、PE、PS、ABS、PBT、PA、PSU、PC、POM、LCP、PVC、PET、PMMA、PEI、ABS/PC 等。任何可以用冷流道模具加工的塑料材料都可以用热流道模具加工。

b.零件尺寸与重量。用热流道模具制造的零件最小的在 0.1g 以下，最大的在 30kg 以上，应用极为广泛灵活。

c.工业领域。热流道模具在电子、汽车、医疗、日用品、玩具、包装、建筑、办公设备等各领域都得到广泛应用。

2.5 "样本复制" ——打印和复印

经过数据采集、模型分析、原料制备等准备工作后，便可以使用 3D 打印机或者 3D 复印机进行"样本复制"。

2.5.1 聚合物 3D 打印工艺——FDM

熔融沉积成型工艺（FDM）是继 LOM 工艺和 SLA 工艺之后发展起来的一种 3D 打印技术。这种工艺将丝状材料，如热塑性塑料、蜡或金属的熔丝，从加热的喷嘴挤出，按照零件每一层的预定轨迹，以固定的速率进行熔体沉积。每完成一层，工作台下降一个层厚，迭加沉积新的一层，如此反复，最终实现零件的沉积成型。FDM工艺无需激光系统的支持，操作简单，所用的成型材料价格也相对低廉，总体性价比高，成为众多开源桌面 3D 打印机主要采用的技术方案，如图 2-16 所示。

FDM 机械系统主要包括喷头、送丝机构、运动机构、加热工作室、工作台 5 个部分，系统模型如图 2-17 所示，工艺流程如图 2-18 所示。熔融沉积工艺使用的材料分为两部分：一类是成型材料，另一类是支撑材料。

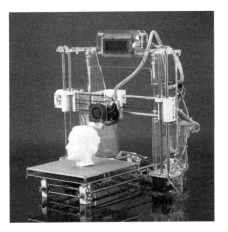

图 2-16 FDM 桌面级 3D 打印机

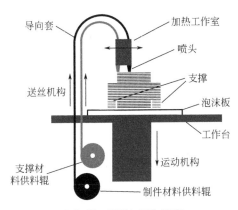

图 2-17 FDM 系统模型

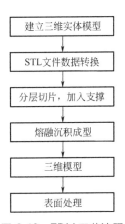

图 2-18 FDM 工艺流程

热熔性丝材（通常为 ABS 或 PLA 材料）先被缠绕在供料辊上，由步进电机驱动辊子旋转，丝材在主动辊与从动辊的摩擦力作用下向挤出机喷头送出。在供料辊和喷头之间有一导向套，导向套采用低摩擦力材料制成，以便丝材能够顺利准确地由供料辊送到喷头的内腔。

喷头的上方有电阻丝式加热器，在加热器的作用下丝材被加热到熔融状态，然后通过挤出机把材料挤压到工作台上，材料冷却后便形成了工件的截面轮廓。每完成一层成型，工作台便下降一层高度，喷头再进行下一层截面的扫描喷丝，如此反复逐层沉积，直到最后一层，这样逐层由底到顶地堆积成一个实体模型或零件。

FDM 成型中，每一个层片都是在前一层上堆积而成，前一层对当前层起到定位和支撑的作用。随着高度的增加，层片轮廓的面积和形状都会发生变化，当形状发生较大的变化时，上层轮廓就不能给当前层提供充分的定位和支撑作用，这就需要设计一些辅助结构——"支撑"，以保证成型过程的顺利实现。现在一般都采用双喷头独立加热，一个用来喷模型材料制造零件，另一个用来喷支撑材料做支撑，两种材料的特性不同，制作完毕后去除支撑。

一般来说，用于成型的材料丝相对更精细一些，价格较高，沉积效率也较低。用于制作支撑材料的丝材会相对较粗一些，成本较低，但沉积效率会更高些。支撑材料一般会选用水溶性材料或比成型材料熔点低的材料，这样在后期处理时通过物理或化学的方式就能很方便地把支撑结构去除干净。

送丝机构为喷头输送原料，送丝要求平稳可靠。送丝机构和喷头采用推-拉相结合的方式，以保证送丝稳定可靠，避免断丝或积瘤。

FDM 快速成型工艺的优点：①成本低，熔融沉积成型技术用液化器代替了激光器，设备费用低，另外，原材料的利用效率高且没有毒气或化学物质的污染，使得成型成本大大降低；②采用水溶性支撑材料，使得去除支架结构简单易行，可快速构建复杂的内腔、中空零件以及一次成型的装配结构件；③原材料以卷轴丝的形式提供，易于搬运和快速更换；④可选用多种材料，如各种色彩的工程塑料 ABS、PC、PPS 以及医用 ABS 等；⑤原材料在成型过程中无化学变化，制件的翘曲变形小；⑥用蜡成型的原型零件可以直接用于熔模铸造；⑦FDM 系统无毒性且不产生异味、粉尘、噪音等污染，不用建立与维护专用场地，适合于办公室设计环境使用；⑧材料强度、韧性优良，可以装配进行功能测试。

FDM 快速成型工艺的缺点：①原型的表面有较明显的条纹；②与截面垂直的方向强度小；③需要设计和制作支撑结构；④成型速度相对较慢，不适合构建大型零件；⑤原材料价格昂贵；⑥喷头容易发生堵塞，不便维护。

FDM 快速成型机采用降维制造原理，将原本很复杂的三维模型根据一定的层厚分解为多个二维图形，然后采用叠层办法还原制造出三维实体样件。由于整个过程不需要模具，所以大量应用于汽车、机械、航空航天、家电、通信、电子、建筑、医学、玩具等产品的设计开发过程，如产品外观评估、方案选择、装配检查、功能测试、用户看样订货、塑料件开模前校验设计以及少量产品制造等，也应用于政府、大学及研究所等机构。用传统方法需几个星期、几个月才能制造的复杂产品原型，用 FDM 成型法无需任何刀具和模具，短时间内便可完成。

2.5.2　聚合物 3D 复印工艺——注射成型

在聚合物 3D 复印加工成型中，前 3 步工艺是准备工作，注射成型才真正开始实现制品的复印，因此注塑机实质上是一台 3D 复印机。通过注塑机可以快速高效地大批量复印高分子制品，是塑料制品加工最重要、使用最广泛的方法之一。随着注射成型技术的不断发展，也出现了许多注射成型新技术，用来成型具有特殊要求的制品，如注射压缩成型、气体或水辅助注射成型、传递模塑成型（RTM 技术）、反应注射成型、发泡注射成型、多组分注射成型、微注射成型、快速热循环注射成型、光聚合注射成型、纳米注射成型等。

（1）注射压缩成型（injection compression molding，ICM）

为了减少制品收缩，提高制品精度，传统注射成型法经常采用的方法是增大注射压力，但压力增大不仅给模具脱模带来问题，还会因压力过大而使制品产生残余变形。注射压缩成型工艺便是在这种环境下提出的[34]。

① 注射压缩成型的原理及工艺[35,36]。注射压缩成型也称为二次合模注射成型，是注射和压缩模塑的组合成型技术。与传统注塑过程相比，注射压缩成型的显著特点是其模具型腔空间可以按照不同要求自动调整。模具初次闭合时，并没有完全闭合，而是保留一定的间隙，当注入模腔的树脂由于冷却而收缩时，从外部施加一个强制力使型腔的尺寸变小，使收缩的部分得到补偿，从而提高产品质量。

注射压缩的工艺流程如图 2-19 所示，先用较小的锁模力使模具在型腔厚度稍大于制品壁厚的位置上闭合，然后向模腔内注入一定体积的塑料熔体，在螺杆到达注射设定的位置时，合模装置立即增加锁模力并推动带有阳模的动模板前进，模腔内的熔体即在阳模的压缩作用下获得模腔的精确形状。

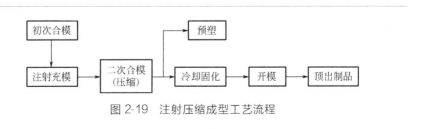

图 2-19　注射压缩成型工艺流程

② 注射压缩成型的分类[34]。根据注塑零件的几何形状、表面质量要求，以及不同的注塑设备条件，注射压缩成型有 4 种成型方式：顺序式、同步式、呼吸式和局部加压式。

a. 顺序式 ICM（Seq-ICM）：顺序式注射压缩成型。顺序式是指注射过程和合模过程顺序进行。如图 2-20 所示，开始时，模具部分闭合，留下一个约为零件壁厚两倍的型腔空间。注射熔料后，模具再进行最终的完全闭合，并使聚合物在型腔内受到压缩。在此过程中，由于从完成注入到开始压缩之间会有一个聚合物流动暂停和静止的瞬间，因此可能会在零件表面形成一个流线痕迹，其可见程度取决于聚合物材料的颜色，以及零件成型时的纹理结构和材料种类。

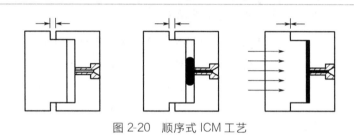

图 2-20　顺序式 ICM 工艺

b. 同步式 ICM（Sim-ICM）：同步式注射压缩成型。与顺序式 ICM 相同，同步式 ICM 开始时模具导引部分也是略有闭合的，不同的是在材料开始注入型腔的同时，模具即开始推合施压。而挤料螺杆和模具型腔在共同运动期间，可能会有几秒钟的延迟。由于聚合物流动前方一直保持着稳定的流动状态，它不会出现如顺序式的暂停和表面的流线痕迹。如图 2-21 所示。

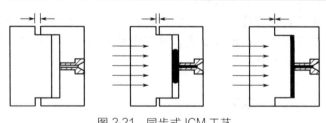

图 2-21　同步式 ICM 工艺

由于上述两种方式都在操作开始时留有较大的型腔空间，而在熔融聚合物注入型腔尚未遇到方向压力之时，它可能因为重力作用而首先流入型腔较低的一侧，并可能因暂时处于未承受压力状态而出现不希望有的泡沫。而且，零件壁厚越大，型腔空间也会越大，流注长度的延长也会增加模具完全闭合的时间周期，这些都可能会使上述现象加剧。

　　c.呼吸式ICM（Breath-ICM）：呼吸式注射压缩成型。采用呼吸式ICM（间歇式），模具在注射开始时即处于完全闭合状态，在聚合物向型腔注入时，模具也逐渐拉开并形成较大的型腔空间，而型腔内的聚合物始终保持在一定压力之下。当材料接近注满型腔时，模具已开始反向推合，直至完全闭合，使聚合物进一步压缩并达到零件所需求的尺寸。如图2-22所示。

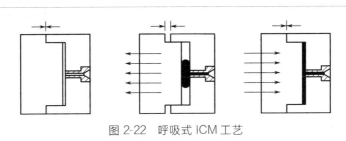

图2-22　呼吸式ICM工艺

　　d.局部加压式ICM（Select-/com-ICM）：局部加压式注射压缩成型。采用局部加压式ICM时，模具将完全处于闭合状态。有一个内置的行压头在聚合物注射时或注射完毕后，从型腔的某个局部位置压向型腔，以使零件的较大实体部位局部受压并被压薄。如图2-23所示。

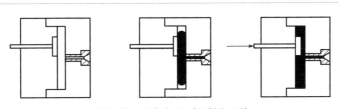

图2-23　局部加压式ICM工艺

　　③ 注射压缩成型的优缺点[36]

　　a.注射压缩成型的优点。注射压缩成型能够以低注射压力、低合模力和较短的生产周期生产尺寸稳定且基本无应力的制品。在传统注射成型过程中，必须对注射机喷嘴施加很高的注射压力才能够有足够的压力推动熔体流动和压实物料。对于薄壁制品，如光盘，由于高流动阻力，沿制品方向通常存在着显著的应力变化，导致制品存在残余应力和严重的制品翘曲。如果使用注射压缩成型，对于大部分的制品来说，填充压力施加在厚度方向，使用低填充/保压压力即可得到均匀的压力分布，从而减小成型的残余应力和制品翘曲。

b.注射压缩成型的缺点。注射压缩成型的模具相对昂贵，而且在压缩阶段磨损较大；注射机需增加额外投资，即压缩阶段控制模块的投资。

④ 适用材料及应用[36]　　注射压缩成型适合用于各种热塑性工程塑料以及部分热固性塑料、橡胶，例如，聚碳酸酯、聚醚酰亚胺、丙烯酸树脂、聚丙烯、热塑性橡胶和大多数热固性材料等。注射压缩成型主要应用包括薄壁制件、光学制件，例如，高质量和高性价比的 CD、DVD 光盘以及各种光学透镜。

（2）气体或水辅助注射成型（gas/water assisted injection molding，GAIM/WAIM）

① 气体或水辅助注射成型的原理及工艺　　气体辅助注射成型（gas assisted injection molding，GAIM）或水辅助注射成型（water assisted injection molding，WAIM）均是在熔料注入模具但还未固化时，将气体或水沿特定喷嘴或模具注进熔料中，由于压力的作用，介质会穿透熔料，从而在熔料中形成空腔，进而使熔料充满型腔，然后利用介质的压力进行保压，最后固化成型，图 2-24 为气辅注射成型原理（喷嘴进气）。

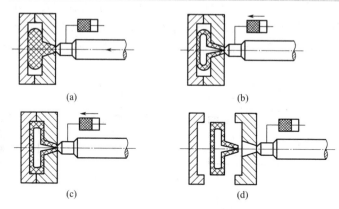

(a)　　　　　　　　　　　　　　　　(b)

(c)　　　　　　　　　　　　　　　　(d)

图 2-24　气辅注射成型原理

根据气辅或水辅注射成型的工作过程，可将其工艺分成 6 个阶段[37]。

a.塑料注射填充阶段。该阶段与常规注射工艺几乎一样，唯一的区别在于此工艺中熔料一般不会一次充满型腔，一般留有 4%～30%的空间。

b.切换延迟阶段。这个阶段是熔体注射结束到介质注射开始的一段时间，其过程非常短暂。延迟时间对气辅注射成型制品的质量有重要影响，通过延迟时间的改变可以改变制品气道处的熔体厚度分数。

c.介质注射阶段。这个阶段是从介质开始注射到整个模具型腔充满的一段时间，时间也很短，却是整个过程中最核心的一步，对于塑料制品的成型质量非常重要，控制不好会产生许多缺陷，如产生气穴、熔体前沿吹穿、注射不足和介质向较薄的部分渗透等。

d.保压冷却阶段。在此阶段，制品依靠介质的压力进行保压。当介质为水时，介质还能很好的对制品进行冷却，最终缩短成型周期。

e.介质排出阶段。无论注入的介质是惰性气体还是水，最终均要将其排出。气体介质可以直接排出，水一般可以通过注气或蒸发水分等方式排出。

f.顶出制品。此阶段与常规注塑顶出一样。

② 气辅与水辅注射成型工艺的优缺点。气辅注射成型与水辅注射成型虽然异曲同工，但也各有利弊，主要体现在以下方面：

a.两种工艺在节省原料、防止缩痕、缩短冷却时间、提高表面质量、降低制品内应力及变形程度、减小锁模力等方面均有显著地优点，它突破传统的注塑方法，可灵活的应用于多种制件的成型。

b.两种工艺共同的缺点是设备成本高，需要严格控制工艺参数，喷嘴的设计也十分复杂。对于气体辅助注射成型，排气孔会引起表面质量问题，对于水辅注射成型，由于水的特性，所需要考虑的问题更多，例如，如何确定合适的水温、水压、流速以及在熔体内部流动的水对物料结晶化的淬火和塑件性能的影响等[38]。

c.相比气辅注射成型，水辅注射成型能够成型壁厚更薄和更均匀的中空制品，而且更节省原料，同时水辅注射成型对于制品内表面的质量控制是远优于气辅成型的，此外，由于水很大程度上加快了熔料的冷却固化，因此水辅注射成型还能极大地缩短成型周期。

③ 气辅与水辅注射成型工艺的应用[39]　　气体辅助和水辅助注射成型应用十分广泛，可用于日常塑料制品、家具行业、玩具行业、家电行业、汽车行业等几乎所有塑料制件领域，其中，气辅或水辅注射成型特别适用于中空制品，壁厚、壁薄（不同厚度截面组成的制件）和大型有扁平结构零件，例如，把手、手柄等。

（3）传递模塑成型（resin transfer molding，RTM）

① 传递模塑成型的工艺及特点[40]　　传递模塑成型（RTM技术）又称树脂压铸模塑，是指低黏度树脂在闭合模具中流动，浸润增强材料（玻璃纤维、碳纤维等）并固化成形的一种工艺技术，其工艺流程如图2-25所示。传递模塑成型有以下特点。

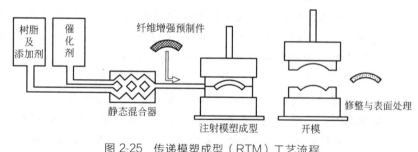

图 2-25 传递模塑成型（RTM）工艺流程

a. RTM工艺分增强材料预成型坯加工和树脂注射固化两个步骤，具有高度灵活性和组合性。

b. 采用了与制品形状相近的增强材料预成型技术，纤维树脂的浸润一经完成即可固化，因此可用低黏度快速固化的树脂，并可对模具加热从而进一步提高生产效率和产品质量。

c. 增强材料预成型体可以是短切毡、连续纤维毡、纤维布、无皱折织物、三维针织物以及三维编织物，并可根据性能要求进行择向增强、局部增强、混杂增强以及采用预埋和夹芯结构，可充分发挥复合材料性能的可设计性。

d. 闭模树脂注入方式可极大减少树脂有害成分对人体和环境的毒害。

e. RTM一般采用低压注射技术（注射压力$<4kgf/cm^2$），有利于制备大尺寸、外形复杂、两面光洁的整体结构，及不需后处理的制品。

f. 加工中仅需用树脂进行冷却。

g. 模具可根据生产规模的要求选择不同的材料，以降低成本。

② 传递模塑成型的适用材料及应用[41]　传递模塑成型的材料主要分两部分，树脂基体和增强材料。RTM专用树脂既不同于手糊树脂，也不同于拉挤和缠绕树脂，需要满足胶凝时间长、高消泡性和高浸润性、黏度低等性质，目前使用广泛的树脂材料包括乙烯基酯树脂、不饱和聚酯、环氧树脂、酚醛树脂、氰酸酯树脂、双马来酰亚胺等，其中环氧树脂、酚醛树脂、氰酸酯树脂、双马来酰亚胺属于高性能树脂基体。增强材料主要是指一系列纤维，例如，玻璃纤维、碳纤维、碳化硅纤维、石墨纤维等，对增强材料的基本要求是尽可能在快速低压下使树脂能够完全浸渍。

传递模塑成型是航空航天先进复合材料低成本制造技术的主要发展方向之一，可广泛应用于汽车、建筑、体育用品、航空航天及医院器件等领域，例如，轿车后尾门和尾翼、高顶、扰流板和尾翼等，能规模化生产出高品质复合材料的制品。

（4）反应注射成型（reaction injection molding，RIM）

① 反应注射成型的原理及工艺　反应注射成型是将两种或两种以上的具有高化学活性的、相对分子量低的液体材料均匀混合，在一定压力、速度和温度下注入模具型腔，快速完成聚合、交联、固化，最终成型为制品的技术。反应注射成型具有节能、快速、加工成本低、产品性能好等优点，适合结构复杂、薄壁、大型制品的成型，目前在汽车、仪表、机电产品等领域应用十分广泛，使用的树脂也从刚开始的聚氨酯发展到环氧树脂、甲基丙烯酸共聚物、有机硅等[42]。

反应注射成型的工艺流程如图 2-26 所示，大致可以分为 7 个阶段[43]。

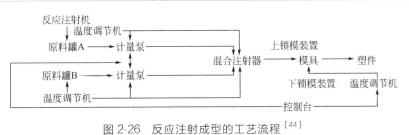

图 2-26　反应注射成型的工艺流程[44]

a.储存。反应注射成型所使用的多组分原液通常储存在特定的储存器（压力容器）中，在不成型时，原液通常在 0.2～0.3MPa 的低压下在储存器、换热器和混合头中不断循环。对聚氨酯而言，原液温度一般为 20～40℃。

b.计量。在混合前，不同组分的原液需要经过精确的计量。一般采用液压定量泵进行计量输出。

c.混合。反应注射成型的关键一步，产品质量的好坏很大程度上取决于混合头的混合质量，生产能力则完全取决于混合头的混合质量。

d.充模。反应注射成型时的注射充模速度很高，因此对原液的要求是黏度不能太大。

e.固化。反应注射成型最核心的一个阶段。不同于传统热塑性注塑的冷却固化，也不同于热固性注塑的加热固化，反应注射成型是借助于熔体间的相互碰撞而固化成型的，其模具的模壁温度与熔体温度相差不大。

f.顶出。固化后顶出制品，与常规注塑工艺无异。

g.后处理。反应注射成型的制品顶出后还需进行热处理，起到补充固化，形成牢固的保护膜、装饰膜的作用。

② 反应注射成型的优缺点

a.反应注射成型的优点：反应注射成型是能耗最低的工艺之一，反应原液黏度低、型腔压力小、模温不高，一次耗能很少，因此反应注射成型对模具设备的要求也相对较低；易于制作薄壁、轻质制品，表面质量好；生产效率高，生产大批量、大尺寸的制品尤为经济。

b.反应注射成型的缺点：由于加工过程中的化学反应，反应注射成型的模具和工艺设计比较复杂。如慢速充模可能导致凝胶、欠注，而快速充模可能产生紊流，造成内部气孔。模壁温度控制不当或制品壁厚太薄会导致成型问题或造成材料烧焦；材料的黏度低，容易产生溢料，需要进行修整；异氰酸酯的反应由于健康问题需要特别的环境保护措施；反应注射成型的回收再使用要比热塑性树脂困难得多。

③ 反应注射成型的应用　反应注射成型一般用于生产大型、复杂的制品，特别是汽车的内外部件，如保险杠、保险杠面板和车门板。其他的汽车工业应用包括挡泥板、扶手、方向盘、车窗密封圈等；非汽车工业应用包括家具、商用机器外壳、医疗器械和工业器械罩壳、农业和建筑业制品、生活用品和娱乐设施等。

（5）发泡注射成型[45]

发泡技术指的是采用物理、化学方法使得塑料制品形成泡孔结构的成型方法，物理方法是直接注入气体形成泡孔结构，化学方法则是注入化学发泡剂，利用化学反应分解气体形成泡孔结构。注塑发泡作为最重要的成型方法之一，近年来受到国内外学者的广泛关注。注塑发泡的发泡过程均在模具中完成，这里主要介绍关注度较高的结构发泡注塑成型与微孔发泡注射成型。

① 结构发泡注射成型　结构发泡材料是指一种具有坚韧致密表层，内部呈均匀微孔泡沫结构的发泡材料，主要用于工程结构件，如复印机支架、底座、建筑材料等。

结构发泡注射成型主要分为三类：低压发泡、高压发泡和双组分发泡。

低压发泡注射成型采用欠注法，整个注塑设备与常规注塑设备基本一致，需要注意的是，注射喷嘴需要采用自锁式，低压注射发泡制品表面比较粗糙，精度不是很高。

高压发泡注射成型采用满注法，因此注射完成后需要模具稍微的分开以完成发泡过程，此时需要在合模系统上增加二次合模保压装置，高压注射发泡制品表面平整清晰。

双组分注射发泡一般是通过同一浇口，利用两台注射设备先后注入皮层和芯层材料，其中芯层材料含发泡剂，同高压注射发泡一样，需增加二次合模保压装置，而且，如前所述，双组分发泡注塑机属于多组分发泡的一种，其注射装置需要两套，结构更加复杂。

② 微孔发泡注射成型　微孔发泡是 20 世纪 90 年代美国麻省理工学院（MIT）提出的概念，其泡孔尺寸通常为几微米，微孔发泡材料很好地保持了聚合物材料的强度，而且能很好地改善塑料的力学性能。近年来，在 MIT 微孔发泡概念的基础上，大量学者研发出了一系列微孔发泡注射机，如美国 Trexe L 公司的 MuCeLL 微孔发泡注射成型机、德国亚琛工业大学的 IKV 微孔注射成型机以及德国 Demag Ergotech 公司的 ErgoCell 微孔注射成型机。这些微孔发泡注射成型机都有一个共同的特点，那便是将发泡剂直接注入注射螺杆熔融段末端，与熔体均匀混合，因此，在机筒上需要设计气流通道以及其他辅助装置。图 2-27 为德国亚琛工业大学 IKV 研究所研发的微孔注射成型机。

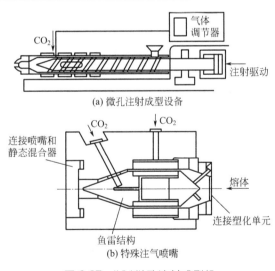

图 2-27　IKV 微孔注射成型机

阿博格与 IKV 研究所还共同研发了物理预发泡技术 ProFoam，如图 2-28 所示，其基本原理是在原料进入机筒之前通过低压氮气进行浸润发泡。原料首先被加入由两个加压腔体组成的预发泡装置的上部腔体中，低压下（50bar）加入物理发泡剂（N_2）。随后腔体气体阀门打开让原料进入下部加压腔后锁闭，上部腔体继续加料。待下部腔体阀门打开后，原料进入塑化系统中，物理发泡剂因此可均匀溶入塑胶熔体里。注射时伴随减压过程，可在制品内部产生均匀分布的微孔结构。这种工艺的优势在于不需要在螺杆上设置额外的剪切和混合功能部件。尤其值得一提的是，ProFoam还被用于生产带长纤维增强的发泡部件，以达到更优良的机械特性。相比于传统的工艺，生产出的部件可获得平均长度更长的增强纤维。根据材料的不同，还可利用变模温技术对表面品质进行优化。

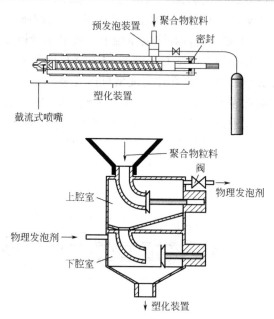

图 2-28　阿博格物理发泡注射成型基本原理

（6）多组分注射成型（multi-component injection molding）

① 多组分注射成型的工艺及特点　多组分注射成型，顾名思义，是将两种或两种以上的聚合物材料混合成型以获得所需制品的一种注塑成型工艺[46]。我们经常看到的共注塑成型、三明治成型、包覆成型、双色和多色注塑成型等都属于多组分注塑的范畴。与传统注塑成型过程不同，多组分注塑成型根据聚合物的不同特质，需要两套或多套注射装置共同工作，如图 2-29 所示，因此多组分注塑机结构更加复杂，所需空间更大，但同时，多组分注射成型存在着许多其他注射技术无法比拟的优点，如可将不同使用特性或加工特性的材料复合成型；提高制品手感和外观，集多种功能于一体；缩短制品设计和成型周期，降低生产成本；减少或取消传统注射成型后的二次加工和装配等。

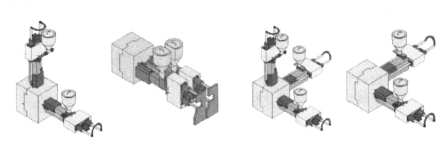

图 2-29　多组分注塑机注射单元的不同排布形式[47]

根据成型过程中各组分结合形式的不同，多组分注射成型通常可以分为顺序注射成型和叠加注射成型两种[46]。

顺序注射成型指将物料按照特定的顺序依次注入模腔的工艺过程，一般情况下这一过程由特殊的多组分喷嘴实现。其注塑成型过程：首先，将第一种熔融组分注入模腔中形成制品的表层；接着在特定的时间后，使用多组分喷嘴的切换阀进行位置切换，并注入第二种熔融组分，从而形成制品的内核部分。

叠加注射成型指多种组分通过不同的浇口或流道注射到一起或者是将多种组分叠加在一起的工艺过程。叠加注射成型与顺序注射成型的主要不同之处在于模具部分的改变。根据注射过程中物料状态的不同，叠加注射成型又可分为"熔融/熔融"注射和"固体/熔融"注射两种。"熔融/熔融"注射成型又称为共注射成型，指通过不同浇口将两种或多种熔融组分同时注入模腔。"固体/熔融"注射成型则是将第一种熔融组分部分固化后，再进入下一成型位置，注射后几种熔融组分。

② 多组分注射成型的应用　多组分注射成型在近几年发展十分迅速，应用也越来越广，其最大的优势在于生产具有层结构的制品以及多色制品，如汽车多色尾灯、各种设备的按键等。

（7）微注射成型

① 微注射成型　微注射成型是对微尺寸、微结构制品进行注射成型的工艺，制件尺寸一般是微米级，最早的微注射成型机的基本结构与常规注射成型机一样，图 2-30 为意大利 BABYPLAST 公司的微型注塑机，但由于注射设备更加小型化、精密化，因此其要求更加严格，具体体现在如下方面[48,49]。

a.高注射速率。微注射成型零件质量、体积微小，注射过程要求在短时间内完成，以防止熔料凝固而导致零件欠注，因此成型时要求注射速度高。传统的液压驱动式注射成型机的注射速度为 200mm/s，电气伺服马达驱动式注射成型机的注射速度为 600mm/s，而微注射成型工艺通常要求聚合物熔体的注射速度达到 800mm/s 以上。

b. 精密注射量计量。微注射成型零件的质量仅以毫克计量，因此微注射成型机需要具备精密计量注射过程中一次注射的控制单元，其质量控制精度要求达到毫克级，螺杆行程精度要达到微米级。传统注射成型机通常采用直线往复螺杆式注射结构，注射控制量误差相对较大，无法满足微注射成型的微量控制要求，可以采用螺杆柱塞式结构。

c. 快速反应能力。微注射成型过程中注射量相当微小，相应注射设备的螺杆/柱塞的移动行程也相当微小，因此要求微注射成型机的驱动单元必须具备相当快的反应速度，从而保证设备能在瞬间达到所需注射压力。

d. 快变模温技术。对尺寸的高精度要求也使得微注射成型需要采取快变模温技术，使模具能够实现快速升温、快速冷却，其具体的方案可以依工艺条件而定。

e. 物料的要求。能采用微注射成型的聚合物通常是工程塑料和特种工程塑料（在尺寸较小的情况下具有较好的使用性能）。

图 2-30 意大利 BABYPLAST 公司的微型注塑机

② 微分注射成型[50]　　微分注射成型是微型制品注射成型的一种新方法，打破"大设备生产大制品，小机器生产小零件"的常规思路，最早由北京化工大学英蓝实验室提出，用大设备生产小制品，其原理是在压力作用下将一股熔体均匀地分流为多股熔体，且可以对分流熔体进行计量，实现一分多、大分小、小分微。微分系统的核心是熔体微分泵，该微分泵与行星齿轮泵的基本原理相同。微分注射成型理论是在传统的注射成型技术中增加微分系统（见图 2-31），聚合物的熔融塑化注射除了通过传统的注射成型机的注射塑化系统进行外，还需要借助微分系统来

完成，其中微分系统具有熔体分流、输送、增压和计量的功能。以微分注射成型理论开发的微分注射成型机可以实现多台微注射成型机的功能。

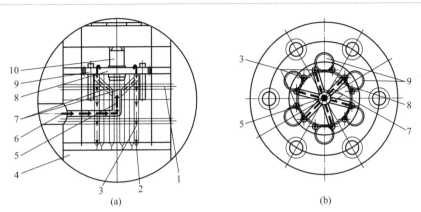

图 2-31　微分注射成型机的微分系统结构

1—加热装置；2—微型制品；3—出口；4—模具；5—主进口；6—喷嘴；

7—进口分支；8—主动齿轮；9—从动齿轮；10—齿轮驱动轴

在微分注射成型中，将熔体泵安装在注射成型机和模具之间（见图 2-32），这样就可以把注射方向产生的波动与模具设备隔离开来，不论泵入口处的压力是否发生波动，只要进入泵的熔体能充分地充满齿槽，就能以稳定的压力和流量向模具输送物料，从而提高系统的稳定性和制品精度。熔体泵是一种增压设备，它能把注射成型机螺杆计量段的稳压、增压功能移到熔体泵上来完成。

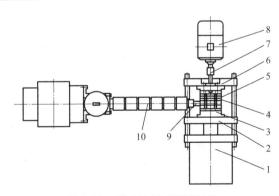

图 2-32　微分注射成型机结构

1—合模系统；2—动模板；3—模具；4—微分泵；5—加热装置；6—定模板；

7—联轴器；8—驱动电动机；9—喷嘴；10—塑化系统

目前，微系统技术的应用已从微电子元件、微型光学仪器、微型医疗仪器、微型传感器扩展到磁盘读写装置、喷墨打印等。微注射成型的发展也越来越迅速，它对微电子学、微机械学、微光学、微动力学、微流体学、微热力学、材料学、物理学、化学和生物学等广泛学科领域的微结构件制造具有不可比拟的优势。

（8）快速热循环注射成型（rapid heating cycle molding，RHCM）

对于常规注塑工艺，塑件质量与注塑生产效率对模具温度的要求是相互矛盾的，如果需要提高塑件质量，应当尽量提高模具温度，从而消除冷凝层等一系列缺陷，但是，提高模具温度势必会造成冷却时间的增加，引起生产效率的下降。为了解决这种矛盾，行业内提出了一种新的注塑成型工艺——快速热循环注射成型。

① 快速热循环注射成型的原理　快速热循环注射成型方法是一种基于动态模温控制策略，可实现模具快速加热与快速冷却，并对模具温度实行闭环控制的新型注射成型方法[51]。其具体的实施办法是：注射填充前将模具加热至较高温度，避免填充阶段熔体的过早冷凝，这样塑料熔体可以顺利地充满模具型腔，而在填充结束后将模具冷却至较低温度，以快速冷却模具型腔中的塑料熔体，从而有效避免填充阶段模具温度高对注塑生产效率带来的不利影响[52]。相比热流道技术，快速热循环工艺主要针对型腔和型芯进行加热和冷却，而热流道技术是对流道进行加热，对模具的加热应当避免。由此可见，采用快速热循环工艺进行注塑时，温度的快速响应以及准确控制十分重要，因此，该工艺通常需要较为复杂的温度控制系统，如图 2-33 所示。

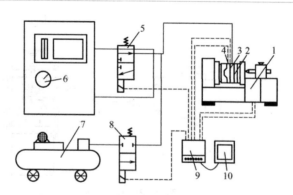

图 2-33　电加热快速热循环注塑控制系统[53]

1—注塑机；2—模具；3—电热棒；4—铂电阻温度传感器；5—冷却水进水阀；6—冷却水循机；7—空气压缩机；8—空气阀门；9—PLC 控制器；10—人机界面

② 快速热循环注射成型的工艺特点[54] 根据快速热循环注射成型的原理，我们需要对模具进行快速加热和快速冷却，这是该工艺的核心。对于模具快速冷却，最常用的方法就是将低温冷却介质高速通入模具内部管道，通过对流换热快速冷却模具。实践证明，这种方法简单易行，且具有足够高的冷却效率。与模具快速冷却相比，模具快速加热则要困难得多。为了实现模具快速加热，国内外研究人员已经开展了大量研究工作，在此，本文介绍几种较为常见的快速加热方式。

a.电加热。电加热是利用电阻元件加热模具的方法，常用的有电热管、电热板、电热圈等。电阻元件加热速度较快，为 $1\sim3℃/s$，温度控制范围可大于350℃。在注射成型过程中，利用电阻元件将模具型腔、型芯快速加热至接近或者高于聚合物玻璃化转变温度，并保持模具恒温。注射完成后，用冷却水对模具型腔、型芯进行快速冷却，同时利用压缩空气将模具中的冷却水排出。

采用电加热法效率高，控制方法相对简单，产品质量得到了提高，生产周期得到了缩短，但电加热系统直接安装在模具内部，模具结构较为复杂（图2-34），需要特殊设计，成本较高，且加热是通过热辐射传导到模具，沿程热损失大。

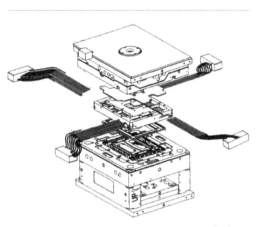

图2-34 电加热快速热循环注塑模具[55]

b.蒸汽加热。蒸汽加热是利用模温控制装置将高温蒸汽和冷凝水循环交替引入模具的内部管路，以实现模具的快速加热与冷却的成型工艺。蒸汽加热系统最高可使模具表面温度达到160℃。但蒸汽加热，升温时间较长。

为保证模温的均匀性和快速变化，模具内部必须开设合理的管道确保快速升温和降温。蒸汽加热的模具也较为复杂，需要通过分层结构或其他特殊方法，将管道布置在距模具表面恒定距离的位置来满足以上要求。采用蒸汽加热模具温度控制精度高，加热及冷却范围大，可以获得表面光亮、无熔接痕、无流痕、不需喷涂加工、塑件性能好、生产成本低的塑件。

c.电磁感应加热。电磁感应加热也是较为成熟的加热方式之一，它是根据法拉第电磁感应原理加热模具。电磁感应加热只在模具表面至集肤深度范围加热，加热体积小，升温速度快，台湾中原大学研发的系统升温速度可到40℃/s以上。

电磁感应加热系统与模具之间无传热介质，加热速度快，加工周期短。由于集肤效应仅对模具表面进行加热，节省能源，还可以针对模具的特殊部位，如微小结构或可能出现熔接痕的部位进行局部加热。利用电磁感应作为加热源，比电加热、蒸汽加热效率更高，节省了加热过程中的能源消耗，具有灵活、便捷、安全等优点。

d. 石墨烯镀层辅助加热[56]。石墨烯镀层辅助加热是北京化工大学英蓝实验室提出的加热方法，在硅材料模具型腔表面制备连续且致密的化学键合石墨烯纳米镀层，由于镀层保持了石墨烯高导电、高导热、超光滑的物理特性，在外部电源驱动下就可以将型腔表面温度迅速提升至聚合物材料玻璃化转变温度之上，实现注射成型过程的快速热循环。

此工艺使用的模具结构如图2-35所示，利用此模具进行注塑实验，结果表明石墨烯镀层辅助加热可以有效减小，甚至消除熔接痕，进一步减少多浇口制品表面缺陷，提高制品的表面质量，能在较低注射速度、注射压力下，显著提高制品复制型腔结构的能力，精确成型制品微纳结构。该技术在成型超薄及微纳复杂结构的精密注塑件方向具有广阔的应用前景。

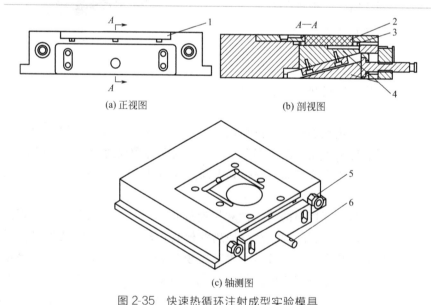

(a) 正视图　　(b) 剖视图

(c) 轴测图

图 2-35　快速热循环注射成型实验模具

1—浇口板；2—镀有石墨烯的硅型芯；3—冷却板（铜）；
4—调高楔块；5—冷却水接口；6—调高螺杆

（9）光聚合注射成型[57,58]

① 光聚合材料　光聚合注射成型是对光聚合材料进行注射固化成型的工艺。所谓光聚合材料，是指一种可以利用光的能力来激发分子活性基团，从而固化的树脂材料，它主要包括充当主要聚合组分的预聚物，调节体系黏度并充当次要聚合组分的活性稀释剂，以及为反应提供自由基或者阳离子的光引发剂。光聚合材料具有如下特点：

a.光聚合材料是一种液态材料，其成型过程不需要加热塑化，不仅能节约大量能源与时间，还避免了温度梯度导致的材料性质不均匀、部分物料降解等缺陷。

b.光聚合树脂只有在受到光照时才会发生聚合反应，避免了在流动过程中局部先固化造成的内应力积累，可以实现真正的随形固化。

c.光聚合反应中，溶剂同时参与固化反应，从而极大减少了有毒物质的残留。

② 光聚合注射成型的工艺及设备　光聚合反应在材料成型方面的应用越来越广，例如，3D打印和光聚合模压成型。在此基础上，北京化工大学英蓝实验室利用光聚合材料的光固化性质，开发了光聚合材料的注射成型工艺，其基本注射过程如下：

a.将光聚合树脂高速注射入透明型腔中，并把树脂充分压缩。

b.在较高压力下，对树脂施加光照，并在树脂固化过程中保持压力。

c.停止供压后，继续光照一段时间，令树脂全部硬化并取出制品。

由于光聚合材料常温下呈液态，固化依靠光照完成，因此其注射成型的设备与常规注塑机有很大的不同，主要体现在以下方面：

a.注射装置方面。由于光聚合材料注射时处于液态，因此无需螺杆进行熔融，采用柱塞进行输送即可。

b.模具方面。模具是光聚合材料固化成型的地方，由于需要引进光照，因此需要进行特殊设计，往往比较复杂。如图 2-36 所示为常乐等设计的微结构光聚合成型设备，其模具由模具底板、一个可更换的具有微结构的模具型芯、石英玻璃透明模板、活塞式注射装置以及紫外线光源组成。模具底板水平放置，透明模板盖在模板上方并使用螺栓固定，透明模板上方安放有光源。活塞式注射装置包含一个柱塞以及一个圆筒，垂直插在模具上，活塞使用不同重量的砝码推动，实现不同成型压力的控制。

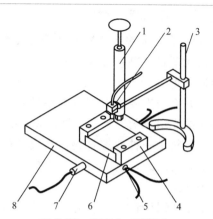

图 2-36　光聚合成型设备

1—注射装置；2—固化 UV 源；3—可调节支架；4—螺栓固定装置；
5—加热器；6—石英透明模板；7—温度传感器；8—模具底板

③ 光聚合注射成型的优势与应用　光聚合注射成型的优势主要体现在以下几方面。

a. 不存在塑化过程。光聚合树脂在常温下即为液态，因此，并不受螺杆尺寸的限制，也不存在柱塞式注塑机塑化不均匀的问题，可以非常方便地实现设备微型化，并且仪器结构可以做到非常简单。

b. 光聚合树脂的黏度极低，在充填过程中不会因为降温而改变流动特性，因此其在模内流动不受限制，从理论上可以达到无限长的深宽比，同时其优异的流动特性也有利于微细结构的复制。

c. 光聚合注射成型可以根据成型需要，在模内分阶段施加光照，实现固化场高度可控。

综上所述，光聚合注射成型技术在微纳制品加工领域展现出了良好的发展前景。光聚合注射机可以保证制品的良好填充效果，尤其适用于高深宽比、具有微纳结构的精密制件的注射成型，例如，微流控芯片、微纳导光元件、微型执行器等精密制品。

（10）纳米注射成型（nano molding technology，NMT）

在电子行业，五金/塑胶结合越来越流行。由于金属兼备美学和电磁屏蔽等优良性能，设计者倾向使用金属制作外壳和底盘材料，用于便携式电子设备（如手机、平板电脑和笔记本电脑）。然而，金属并不具备塑料的某些性能，例如，透明性、着色性、低成本、二次加工性。因此，金属与塑料的结合设计十分重要。

① 纳米注射成型的原理　纳米注射成型是一种用于金属与塑料的结

合技术。对于产品外壳需要外部有金属表现、内部有复杂结构、重量轻的需求，纳米注射成型是目前最好的解决之道，用以取代塑料嵌入金属射出、锌铝及镁铝压铸件。纳米注射成型可以提供一个具有价格竞争、高性能、轻量化的金塑整合性产品。

在近几十年中，纳米注射成型技术（NMT）已被广泛采用，以取代传统的金属插入模塑制品的方法。具体方法是金属表面进行腐蚀预处理以产生纳米微孔，然后塑料部件直接渗入到金属中，产生界面牢固粘结。由于这种单步注塑成型工艺可以很容易的形成结合，制造金属零件的成本相对于传统方法便减小了很多。纳米注射成型工艺流程如图 2-37 所示。

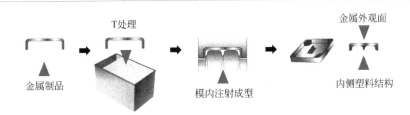

图 2-37　纳米注射成型工艺流程

在整个纳米注射成型工艺过程中，T（Taisei）处理是非常重要的工艺，如图 2-38 所示，主要有以下四个步骤：通过碱洗形成纳米层；接着进行酸浸泡，促使纳米层演化；然后使用 T 剂浸泡，为注射时与树脂反应做准备；最后是用水清洗。

(a) 碱洗—脱脂/纳米层　　(b) 酸浸泡—纳米层演化　(c) T剂浸泡—纳米接合物质　(d) 水清洗—稳定反应

图 2-38　T 处理工艺步骤

T 处理所用的试剂称为 T 剂，主要有三个作用：在金属氧化层上创造纳米孔；填充纳米孔，去除空气；注射时，与工程塑料反应。如图 2-39 所示，即使有能力制作出表面具有纳米孔洞的金属基材，塑料却无法射进如此小的纳米孔洞（无法排气且可能产生包风），根本就没有结合能力，塑料结构立即脱落。经 T 处理剂酸蚀后的金属基材，塑料射入产生化学反应，两者进行交换并融合，纳米孔洞中很快就被两种反应物"占满"，塑料结构立即产生锚栓效应紧固在金属上（见图 2-39）。

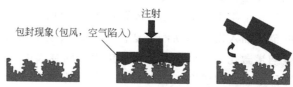

(a) 仅制作出表面具有纳米孔洞金属基材与塑料的粘接

(b) 经T处理剂酸蚀后金属基材与塑料的粘接

图 2-39　工程塑料与 T 剂反应造成锚栓效应

② 纳米注射用树脂　纳米注射用树脂与金属必须是亲和的，而且能进行 NMT 过程，许多热塑性树脂均能满足条件，但是由于金属必须进行着色，模制后经常会进行二次加工，我们称之为阳极处理。阳极处理时，材料会多次接触酸性溶液以实现所需的颜色，因此耐化学性，尤其是耐酸性，成为材料选择的一个要求，这就限制了某些聚合物，如聚酰胺。另外，该树脂可以用玻璃纤维进行加固，以减少收缩和提高力学性能。塑料化合物的线性膨胀系数也需要匹配金属，否则，过度的内应力可能会导致表面裂纹，从而降低黏接效果。

由于这些因素以及着色性、低成本、金属塑料亲和度的要求，聚苯硫醚（PPS）和聚对苯二甲酸丁二醇酯（PBT）已成为主流选择，它们具有良好的耐化学性和混合性能。PPS、高结晶性树脂可以在 NMT 过程中形成很好的结合，但可加工性较差、美观性能低（包括色彩空间有限、表面粗糙、难以漆/清漆和耐气候性很差）。半结晶树脂的 PBT 具有良好的加工性，容易着色，具有较高的耐气候性，而且不含卤素，它还具有较高的刚性、拉伸强度、耐磨性和低摩擦性能，不过 PBT 存在相对较低的耐冲击性和收缩率，可以通过制剂和适当的处理来改善。

目前已经量产可以使用的金属材料有铝及铝合金、镁及镁合金、不锈钢等；可以使用的塑料材料有 PPS、PBT、PA（尼龙）等。为了防止塑料的膨胀收缩速度高于金属，会添加部分的纤维，如玻璃纤维、碳纤维等，使塑料材料的热膨胀收缩与金属相近。

③ 纳米注射的优劣势　纳米注射技术具有很多优势，例如，降低产

品的整体厚度与高度、减少产品整体重量、强度优异的机械结构、金属底材加工速度与产出高（冲压成形法）、更多的外观装饰方法选择、更高的结合可靠度（相比胶合技术）等。

当然，由于一些原因也限制了它的应用，例如，大的零件费用高、5种金属合金限制（铁、铝、镁、钛与铜合金）、3种塑料材料限制（PPS、PBT与PA/PPA）、金属与塑料之间的受热膨胀变形考量等。

参考文献

[1] 秦杰，徐小明，赵运生，等. Pro/E 软件在机械 CAD 设计中应用 [J]. 装备制造技术杂志，2011，2011（1）：120-121.

[2] 朱金权. SolidWorks 软件在机械设计中的应用与研究[J]. 新技术新工艺，2009，（2）：41-44.

[3] 李润，邹大鹏，徐振超，等. SolidWorks 软件的特点，应用与展望[J]. 甘肃科技，2004，20（5）：57-58.

[4] 安受铺，魏周宏. UG 软件在我国的应用综述[J]. 机械研究与应用，1996，（4）：15-17.

[5] 李自胜，朱莹，向中凡. 基于 CATIA 软件的二次开发技术[J]. 四川工业学院学报，2003，22（1）：16-18.

[6] 聂建国，王宇航. ABAQUS 中混凝土本构模型用于模拟结构静力行为的比较研究[J]. 工程力学，2013，（4）：59-67.

[7] 高兴军，赵恒华. 大型通用有限元分析软件 ANSYS 简介[J]. 辽宁石油化工大学学报，2004，24（3）：94-98.

[8] 左大平，张益华，芮玉龙. Moldflow 模拟结果的精度分析[J]. 模具技术，2006，（3）：3-7.

[9] 李雯雯，卢军，刘洋. Moldflow 软件在注塑模具 CAE 中的应用[J]. 工程塑料应用，2009，（9）：80-82.

[10] 唐忠民，宋震熙. 注塑模流分析技术现状与 Moldex3D 软件应用 [J]. CAD/CAM 与制造业信息化，2003，（1）：57-59.

[11] 胡影峰. Geomagic Studio 软件在逆向工程后处理中的应用[J]. 制造业自动化，2009，（9）：135-137.

[12] 刘世明，胡桂川. Imageware 与反求工程[J]. 重庆科技学院学报（自然科学版），2006，8（3）：84-86.

[13] 曹丹. 运用 CopyCAD 软件进行逆向工程设计[J]. 机械，2008，35（9）：33-35.

[14] 陈艾春. 基于 RapidForm 的三维曲面重构[J]. 电脑知识与技术，2009，5：9316-9317.

[15] 罗文煜. 3D 打印模型的数据转换和切片后处理技术分析 [D]. 南京：南京师范大学，2015.

[16] 李海霞. 基于 Solidworks 的熔融成型工艺参数影响快速原型产品表面质量研究[D]. 济南：山东大学，2015.

[17] W Michaeli, D Opfermann. Ultrasonic plasticising for micro injection moulding[J]. 2006.

[18] Adrian L Kelly, Elaine C Brown, Philip D Coates. The effect of screw geometry on melt temperature profile in single screw extrusion[J]. Polymer Engineering & Science, 2006, 46（12）: 1706-1714.

[19] Ch Hopmann，T Fischer. New plasticising process for increased precision and reduced residence times in injection moulding of micro parts[J]. CIRP Journal of Manufacturing Science and Technology，2015，9：51-56.

[20] 马懿卿. 通用型螺杆与分离型螺杆对注射用PVC-U复合粉料塑化效果的比较[J]. 聚氯乙烯，2007，(3)：25-27.

[21] Robert F DRAY. How to compare：Barrier screws[J]. Plastics technology，2002，48(12)：46-49.

[22] 李晓翠，彭炯，陈晋南. 销钉单螺杆混炼段分布混合性能的数值研究[J]. 中国塑料，2010，(2)：109-112.

[23] Yasuya Nakayama，Eiji Takeda，Takashi Shigeishi，et al. Melt-mixing by novel pitched-tip kneading disks in a co-rotating twin-screw extruder[J]. Chemical engineering science，2011，66(1)：103-110.

[24] Qu Jinping，Xu Baiping，Jin Gang，et al. Performance of filled polymer systems under novel dynamic extrusion processing conditions[J]. Plastics，rubber and composites，2002，31(10)：432-435.

[25] 蔡永洪，瞿金平. 单螺杆振动诱导熔体输运模型与实验研究[J]. 华南理工大学学报（自然科学版），2006，34(10)：44-49.

[26] 申开智. 塑料成型模具[M]. 北京：中国轻工业出版社，2002.

[27] 李倩，王松杰，申长雨，等. 模具设计中收缩率的预测[J]. 电加工与模具，2002，(5)：53-54.

[28] 申长雨，陈静波. CAE技术在注射模设计中的应用[J]. 模具工业，1998，(3)：7-12.

[29] 申长雨，王利霞. 基于CAE技术的注塑模具设计[J]. 中国塑料，2002，16(1)：74-78.

[30] 周应国，陈静波，申长雨，等. CAE技术在光学透镜注射模设计中的应用[J]. 模具工业，2007，33(1)：1-4.

[31] 谢鹏程，杨卫民. 高分子材料注塑成型CAE理论及应用[M]. 北京：化学工业出版社，2008.

[32] 郭齐健，何雪涛，杨卫民. 注射成型CAE与聚合物参数PVT的测试[J]. 塑料科技，2004，4：21-23.

[33] 王建. 基于注塑装备的聚合物PVT关系测控技术的研究[D]. 北京：北京化工大学，2010.

[34] 李德群. 现代塑料注射成型的原理，方法与应用.[M]. 上海：上海交通大学出版社，2005.

[35] 戴亚春，董芳. 注射压缩成型新方法[J]. 模具工业，2006，32(3)：53-56.

[36] 金志明. 塑料注射成型实用技术[M]. 北京：印刷工业出版社，2009，137-138.

[37] 魏常武，柳和生，缪宪文. 气体辅助注射成型及其影响因素[J]. 橡塑技术与装备，2006，32(4)：17-21.

[38] 张志鹏. 水辅助注射成型技术[J]. 模具制造，2011，(2)：60-66.

[39] 汪正功. 气体辅助注塑成型技术及其应用[J]. 高科技与产业化，2000，(2)：30-31.

[40] 齐燕燕，刘亚青，张彦飞. 新型树脂传递模塑技术[J]. 化工新型材料，2006，34(3)：36-38.

[41] 胡美些，郭小东，王宁. 国内树脂传递模塑技术的研究进展[J]. 高科技组织与应用，2006，31(2)：29-33.

[42] 曹长兴，李礳. 反应注射成型设备混合系统的类型与性能[J]. 塑料科技，2004，(2)：42-45.

[43] 杨洋. 聚烯烃材料三层共挤复合膜制备与性能测试[D]. 哈尔滨：哈尔滨理工大学，2014.

[44] 胡海青. 热固性塑料注射成型（四）反应注射成型（RIM）与增强反应注射成型（RRIM）[J]. 热固性树脂，2001，16(4)：45-48.

[45] 齐贵亮. 注射成型新技术[M]. 北京：机械工业出版社，2010，pp. 280-303.

[46] 冯刚，王华峰，张朝阁，等. 多组分注塑成型的最新技术进展及前景预测[J]. 塑料工业，2015，（02）：10-14.

[47] 何跃龙，杨卫民，丁玉梅. 多色注射成型技术最新进展[J]. 中国塑料，2009，（01）：99-104.

[48] 蒋炳炎，谢磊，杜雪. 微注射成型机发展现状与展望[J]. 中国塑料，2004，（09）：8-13.

[49] 李志平，严正，陈占春. 注射成型的微型化——微注射成型技术[J]. 塑料工业，2004，（05）：23-25+55.

[50] 张攀攀，王建，谢鹏程，等. 微注射成型与微分注射成型技术[J]. 中国塑料，2010，（6）：13-18.

[51] Donggang Yao, Byung Kim. Development of rapid heating and cooling systems for injection molding applications[J]. Polymer Engineering & Science, 2002, 42（12）：2471-2481.

[52] 王小新. 快速热循环高光注塑模具加热冷却方法与产品质量控制技术研究[D]. 济南：山东大学，2014.

[53] 顾金梅，黄风立，许锦泓. 电热快速热循环注射成型模具温控系统设计[J]. 模具工业，2013，39（2）：39-42.

[54] 边智，谢鹏程，安瑛，等. 注射成型快变模温技术研究进展[J]. 现代塑料加工应用，2010，（5）：48-51.

[55] 冼燃，吴春明. 电加热高光注塑模技术在平板电视面框成型中的应用[J]. 机电工程技术，2009，（8）：103-105.

[56] 赵云贵，郁文霞，李政，等. 石墨烯镀层辅助快速热循环注射成型方法的研究[J]. 中国塑料，2016，（10）：55-59.

[57] 宋乐. 光聚合注射成型动态演化规律及精度控制研究[D]. 北京：北京化工大学，2015.

[58] 常乐，蔡天泽，丁玉梅，等. 紫外光固化注射成型制品微结构复制度的研究[J]. 中国塑料，2014，（10）：61-64.

第3章

聚合物3D
打印机

3D打印机是以数字模型文件为基础，运用特殊蜡材、粉末状金属或塑料等可黏合材料，通过打印一层层的黏合材料来制造三维物体的。3D打印机的原理就是根据数字模型文件中的数据以及命令，按照程序将产品逐渐堆叠制造出来。

3D打印机与传统打印机最大的区别在于它使用的"墨水"是实实在在的原材料，堆叠薄层的形式有多种多样，可用于打印的介质种类多样，从繁多的塑料到金属、陶瓷以及橡胶类物质。有些打印机还能结合不同介质，制造出具备多种性能的实物。根据所采用技术方式进行分类，3D打印机主要包括丝材熔融沉积成型3D打印机（FDM）、选择性激光烧结3D打印机（SLS）、液态树脂光固化3D打印机（SLA）、薄材叠层制造3D打印机（LOM）、三维印刷3D打印机（3DP）等。根据加工范围进行分类，3D打印机主要划分为工业级和桌面级。工业级设备通常可加工超大尺寸的产品并且价格昂贵，一般使用SLS、3DP等技术，主要应用于汽车、国防航空航天等领域；桌面级设备所加工的产品尺寸一般较小，主要应用于产品的研发、模型制作等方面。

3D打印机的主要特点如下：

① 对于传统的制造技术，部件设计受到生产工艺的限制，需要考虑机器本身实现加工的可行性。然而，3D打印机的出现将会颠覆这一生产思路，这使得企业在生产部件的时候不再考虑生产工艺问题，因为3D打印机可以满足任何复杂形状设计的实物化。

② 3D打印机能够实现直接从计算机数据生成任何形状的物体，不需要模具或者进行机械加工，从而极大地缩短了产品的开发周期，提高了生产率。尽管仍有待完善，但3D打印技术市场潜力巨大，势必成为未来制造业的众多突破技术之一。

③ 相比传统加工机械，3D打印机显得轻便许多，并且对环境造成的污染也少，正是因为其具有这些优势，使得其更易走进人们的日常生活。如今我们可以在一些电子产品商店购买到这类打印机，工厂也在进行直接销售。

3.1 聚合物3D打印常用技术

聚合物3D打印技术根据所采用聚合物的形式和工艺实现方式，可分为丝材熔融沉积成型（FDM）、选择性激光烧结成型（SLS）、液态树脂光固化成型（SLA）、薄材叠层实体制造成型（LOM）、三维印刷成型

（3DP）、微滴喷射成型（MDJ）等。

（1）丝材熔融沉积成型（FDM）

丝材熔融沉积成型因其操作简单，成为桌面级 3D 打印设备中应用最为普遍的成型技术[1]，丝材熔融沉积成型 3D 打印机由熔丝挤出装置和三维运动平台组成，其成型方法为：将热塑性丝料在喷嘴处加热融化，电机带动挤出喷头按照模型文件所规划的沉积路径进行挤出，同时步进电机按照既定脉冲带动齿轮将丝料挤进熔融腔内，挤出的熔体在基板上粘接冷却固化，如此层层堆积，最终形成三维塑料制品，如图 3-1 所示。

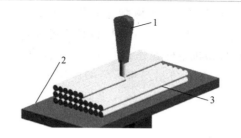

图 3-1　熔融沉积成型打印原理示意
1—熔丝挤出装置；2—三维运动平台；3—熔丝堆积

FDM 方式成型所采用的材料一般为热塑性材料，熔点为 100～300℃不等的丝材，如 PLA、ABS、尼龙等。其中，由于 ABS 具有成型收缩率小、强度高等优点，使得成型零件具有较高的强度，可直接用于试装配、测试评估及投标，也可用于制作快速经济模具的母模。

FDM 工艺在打印空心件或悬臂件时需要加支撑料，当支撑料为同一种材料时，只需要一个喷头，即在成型过程中可通过控制系统控制喷头的运行速度使支撑料变得较为疏松，从而达到便于剥离和加快成型速度的目的。但是，由于模型材料和支撑材料都是同一种材料，颜色相同，即使疏密不同，在边界处也难以辨认和剥离，并且在对支撑料进行剥离时容易损伤成型件。采用双喷头的形式，不仅可以用来喷模型材料，还可以用来喷支撑材料。利用两种材料的特性不同和颜色不同，制作完毕后可以采用物理或化学的方法去除支撑。如选用水溶性材料作支撑，非水溶性材料作模型，成型完成后可直接将成型件放入水中，使支撑材料溶解，便可得最终的原型件；或者选用低熔点材料作支撑，高熔点材料作模型，成型后可选在低熔点材料的熔点温度加热，使支撑材料熔化去除，从而得到最终的原型件[2]。

与其他 3D 打印技术相比，丝材熔融沉积成型技术（FDM）是唯一使用工业级热塑性塑料作为成型材料的增材制造方法，打印出的产品耐热性、耐腐蚀性、抗菌性较好，内部机械应力小。另外，基于 FDM 的 3D 打印技术工艺无需激光器，不但具有维护方便、节约材料的优势，而且运行成本低、材料利用率高。由于其种类多，成型件强度高、精度较高，被越来越多的用于制造概念模型、功能原型，甚至直接制造零部件和生产工具成型材料[3]。但 FDM 技术也存在一些不足，该工艺需要对整个截面进行扫描涂覆，从而成型时间较长；由于原材料要求为丝材，使得原材料成本上升；有时还需要设计与制作支撑结构。

FDM 技术发展历程：1988 年，Scott Crump 发明了熔融沉积快速成型技术（FDM），并成立了 Stratasys 公司。1992 年，Stratasys 公司推出了第一台基于 FDM 技术的 3D 打印机，标志着 FDM 技术进入商用阶段。该打印机结构紧凑，安装方便，操作简单，便利可靠，可以放在办公桌面上进行实体打印。2002 年，Stratasys 公司开发了同样是基于 FDM 技术的 Dimension 系列桌面级 3D 打印机，这种打印机是以 ABS 塑料作为成型材料的，并且价格相对低廉[4]。2012 年，Stratasys 公司发布了超大型快速成型系统，成型尺寸高达 914.4mm×696mm×914.4mm，打印误差为每毫米增加 0.0015～0.089mm，打印层厚度最小仅为 0.178mm。2016 年，靳一帆等[5] 利用聚乳酸（PLA）为原料，采用熔融沉积成型 3D 打印机制作了人体的骨盆与部分脊柱的医学实体模型，并且该成品能够满足医学要求。同年，Stratasys 公司推出了四种适用于 FDM 3D 打印机的增强功能，包括用于加工复杂空心结构复合零件的 Sacrificial Tooling（牺牲模具工艺）解决方案、可更快制造大型零件及模具的 Fortus 900mc 加速包、第一款符合所有航空航天材料可追溯性标准的 ULTEM 材料以及在更多 Stratasys 3D 打印机上使用的高强度 PC-ABS 材料。FDM 打印设备的研究主要集中在降低设备成本，提高加工精度和效率方面。

（2）选择性激光烧结成型（SLS）

选择性激光烧结成型技术（SLS）是指基于离散-堆积原理，利用计算机辅助设计与制造，通过激光对材料粉末进行有选择地逐层烧结，然后逐层堆积，从而形成三维实体零件的一种快速成型技术。

选择性激光烧结 3D 打印机主要由激光器、辊轮、粉末池、成型池等组成。首先通过辊轮将粉末均匀推送至成型池，然后激光器根据三维模型切片扫描路径照射烧结粉末耗材，将选定路径内的粉末熔融粘接形成熔接面；接着辊轮推送第二层粉末，完成第二层的烧结，并和第一层熔接面在高温作用下粘接在一起，层层烧结叠加，最终成型三维实体模型，如图 3-2 所示。

与其他快速成型方法相比，SLS 最突出的优点在于它所使用的成型材料十分广泛。从理论上说，任何加热后能够形成原子间粘接的粉末材料都可以作为 SLS 的成型材料。目前，可成功进行 SLS 成型加工的材料有石蜡、高分子、金属、陶瓷粉末和它们的复合粉末材料[6]。所以，选择性激光烧结成型可以制备铁、镍、钛、铝等金属制品，也可制备塑料、陶瓷、石蜡等制品。其成型不需要额外添加支撑，因为层间未成型的粉末就可以作为支撑材料。

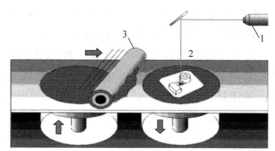

图 3-2　选择性激光烧结成型打印原理示意
1—激光器；2—成型池；3—辊轮

选择性激光烧结成型技术（SLS）[7] 具有如下特点：①成型周期短，生产成本降低；②适用的成型材料范围广，包括石蜡、金属粉末、塑料、陶瓷以及它们的复合材料粉末等；③成型零件的形状不受限制，与零件的复杂程度无关；④具有广泛的应用范围，由于其成型零件的灵活性，使得其适合于众多领域，比如，铸造型芯、模具母模、原型设计验证等；⑤能与传统工艺方法相结合，从而实现快速铸造、快速模具制造、小批量零件输出等功能。

然而，选择性激光烧结成型技术也存在着一些缺点：①制件内部疏松多孔、表面粗糙度较大、力学性能不高；②制件质量主要取决于粉末本身的性质，提升不易；③可制造零件的最大尺寸受到限制；④成型消耗能量大，后处理工序复杂。

SLS 技术发展历程：1986 年，美国 Texas 大学的研究生 Deckard 首先提出了选择性激光烧结成型的思想，并于 1989 年获得了第一个 SLS 技术专利。在 SLS 研究方面，美国 DTM 公司拥有多项专利。1992 年，该公司推出了 Sinterstation 2000 系列商品化 SLS 成型机，并分别于 1996年、1998 年推出了经过改进的 SLS 成型机 Sinterstation 2500 和 Sinterstation 2500plus，同时还开发出多种烧结材料，可直接制造蜡模、塑料、陶瓷以及金属零件。德国 EOS 公司于 1994 年先后推出了三个系列的 SLS 成型机，分别为 EOSINT P、EOSINT M 以及 EOSINT S。国内开始研究 SLS 技术的时间为 1994 年，北京隆源公司于 1995 年初研制成功第一台国产化激光快速成型机，随后华中科技大学也生产出了 HRPS 系列的 SLS 成型机。目前，国内众多企业与高等院校仍在研究该项技术。

（3）液态树脂光固化成型（SLA）

液态树脂光固化成型技术（SLA）是以液态光敏树脂为原料，基于分层制造原理的技术。其工作原理与选择性激光烧结成型技术类似，如图 3-3 所示，在计算机控制下以特定波长的紫外光或激光沿计算机模型的各分层截面逐点扫描，使得扫描区的液态树脂发生光聚合反应而固化，由此形成制件的一个截面薄层。在一层固化完毕之后，工作台在垂直方向上进行移动，以使先固化好的树脂表面覆盖一层新的树脂薄层，如此依次逐层堆积，最后形成物理原型，除去支撑，进行后处理，即获得所需的实体原型。与选择性激

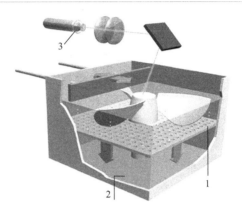

图 3-3　立体光固化成型打印原理示意
1—升降平台；2—光敏树脂；3—紫外光灯

光烧结成型技术不同点在于成型光源为紫外线发生器，所用耗材为光敏树脂液。光敏树脂中添加光引发剂，在紫外线的照射下发生聚合反应，树脂固化成型[8]。液态树脂光固化成型制品精度较高，一般能达到 0.1mm 以下，且技术成熟，应用较为广泛。但光固化成型过程需在树脂池中实现，打印完成后，需将其表面黏附的树脂用酒精清洗干净，且由于树脂具有刺激性气味，打印环境较为恶劣。

液态光敏树脂的主要成分为低聚物、光引发剂和稀释剂。以特定波长的紫外光或者激光为光源照射光敏树脂时，其中的光引发剂会吸收能量并产生自由基或阳离子，自由基或阳离子又使单体和低聚物活化，从而发生交联反应并进一步生成高分子固化物。光敏树脂的反应机理如图 3-4 所示。

$$PI(光引发剂) \xrightarrow{\quad 紫外光或激光 \quad} P*(活性种)$$

$$低聚物与单体 \xrightarrow{\quad R* \quad} 交联高分子固体$$

图 3-4　光敏树脂反应机理示意

液态树脂光固化成型技术是一种相对精度较高的快速加工技术，其具有以下优点：①成型过程自动化程度高，SLA 系统非常稳定，加工开始后，成型过程可以完全自动化，直至原型制作完成；②尺寸精度高，SLA 原型的尺寸精度可以达到±0.1mm（在 100mm 范围内）；③表面质量优良，虽然在每层固化时侧面及曲面可能出现台阶，但上表面仍可得到玻璃状的效果；④可以制作结构十分复杂的模型；⑤可以直接制作面向熔模精密铸造的具有中空结构的消失模[9]。

当然，与其他几种快速成型工艺相比，该工艺也存在许多缺点：①成型过程中伴随着物理和化学变化，所以制件较易翘曲变形，需要添加支撑；②设备运转及维护成本较高，液态光敏树脂材料和激光器的价格都较高；③可使用的材料种类较少，目前可用的材料主要为液态光敏树脂，并且在大多数情况下，一般较脆、易断裂，不便进行机加工，也不能进行抗力和热量的测试；④需要二次固化，在很多情况下，经快速成型系统光固化后的原型，树脂并未完全固化，所以需要二次固化。

光固化快速成型机依据成型加工系统进行分类，主要分为面向成型工业产品开发的高端光固化快速成型机和面向成型三维模型的低端光固化快速成型机。美国的 3D Sysetms 公司、德国的 EOS 公司、日本的 CMET 公司、Seiki 公司、Mitsui Zosen 公司等都在研究液态树脂光固化成型。1999 年，3D Systems 公司推出 SLA-7000 机型，扫描速度可达 9.52m/s，层厚最小可达 0.025mm。日本的 AUTOSTRADE 公司以半导体激光器作为光源，其波长约为 680mm，并开发出针对该波长的可见光树脂。我国的西安交通大学也对 SLA 成型进行了深入研究，开发了 LPS 系列和 CPS 系列的快速成型机，并且还开发出一种性能优越、低成本的光敏树脂[10]。

近年来随着技术的发展，紫外线发生器由点光源逐渐演化为面光源[11]，通过成像投影的方式进行打印，可以制作与大型液晶屏尺寸同等大小的制品，通过进行面固化，能大大提高成型效率。

（4）薄材叠层实体制造成型（LOM）

薄材叠层实体制造成型技术（LOM），又称为分层实体制造技术。

该技术的基本原理如图 3-5 所示。将热熔胶涂覆在薄层材料上，这种薄层材料可以是纸、塑料薄膜或复合材料，然后在热压辊的压力与传热作用下，使得热熔胶熔融，从而与薄层黏合在一起。接着，位于上方的激光器根据计算机分层所得的数据，切割出该截面层的内外轮廓。激光每加工一层，工作台相应下降一定的距离，然后再将新的薄层叠加在上面。如此反复，逐层堆积成三维实体，经过后处理将模型四周未粘接的膜片耗材剥除，获得所需的三维制品。[12]

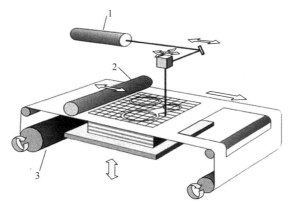

图 3-5　薄材叠层实体制造成型打印原理示意
1—激光器；2—热压辊；3—驱动轮

薄材叠层实体制造成型主要采用纸张、聚氯乙烯、聚乙烯薄膜作为原材料，此外金属、陶瓷以及木塑[13] 等耗材也有采用薄材叠层实体制造成型的相关研究。该成型工艺采用轮廓线切割的方式加工，因此成型效率较高。但存在耗材选择范围窄、力学强度较低，以及浪费原材料等缺点。

对于 LOM 所采用的成型材料，具有以下要求：①应具有良好的抗湿性，保证原料不会因时间长而吸水，从而保证热压过程中不会因水分的散失而导致变形以及粘接不牢等现象；②应具有良好的浸润性，从而保证良好的涂胶性能；③应当具有一定的抗拉强度，保证在加工过程中不被拉断；④成型材料的收缩率要小，保证热压过程中不会因部分水分损失而导致变形；⑤成型材料的剥离性能要好；⑥易打磨，表面光滑。

原型层叠制作完毕之后，需对叠层块施加一定的压力，待其充分冷却后再撤除压力，从而控制叠层块冷却时产生的热翘曲变形；要在充分冷却后剥离废料，使废料可以支承工件，减少因工件局部刚度不足和结构复杂引起的较大变形；为了防止工件吸湿膨胀，应及时对刚剥离废料的工件进行表面处理。表面处理的方法主要是涂覆增强剂（如强力胶、环氧树脂漆或聚氨酯漆等），有助于增加制件的强度和防潮性能。

薄材叠层制造技术与其他快速成型技术相比，具有如下优点：①制作精度高，因为在热压辊的作用下，只有薄层材料的表层发生了固态到熔融态的转变，而薄材的基底层是保持不变的，所以造成的翘曲变形小，制作精度就相应地得到了提高；②该项技术成型时无需设计支撑，并且材料价格低廉、成型速度快，降低了生产成本；③易于制造大型零件，工艺只需在片材上切割出零件截面的轮廓，而不用扫描整个截面，因此成型厚壁零件的速度较快，易于制造大型零件[14]。

薄材叠层制造技术的缺点：①根据制品轮廓进行制造的过程中，薄层材料利用率低，并且废料不能重复利用；②如果成型薄壁制品，其抗拉强度等性能就比较差；③成型件的表面质量较差，可能需要二次加工；④成型件易吸湿变形，要及时进行表面防潮处理。

目前，国外的 Helisys 公司、Kinergy 公司、Singapore 公司、Kira 公司等都在研究 LOM 工艺，这些公司都有自己的成型设备。国内，清华大学、华中科技大学在此方向都有研究。华中科技大学的主要产品有 HRP-ⅡB 和 HRP-ⅢA，采用的是 50W 的 CO_2 气体激光器，成型空间分别为 450mm×350mm×350mm 和 600mm×400mm×500mm，叠层厚度为 0.08～0.15mm，具有较高的性能价格比。现在，已经可以用 LOM 技术成型金属薄板的零件样品，这也是薄材叠层制造目前的一个主要发展方向。

（5）三维印刷成型（3DP）

三维印刷成型（3DP）工艺与选择性激光烧结成型工艺基本类似，均采用粉末作为基本成型单元，工艺流程也基本类似，如图 3-6 所示。其不同点在于选择性激光烧结成型采用激光熔接粉末成体，而三维印刷成型采用喷头喷射粘接剂将粉末粘接成型，类似于印刷工艺中喷射出来的"墨水"[15]。所用耗材包括金属、塑料以及无机粉末等，打印完成后一般进行热处理，增强制品力学强度。

三维印刷成型（3DP）具有节省原料、微观成型、绿色环保等优点，在成型过程中由喷头喷射粘接材料或其他成型材料，通过冷却或光固化形成制件。其制作成件所需时间远远低于其他成型工艺。三维印刷成型技术可以使用的材料范围较广，可以制作塑料、陶瓷等属性的产品，还可以制作概念模型，在金属零件的直接快速成型、快速磨具的成型制造、装备的快速修复等方面具有重要作用[16]。该工艺在 3D 打印铸造业中得到广泛应用，主要用于制备砂型模具[17]，相比原有模具加工方式，具有成型时间快，成本低等优势。

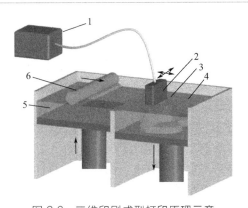

图 3-6　三维印刷成型打印原理示意
1—粘接剂盒；2—喷头；3—粘接部分；4—未粘接部分；5—粉末；6—辊轮

三维印刷成型技术发展历程：1993 年，美国麻省理工学院的 Emanual Sachs 教授发明了三维印刷工艺。采用 3DP 技术的厂商，主要是 Zcorporation 公司、EX-ONE 公司等，以 Zprinter、R 系列三维打印机为主，此类 3D 打印机能使用的材料比较多，包括石膏、塑料、陶瓷和金属等，而且还可以打印彩色零件，成型过程中没有被粘接的粉末起到支撑作用，能够形成内部形状复杂的零件。

（6）微滴喷射成型（MDJ）

微滴喷射成型（MDJ）通过不同的驱动力驱使溶液耗材以微小液滴的方式从喷嘴喷射到基板上，沿数字软件中规划的喷射轨迹形成微滴阵列，层层沉积、熔结并最终形成三维模型[18]，如图 3-7 所示。所说的"微小液滴"是指形态可控，微滴体积最小可达微升或毫升数量级。目前常用的喷墨式打印机就是运用微滴喷射成型技术实现在二维纸张上的按需沉积，而通过微滴的三维实体堆积，可以实现在 3D 打印制品方面的应用。

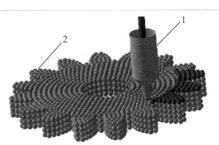

图 3-7　微滴喷射成型打印原理示意
1—喷头；2—堆积制品

目前应用于微滴喷射成型的耗材包括树脂基溶液[19]、石蜡、金属[20] 等，微滴喷射成型的主要优势在于成型精度较高，且由于多喷头打印，可以制备多材料、多色彩复合制品。

微滴喷射成型技术发展历程：19 世纪，物理学家和博学者 Lord William Kelvin 申请了一篇关于静电力改变液滴方向的专利，这应该是微滴喷射得到明确定义的时间[21]。由于当时没有具体喷射液滴的仪器设备，微滴喷射技术一直不被人们重视，直到 20 世纪 50 年代，西门子公司使用这种技术绘制出机器输出轨迹。1960～1980 年微滴喷射技术在计算机图像输出得到了重大的突破，同时也在打印机制造技术、制造成本和打印机尺寸方面得到重要发展[22]。现在微滴喷射机已成为一种非常普遍的个人打印工具，但是微滴喷射机的主要商用应用领域仍然是图像和其他传统打印应用。1980 年，佳能公司开发了第一款热气泡式喷墨打印机 Y-80，随后惠普公司也推出了自己的热气泡式打印机[23]。至此，微滴喷射开始了从连续喷射技术到按需喷射技术的转变。1989 年，美国 Nordson ASYMTEK 公司开始研究微滴喷射技术，主要致力于在热熔点胶以及微电子封装技术领域的应用。随着微滴喷射技术应用研究的深入，微滴喷射技术在生物医药、材料成型、微电子封装以及基因工程等方面得到了广泛的应用。

3.2　聚合物直接熔融 3D 打印设备

前面提到的常规 3D 打印机对于打印耗材的要求很高，需加入定量填充材料对其进行共混合改性，以提高耗材流动性及收缩性。例如，目前丝材熔融挤出 3D 打印机（FDM）的打印常用料主要有 PLA 和 ABS 两种，液态树脂光固化 3D 打印机需要光敏树脂作为打印材料，且耗材成本较高。对于丝材熔融挤出 3D 打印机，由于采用丝料作为耗材，需用挤出机预制备，与直接采用标准塑料的成型设备进行对比，成本较高，以常用的 ABS 耗材为例，市场采购价格约为 70 元/kg，而粒料价格约为 12 元/kg，对比明显。且耗材经二次热加工后，性能下降，影响制品性能。

由于熔融沉积成型耗材特点及工艺局限性，此技术作为聚合物加工成型的一种特殊方法，与 3D 复印技术（模塑成型）相比，存在诸多劣势，但在制备小批量、个性化制品方面存在明显优势。因此，有学者对熔融沉积成型技术及设备进行重新设计，用于减少现有熔融沉积成型工艺的缺点。本节所介绍的聚合物直接熔融 3D 打印属于微滴喷射成型的一种，是将聚合物粒料直接放入螺杆塑化系统中熔融塑化，然后经过开关式喷头按一定频率流出，层层堆叠成型制品，主要有两种：一是德国 Arburg（阿博格）公司推出的自由成型机；二是笔者团队提出的熔体微分3D打印机。

3.2.1　自由成型机

Arburg（阿博格）的自由成型机（free former system）在2013年10月德国杜塞尔多夫 K1013 国际橡塑展上第一次面世（见图3-8）。基本原理是将固体粒料直接熔融塑化，然后在压电致动器的作用下进行微滴堆叠。该设备在原料方面具有很大的优势，据阿博格公司介绍，常规的注塑原料即可，成本为2～3美元/kg，而其他3D打印设备专用料则需要100～300美元/kg。目前该设备仍存在一些问题：成型速率较低、制件表面质量较差、制品强度仅为同等注塑制品的85%、制品延展性仅为同等注塑制品的90%。

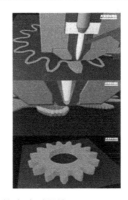

图3-8　阿博格的自由成型机

自由成型系统与挤出系统相似，但不是连续挤出，而是将热塑性塑料熔融塑化，并使微滴以相当高的频率进行堆积，在制品边界处堆积频率为60Hz，制品内部堆积频率为200Hz。在自由成型系统中设置有微滴沉积喷嘴，在直线电机的驱动下进行3轴或5轴联动。并且配有两个下料装置，可以进行两种不同材料的3D打印。

3.2.2　熔体微分3D打印机

与阿博格自由成型机类似的还有笔者基于"高分子材料先进制造的

微积分思想"[24] 提出的熔体微分 3D 打印技术，也是直接采用塑料粒料作为原材料，拓宽了耗材选用范围，同时降低了耗材成本，在批量打印制品、加工大型制品方面具有独特优势。熔体微分 3D 打印工作原理如图 3-9 所示。

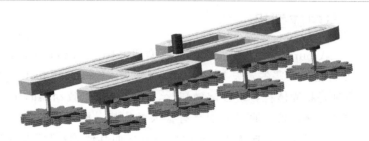

图 3-9　熔体微分 3D 打印工作原理

熔体微分 3D 打印是基于熔融沉积成型方法的一种成型工艺，其成型过程包括耗材熔融、按需挤出、堆积成型三部分。基本原理如图 3-10 所示，热塑性粒料在机筒中加热熔融塑化后，并由螺杆建压，输送至热流道；熔体经热流道均匀分配至各阀腔中，阀针在外力作用下开合，将熔体按需挤出喷嘴，形成熔体"微单元"。此外，制品电子模型除按层分割外，在同一层内均匀划分成多个填充区域。在堆积过程中，熔体"微单元"按需填充相关区域，并层层堆积，最终形成三维制品。

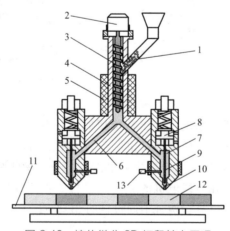

图 3-10　熔体微分 3D 打印基本原理

1—粒料；2—驱动电机；3—螺杆；4—机筒；5—加热套；6—热流道；7—阀腔；
8—阀针驱动 鐾；9—阀针；10—喷嘴；11—基板；12—制品；13—压力检测装置

根据熔体微分 3D 打印基本成型原理，设计并制造了熔体微分 3D 打印机（见图 3-11），根据驱动方式的不同可分为电磁式和气动式两种（见图 3-12）。熔体微分 3D 打印系统包括结构单元和控制单元两部分，其中结构单元包括耗材塑化装置、按需挤出装置、堆积成型装置；控制单元包括运动控制装置、温度调节装置、耗材检测装置、压力反馈装置。

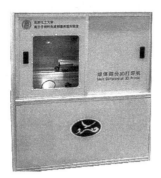

图 3-11　不同规格的熔体微分 3D 打印机

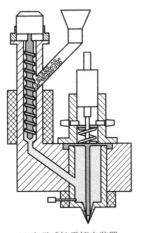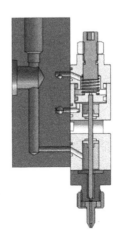

(a) 电磁式按需挤出装置　　　　　(b) 气动式按需挤出装置

图 3-12　不同的驱动方式

熔体微分 3D 打印成型方法具有以下特点：

① 采用螺杆式供料装置，可以加工热塑性粒料及粉料，避免了丝状耗材的打印局限，扩展了熔融堆积类 3D 打印的应用范围。

② 采用针阀式结构作为熔体挤出控制装置，避免了开放式喷嘴容易

流涎的缺点；通过控制阀针开合，能够精确控制熔体的挤出流量和挤出时间，提高熔体"微单元"的精度。

③ 通过打印模型的区域划分，在制备大型制品时，通过多喷头同时打印的方法，可以成倍提高 3D 打印效率。

3.2.3 熔体微分 3D 打印理论分析

本节将按照耗材熔融段、按需挤出段、堆积成型段的流程顺序，分段研究熔体的理论模型。

（1）熔体精密输送及建压模型研究

要实现熔体的可控挤出，首先应保证耗材在耗材熔融段中保持精密输送并在阀腔入口处稳定建压，因此，螺杆的设计参数对于整套系统的稳定运行至关重要。由于 3D 打印机总体尺寸的限制，熔融塑化段的尺寸远远小于普通挤出装置的设计尺寸，因此，普通螺杆的计算方法并不适用于微型螺杆。本节借鉴微型挤出流变分析[25]及螺杆式熔融挤压快速成型装置[26,27]的相关模型，建立螺杆尺寸、转速与熔体流量及口模压力的关系式，为熔融塑化段的设计与制造奠定理论基础。

① 螺杆类型的选择　为了实现热塑性耗材的均匀塑化，并在加工过程中精密输送及持续建压，可以选择槽深渐变型单螺杆。槽深渐变型单螺杆一般包括供料段、压缩段和计量段[28]，如图 3-13 所示。供料段 L_1 需保证颗粒料的稳定供给及建立背压，对于螺杆而言，供料段槽深 H_1 至少大于标准粒料直径，才能确保料斗中的粒料"喂入"机筒。压缩段 L_2 用于压实熔融物料，并排出空气；计量段 L_3 保证熔体以稳定流量及压力挤入阀腔。

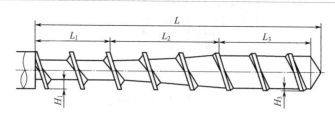

图 3-13　槽深渐变型单螺杆各段分布简图

螺杆的尺寸参数对耗材的塑化及建压具有重要影响[29]，其相关参数如图 3-14 所示。

a. 螺杆全长恒定参数：机筒内径 D_b、螺杆外径 D、螺距 S_b。

b. 螺杆径向参数：螺旋升角 ϕ、螺槽法向宽度 W、螺棱的法向宽度 e、螺棱的轴向宽度 b。

c. 螺杆轴向参数：供料段螺槽深度 H_1、计量段螺槽深度 H_3。

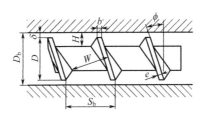

图 3-14　螺杆的几何尺寸参数

② 螺杆转速与挤出流量的关系　根据槽深渐变型单螺杆的各段结构及几何尺寸参数，建立螺杆转速与挤出流量的关系式。由于微型螺杆直径尺寸较小，弧面效应不能忽略，因此常用于指导挤出机设计的无限平板理论公式难以适用[30]。

Y Li 等[31] 分析了实际边界条件下的单螺杆挤出公式，并在等温、牛顿流体的条件下进行了分析计算，并提出了无量纲的熔体流量与螺杆几何参数、转速及耗材黏度关系的表达式：

$$Q_z^* = F_d^* - F_p^* \, p_Z \tag{3-1}$$

其中：

$$F_d^* = \frac{1 - H_3/R_b}{H_3/R_b}\left(2\pi\tan\phi - \frac{e}{R_b}\right)f_{Q1} + \frac{0.27 H_3/R_b \times (2 - H_3/R_b)}{\left(2\pi\tan\phi - \dfrac{e}{R_b}\right)\cos\phi}$$

$$\tag{3-2}$$

$$F_p^* = \frac{1}{12} - \frac{0.05 H_3/R_b}{\left(2\pi\tan\phi - \dfrac{e}{R_b}\right)\cos\phi} \tag{3-3}$$

$$p_Z = \frac{1}{\mu} \times \frac{\partial p}{\partial Z} \times \frac{H_3^2}{R_b \omega \cos\phi} \tag{3-4}$$

$$f_{Q1} = 0.5\frac{H_3}{W} - 0.32\left(\frac{H_3}{W}\right)^2 \tag{3-5}$$

式中，R_b 为螺杆外径半径；p 为熔体压力；F_d^* 为拖曳流影响参数；F_p^* 为压力流影响参数。

王天明[32] 根据 Y Li 的理论模型，进行数学变换后，得到微型螺杆的挤出流量公式(3-6)：

$$Q_z = F_d^* (R_b\cos\phi WH_3)\omega - F_p^* \left(\frac{1}{\mu} \times \frac{p_1}{l_3} W\sin\phi H_3^2\right) \qquad (3\text{-}6)$$

其中，流量公式包括由于螺杆旋转运动引起的拖曳流 Q_d

$$Q_d = F_d^* (R_b\cos\phi WH_3)\omega \qquad (3\text{-}7)$$

以及流动过程中因挤出压力产生的回流，简称压力流 Q_p

$$Q_p = F_p^* \left(\frac{1}{\mu} \times \frac{p_1}{l_3} W\sin\phi H_3^2\right) \qquad (3\text{-}8)$$

在熔体输送及建压过程中，为建立挤出流量和螺杆转速的线性对应关系，应减少回流对总体流量的影响。根据公式(3-8)可以看出，影响压力流的参数包括熔体黏度、计量段长度、螺槽法向宽度、螺旋升角以及螺槽深度等。根据公式，压力流与螺槽深度的三次方成正比，因此减小螺槽深度虽然影响拖曳流，但会大幅减少压力流。此外，压力流与计量段长度成反比，因此，增加计量段长度也可减少压力流。根据实际经验，减少机筒与螺杆之间的间隙 δ 也可减少压力流。

基于以上分析，可以得到挤出流量与螺杆转速的线性关系式，如公式(3-9)所示：

$$Q_z = 2\pi k F_d^* (R_b\cos\phi WH_3)n \qquad (3\text{-}9)$$

其中，$k = 1 - Q_p/Q_d$，$\omega = 2\pi n$，n 为螺杆转速。为减少压力流对线性关系的影响，k 值应大于 0.95。

③ 螺杆转速与阀腔背压的关系　由图 3-10 可以看出，熔体经耗材熔融段塑化、建压后经热流道分别输送到阀腔内，最终经喷嘴挤出。可以认定，输送至阀腔内的熔体流量 Q_z 等于经各喷嘴挤出的总流量 Q_n，即：

$$Q_z = mQ_n \qquad (3\text{-}10)$$

其中，m 为可打印喷头个数。

由于喷嘴出口直径一般小于 1mm，可认定为微孔，在假定喷嘴处流动为稳定、不可压缩、层流时，参照 Hagen-Poiseuille 公式[33]：

$$Q_n = \frac{\pi D_n^4}{128\mu L_n}\Delta p \qquad (3\text{-}11)$$

式中，D_n 为喷嘴直径；L_n 为喷嘴长度；Δp 为阀腔背压。

根据公式(3-9)～式(3-11)可以得出：

$$\Delta p = \frac{256\mu L_n k F_d^* (R_b\cos\phi WH_3)}{mD_n^4}n \qquad (3\text{-}12)$$

通过以上研究，建立了微型螺杆挤出系统中螺杆转速与挤出流量、阀腔背压的线性关系式，因此可以通过检测及控制阀腔背压，进而闭环反馈控制螺杆转速，达到精密控制熔体挤出流量的目的。

（2）熔体按需挤出过程及熔体动力学分析

通过耗材熔融段的理论分析，得到了通过控制螺杆转速，实现精确调节挤出流量及阀腔背压的方法。在此前提下，研究熔体在按需挤出段的流动过程，并分析阀针运动对熔体流动的影响。

① 熔体按需挤出过程分析　熔体按需挤出分为以下3步。

a. 当针阀关闭时，熔体在耗材熔融段压力的推动下填满整个阀腔，并建立阀腔背压。由于喷嘴处于封闭状态，熔体并不能从喷嘴中流出，且外界空气不能进入阀腔。

b. 当阀针受外力作用向上运动时，喷嘴内口打开，熔体在背压的作用下迅速填满因阀针上升而留下的空穴及喷嘴，并从喷嘴中流出到基板上，随基板的运动而产生拖曳效应。当针阀上升到最高段并保持静止时，喷嘴处于常开状态，在背压恒定的状态下，熔体的挤出流量由挤出时间决定。

c. 当阀针向下运动时，阀针下端的熔体加速从喷嘴中挤出，当阀针与喷嘴上缘接触时，喷嘴内口封闭，挤出停止。已挤出熔体随基板运动到其他位置，喷嘴内残留少许熔体。

熔体的按需挤出过程如图 3-15 所示。

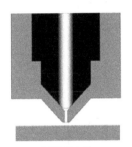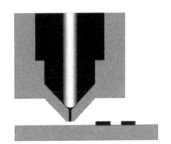

(a) 阀针上升　　　　　　(b) 熔体挤出　　　　　　(c) 阀针下降

图 3-15　熔体按需挤出过程

② 熔体动力学分析　根据岳海波[34] 对喷射点胶过程的流体动力学分析以及李志江[35] 对塑料液滴喷射技术的研究，当阀针运动时，阀腔内的熔体受到背压作用产生压力流动，即压差流动，以及随阀针运动产生的拖曳流动，即剪切流动。喷嘴上端和喷嘴内的熔体受到背压产生的静压以及阀针运动产生的动压相叠加的压差流动。

当阀针向上运动时，其熔体流速分布图如图 3-16 所示。阀腔内熔体的流速分布为向下的压差流动与向上的拖曳流动之差，喷嘴上缘则为静压压差流动与动压压差流动之差。当阀针运动速度过快，且背压较小时，会引起喷嘴处空气倒灌阀腔的现象。

当阀针向下运动时，其熔体流速分布图如图 3-17 所示。阀腔内熔体的流速分布为向下的压差流动与向下的拖曳流动之和，喷嘴上缘则为静压压差流动与动压压差流动之和。当阀针运动速度过快时，会出现熔体喷射的现象。

通过上述分析发现，当针阀往复运动时，喷嘴上缘的压力值处于不稳定状态，会对熔体的挤出流量及流速产生较大影响，不利于 3D 打印过程的精度控制。通过分析可得知，背压值、阀针的运动速度、运动距离、阀针直径与阀腔直径之比、喷嘴直径等参数均会对熔体的流动产生影响。

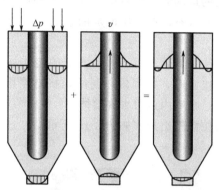

图 3-16　阀针上升时熔体流速分布图（为清晰描述，特将喷嘴直径扩大）

Δp—阀腔背压；v—阀针运动速度

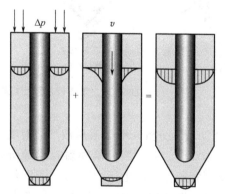

图 3-17　阀针下降时熔体流速分布图

Δp—阀腔背压；v—阀针运动速度

（3）熔体区域微分填充理论分析

① 熔融沉积成型粘接及变形机理　根据江开勇[36] 依据扩散粘接机理[37] 提出熔融沉积的粘接状态取决于越过堆积界面的扩散分子的数量，粘接界面温度越高，界面温度保持时间越长，粘接性能越好；粘接性能可通过界面温度和分子扩散时间表示，如公式（3-13）、公式（3-14）所示：

$$\Phi = \frac{1}{s} \int_0^\infty \iint_0^s \xi(T) \cdot e^{-\frac{k}{T(x,y)}} \, dx \, dy \, dt \tag{3-13}$$

$$\xi(T) = \begin{cases} 1, T \geqslant T_c \\ 0, T < T_c \end{cases} \tag{3-14}$$

式中，s 为有效粘接面积；t 为扩散时间；T 为界面温度；T_c 为玻璃化转变温度。

在实际打印过程中，熔体温度以及基板温度均会影响扩散过程。因此，适当提高二者温度有利于增强制品强度[38]。对于大型制品3D打印，如图3-18所示，由于打印路径过长，当喷嘴移动到熔丝相邻位置 b 点时，a 点温度已大幅降低，影响粘接效果。因此，应通过路径规划缩短相邻位置处的打印时间，保证熔丝粘接时温度维持在较高水平。而通过区域微分填充的方式，将打印区域均匀划分为多个单元格，可以减少因路径过长影响粘接效果的现象，提高整体制品强度。

图 3-18　大型制品长路径打印示意图

此外，由于熔丝在冷却过程中发生相变，产生冷却收缩现象，致使制品内部产生内应力而出现翘曲变形，严重影响制品精度[39]。影响翘曲变形的主要因素有耗材冷却收缩率、堆积层数、堆积路径以及基板和熔丝温度[40]。

针对制品翘曲变形问题，王天明[41] 研究了熔融沉积成型的翘曲变形的数学模型，提出分区域扫描的策略可以有效降低制品翘曲变形率，其中对于长条制品，纵向打印效果好于横向打印。黄小毛[42] 提出一种并行栅格扫描路径，这种路径能够优化温度场，减少制品变形率。相关研究证明，在耗材、模型及成形条件确定的情况下，可以通过改变扫描路径来均匀温度场，减少制品内应力，达到降低翘曲变形的要求。

笔者根据熔体微积分原理，采用多喷头按单元格填充方式打印，既可以提高3D打印效率，又可以通过区域微分填充堆积的方式，优化温度场，减少制品翘曲变形。

② 单元格微分多区域填充方式　采用熔融堆积成形方法打印三维制品时，需将三角形网格（STL）格式的文件进行分层，在每一层，喷头沿设定路径进行填充[43]，如图3-19所示。

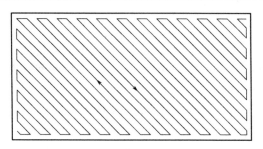

图 3-19　熔融堆积成形常用填充路径

而采用熔融堆积成形方法制备大尺寸制品时，存在打印时间过长的问题，熔体微分3D打印为增加制品加工效率，改善温度场，在同一流道板上均匀设置多个喷头，为支持多喷头打印，首先将打印区域均匀划分为多个单元格，如图3-20所示。

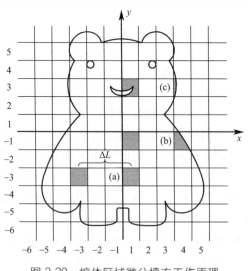

图 3-20　熔体区域微分填充工作原理

以图 3-10 所示的双喷头设备为例，假设双喷头中心间距为 ΔL。通过图 3-20 得知，双喷头打印机可以同时填充两个单元格。根据模型形状的不同，填充方式可分为 2 种：

a.当填充单元格完全位于模型打印区域内，如图 3-20 中（a）位置，此时两个喷头可按照相同的打印路径填充单元格。

b.当填充单元格部分位于模型打印区域内，如图 3-20 中（b）、（c）位置，此时双喷头的实际填充区域不同，可根据实际填充区域，通过开合针阀的方式按实际区域挤出熔体"微单元"，保证精确填充。

单元格尺寸的设定应依据喷嘴中心间距以及制品实际尺寸而定。通常应保证喷嘴中心间距距离是单元格尺寸的整数倍，以及大部分模型打印区域按照方式（a）进行填充，减少因开合针阀造成的流量波动。

当单元格的尺寸极小时，打印区域离散化，此时通过高频开合针阀的方式产生熔体微滴，每个微滴对应一个单元格进行填充，通过熔体微滴堆叠 3D 打印的方式，实现了制品打印的高精度。

（4）熔体微滴喷射可行性分析

综上所述，通过熔体微滴进行单元格填充有利于制品打印精度的提高。分析熔体微滴喷射的可行性，为熔体微滴堆叠 3D 打印奠定基础。

① 微滴喷射技术简介　喷墨打印机是最早应用微滴喷射技术的设备，目前微滴喷射技术已在 3D 打印领域得到应用，如美国 Stratasys 公司的 3D 打印设备。按照液滴喷射的方式，微滴喷射可分为连续式（CIJ：continuous ink-jetting）和按需式（DOD：drop-on-demand）两种，其喷射工艺主要有阀控式、静电式、热泡式、压电式、电场偏转式以及微注射器式[44]。

针对高黏度液体的微滴喷射技术主要采用阀控式以及压电式按需喷射工艺，如华中科技大学研究的机械式喷射点胶技术[45]、气动膜片式微滴喷射技术[46]；哈尔滨工业大学研究的基于位移放大机构的压电式微量液滴分配技术[47]、压电陶瓷驱动撞针式高黏液体微量分配技术[48]；吉林大学研究的压电-气体混合驱动喷射点胶技术[49]、压电-液压放大式喷射点胶技术[50]。上述技术主要以小分子量树脂基胶体为耗材，用于电子封装、微流体分配、微光学器件制备等方面。

聚合物熔体是典型的非牛顿流体，黏度受温度及剪切影响，相比常用于微滴喷射的耗材来说，具有黏度高，需高温加热等特点，目前针对聚合物熔体微滴喷射的相关研究较少。因此本文通过研究微滴喷射机理，分析聚合物熔体微滴喷射的可行性。

② 微滴喷射机理研究　理想的微滴喷射过程如图 3-21 所示，其成形

过程主要包括 4 个阶段：液柱的挤出和伸长、液柱颈缩、液柱剪断、微滴下落[51]。但在实际液滴成形过程中，会出现液柱难以断裂或断裂成多个不规则液滴的现象[52]。因此，需对微滴喷射过程进行理论分析，确定成形参数的影响。

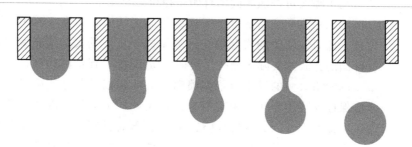

图 3-21　自由微滴成形过程示意

Kang S[53] 认为喷射过程满足 Navier-Stokes 方程，并提出了在重力和表面张力的作用下流体的运动方程，其公式如下所示：

$$\frac{\partial u}{\partial x}+\frac{\partial v}{\partial y}+\frac{\partial w}{\partial z}=0 \tag{3-15}$$

$$\frac{\partial}{\partial t}(\rho u)+\nabla \cdot \rho \boldsymbol{V}u=-\frac{\partial p}{\partial x}+\frac{\partial}{\partial x}\left(2\mu \frac{\partial u}{\partial x}\right)+\frac{\partial}{\partial y}\left(\mu \frac{\partial v}{\partial x}+\mu \frac{\partial u}{\partial y}\right)+ \tag{3-16}$$

$$\frac{\partial}{\partial z}\left(\mu \frac{\partial u}{\partial z}+\mu \frac{\partial w}{\partial x}\right)+F_{x}^{\sigma}+\rho g_{x}$$

$$\frac{\partial}{\partial t}(\rho v)+\nabla \cdot \rho \boldsymbol{V}v=-\frac{\partial p}{\partial y}+\frac{\partial}{\partial x}\left(\mu \frac{\partial v}{\partial x}+\mu \frac{\partial u}{\partial y}\right)+\frac{\partial}{\partial y}\left(2\mu \frac{\partial v}{\partial y}\right)+ \tag{3-17}$$

$$\frac{\partial}{\partial z}\left(\mu \frac{\partial v}{\partial z}+\mu \frac{\partial w}{\partial y}\right)+F_{y}^{\sigma}+\rho g_{y}$$

$$\frac{\partial}{\partial t}(\rho w)+\nabla \cdot \rho \boldsymbol{V}w=-\frac{\partial p}{\partial z}+\frac{\partial}{\partial x}\left(\mu \frac{\partial u}{\partial z}+\mu \frac{\partial w}{\partial x}\right)+\frac{\partial}{\partial y}\left(\mu \frac{\partial v}{\partial z}+\mu \frac{\partial w}{\partial y}\right)+$$

$$\frac{\partial}{\partial z}\left(2\mu \frac{\partial w}{\partial z}\right)+F_{z}^{\sigma}+\rho g_{z} \tag{3-18}$$

其中，u、v、w 分别代表相应方向的速度分量数值；ρ、p、μ 分别代表密度、压力和黏度；F^{σ} 代表流体和空气间的表面张力；ρg 代表重力。

由公式得知，微滴喷射过程受到重力、惯性力、表面张力及黏性力的共同作用，因此耗材的密度、喷射速度、表面张力系数及黏度决定了其微滴成形的效果。Derby B[54] 通过雷诺数（Re）、韦伯数（We）以及奥列佐格数（Oh）来表征喷射特性：

$$Re = \frac{\nu \rho d}{\mu} \qquad (3\text{-}19)$$

$$We = \frac{\nu^2 \rho d}{\gamma} \qquad (3\text{-}20)$$

$$Oh = \frac{\sqrt{We}}{Re} = \frac{\mu}{(\gamma \rho d)^2} \qquad (3\text{-}21)$$

其中，d 是指喷嘴直径。

Reis N[55] 通过实验证明，液滴实现稳定喷射的条件是：$1 < Z < 10$；$Z = 1/Oh$。Duineveld P C[56] 通过实验证明，当 We 数小于 4 时，液滴缺乏足够的能量突破表面张力的约束，液柱难以断裂；Stow C D[57] 通过实验证明，当 $We^{1/2} Re^{1/4} > 50$ 时，因液体动能过大而发生射流现象，液滴不能成形。图 3-22 列举了微滴成滴的限制条件[58]。

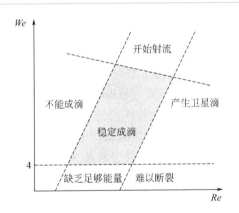

图 3-22　自由微滴成滴的限制条件

③ 聚合物熔体微滴喷射的可实现性　依据前人总结的液体微滴喷射的限制条件，研究聚合物熔体微滴喷射对成形工艺及耗材特性的要求。

以熔融堆积成形常用的聚乳酸（PLA）耗材为研究对象[59]。

牌号：PLA6252D，美国 NatureWorks 公司；

密度 ρ：1.08g/cm³（210℃熔体）；

黏度 μ：约 15Pa·s；

表面张力 γ：约 24mN/m；

喷嘴直径设为 0.4mm。

将上述数值代入公式(3-21)，得：$Oh = 1395.4$，即 $Z = 0.00072$，根据液滴稳定喷射的实现条件，PLA 属于难以成滴类。而其他聚合物材料的相关参数与聚乳酸耗材类似，通过上述分析证明，由于聚合物熔体具有较高的黏度，因此不能通过微滴喷射的方式实现微滴成形，可通过材料改性的方式减低耗材黏度，实现喷射成形，或通过增加喷嘴直径的方法，但以 PLA 耗材微滴成形为例，欲实现自由微滴喷射，喷嘴直径应大于 150mm，不符合实际加工条件。

聚合物熔体难以以自由滴落的方式实现微滴成形，但可通过被动微滴成形的方式进行处理，如图 3-23 所示，即：阀针高频开合，将熔体挤出过程离散化，同时缩短基板与喷嘴之间的距离，通过基板与熔体间的黏性力抵消掉喷嘴处熔体间的黏性力，实现熔体被动微滴成形。

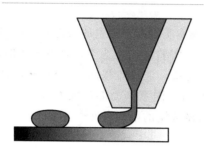

图 3-23　被动微滴成形过程示意

（5）阀控系统参数对熔体挤出的影响

通过上述对熔体按需挤出过程及熔体动力学的分析，阀腔内熔体挤出喷嘴过程是背压驱动的压差流动和阀针运动产生的剪切流动综合作用的过程。阀腔背压值（p）、阀针运动速度（v）、阀针直径（ϕ_v）与阀腔直径（ϕ_c）之比、阀针最大移动距离（L_v）、喷嘴直径（ϕ_n）、喷嘴长度（L_n）等参数均会对熔体的流动产生影响。因此，本节将通过数值模拟的方法，运用 Fluent 模拟软件分析相关参数对熔体挤出流动的影响，为熔体按需挤出调控提供理论指导。

由于喷嘴直径（ϕ_n）、喷嘴长度（L_n）对熔体流量的影响可通过 Hagen-Poiseuille 公式确定，因此在几何参数方面，本节主要分析了阀针直径（ϕ_v）、阀腔直径（ϕ_c）、阀针最大移动距离（L_v）、对熔体流量的影响，相关几何模型如图 3-24 所示。

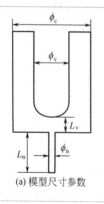
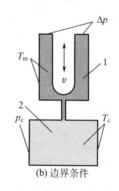

(a) 模型尺寸参数　　(b) 边界条件

图 3-24　物理模型及参数变量
1—熔体域；2—空气域

图 3-25 为不同阀针运动速度对熔体挤出流量的影响。随着阀针运动速度的增加，熔体挤出流量随之增加；当运动速度为 0m/s 时，除初始处流量微小波动外，保持稳定流动状态；当阀针离喷嘴较远时，喷嘴处流量缓慢增加，流量波动平稳；当阀针移动到离喷嘴较近距离时，喷嘴处流量急速增加，直至阀针关闭喷嘴，流量降为 0；当阀针靠近喷嘴时，阀针运动速度越大，对熔体挤出流量的扰动越大。

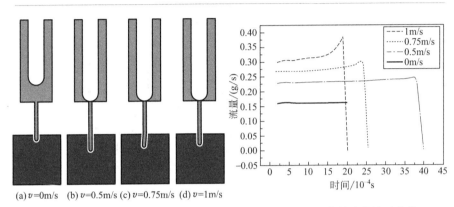

(a) v=0m/s　(b) v=0.5m/s　(c) v=0.75m/s　(d) v=1m/s

图 3-25　不同阀针运动速度对熔体挤出流量的影响及喷嘴处流量波动曲线

在去掉阀腔背压对熔体流量的影响值后，分析阀针在不同位置处熔体流量的波动情况，如图 3-26 所示。阀针朝喷嘴移动的约前 3/4 部分，流量没有出现大的波动，且流量与阀针运动速度呈线性关系；当距离喷嘴约 0.5mm 时，流量大幅增加，但当阀针运动速度较低时，波动较缓，因此可以考虑当阀针运动到距离喷嘴较近位置时，降低阀针运动速度，从而减少流量波动，增强挤出流量的调控能力。

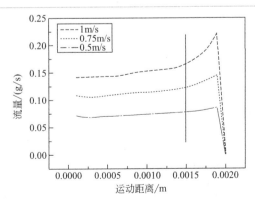

图 3-26　不考虑阀腔背压时喷嘴处流量波动曲线

图 3-27 为阀针最大位移对熔体挤出流量的影响。当阀针在最大位置处保持不动时，熔体在阀腔背压的作用下稳定挤出。通过分析阀针位置对熔体流量的影响，找到对稳定流动影响最小的阀针位置。当针孔距离小于 0.5mm 时，随着距离的减少，熔体流量减少，而当针孔距离大于 0.5mm 时，熔体流量没有明显变化。证明阀针距离喷嘴过近，会对熔体流动产生"阻塞"作用，影响 3D 打印效率。因此，在本节的设定尺寸下，针孔距离应大于 0.5mm；但针孔距离过大会延长关闭、开合时间，因此针孔距离设定为 0.5～1mm 为最佳。

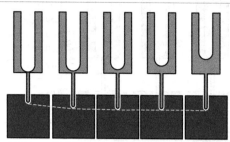

(a) 0.1mm (b) 0.3mm (c) 0.5mm (d) 1mm (e) 2mm

图 3-27　阀针最大位移对熔体挤出流量的影响

图 3-28 为阀针/阀腔直径比对熔体挤出流量的影响及喷嘴处流量波动曲线。阀针/阀腔直径比会影响阀腔中熔体的拖曳流动。随着阀针阀腔直径比的增加，在同等运动速度情况下，熔体流量增加，且不符合线性增长规律；当运动速度较低时，阀针阀腔直径比为 0.25 时，流量波动较小；阀针阀腔直径比为 0.75 时，当阀针离喷嘴较近时，流量有下降趋势，说明阀针直径大时，对压差流动有阻塞作用；阀针直径较小时，对熔体流量影响较小，能够提高 3D 打印精度。

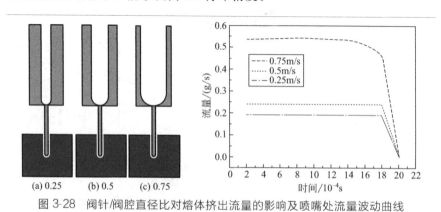

(a) 0.25　　(b) 0.5　　(c) 0.75

图 3-28　阀针/阀腔直径比对熔体挤出流量的影响及喷嘴处流量波动曲线

　　图 3-29 为阀针运动速度/背压比对熔体挤出流量的影响及喷嘴处流量波动曲线。当阀针开启时，剪切流动和压差流动方向相反，当 $v/\Delta p$ 较大时，可能出现熔体倒流，空气进入阀腔的现象。熔体流量随着 $v/\Delta p$ 的增大而减小，当 $v/\Delta p$ 大于 0.5 时，熔体出现倒流现象；因此，为避免倒流现象，应增大阀腔背压或减少阀针运动速度；随着阀针的上升，流量逐渐增大，上升至约 0.5mm 时，流量保持平稳，与之前分析一致。

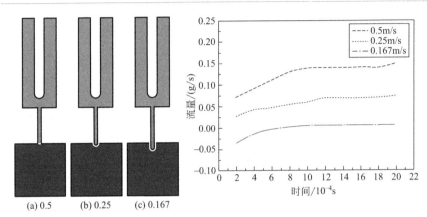

图 3-29　阀针运动速度/背压比对熔体挤出流量的影响及喷嘴处流量波动曲线

　　综上所述可以得出以下结论：

　　① 阀针往复运动速度通过影响熔体拖曳流动对挤出流量产生影响，阀针下移时，运动速度越快，挤出流量越大；且当阀针距离喷嘴越近时，对挤出流量的扰动越大。因此，在临近到达喷嘴位置时，通过降速实现稳定挤出，提高打印精度。

　　② 当运动距离小于 0.5mm 时，会对熔体挤出产生阻塞作用，降低流量，影响打印效率；当运动距离过大时，会延长开、合时间，因此针孔距离设定为 0.5～1mm 为最佳。

　　③ 阀针阀腔直径比影响阀腔中熔体的拖曳流动，随着直径比的增加，挤出流量增加，且直径比越大，流量波动越大。因此应选择直径较小的阀针。

　　④ 阀针上移时，由于剪切流动和压差流动方向相反，分析阀针运动速度/背压对熔体挤出的影响，当阀针运动速度/背压比值大于 0.5 时，熔体出现倒流现象；因此，为避免倒流现象，应增大阀腔背压或减少阀针运动速度。

（6）熔体区域微分填充对制品精度的影响

通过前述对熔体区域微分填充理论的分析，对于大型制品采取划分单元格多喷头同时打印的方式，可大大提高 3D 打印效率，改善温度场及粘接性能。本节针对大尺寸熔融沉积成形制品易发生翘曲变形的现状，运用"生死单元法"进行数值模拟，选用长径比变化明显的长方体作为研究对象（见图 3-30），研究区域微分单元格尺寸对打印过程中温度场及应力场影响，分析通过区域微分填充的方式降低翘曲变形的可行性，对改善大型制品加工过程中减少热应力翘曲奠定理论基础。

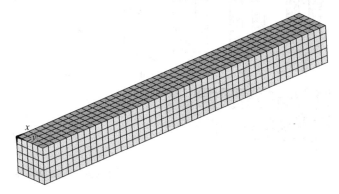

图 3-30　长方体模型及网格划分

由于在熔融堆积过程中，耗材经历从固态受热熔融再到冷却凝固，耗材受打印路径及自身性能的影响，传热及变形机理十分复杂。因此，为简化计算，进行如下假设：

a. 假设熔体挤出温度一致，设置为 180℃，环境温度设置为 30℃，熔体与空气、已冷却部分进行热传导及对流换热；

b. 假耗材从熔体冷却为固体时，潜热全部释放均匀；

c. 假设耗材在不同相及不同温度状态下，密度不变。

① 单喷头多单元格打印方式　根据前述熔体区域微分填充理论，将打印区域均匀划分为多个单元格，首先采用单喷头进行打印，分析区域划分对温度场和应力场的影响。

根据图 3-31 所示，打印路径分为 4 种，图 3-31(a) 为不进行单元格划分的方式，打印路径由 a 点到 b 点；图 3-31(b)～(d) 分别均匀划分为 2、4、8 个单元格；共打印 5 层，第二层由 b 点上移一层，沿 b 点运动到 a 点，依次进行，直至打印完毕。

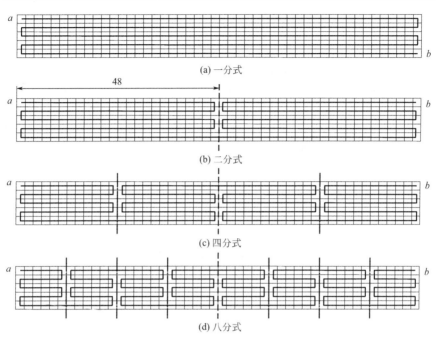

(a) 一分式

(b) 二分式

(c) 四分式

(d) 八分式

图 3-31　不同单元格划分方式的打印路径示意

　　图 3-32 为打印结束时不同划分方式的温度场分布，由图 3-32(a) 看出，在同一层短边方向，呈现一边温度高于另一边的现象；随着单元格划分的细化，温度分布逐渐均匀，仅在打印点附近存在较高温度。

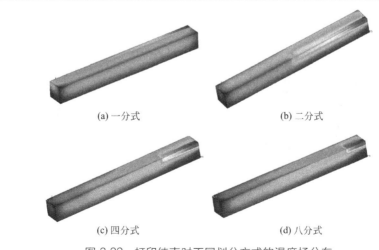

(a) 一分式

(b) 二分式

(c) 四分式

(d) 八分式

图 3-32　打印结束时不同划分方式的温度场分布

选取起始点 a 点作为研究对象，研究 a 点随打印时间的温度变化情况。如图 3-33 可以看出，不同路径对 a 点的温度变化有一定影响，具体表现在：

a. 随着单元格的细化，长边打印路径缩短。因此，从 a 点打印到返回 a 点位置时，时间成倍缩短，因此温度下降程度较低，有利于熔丝间的粘接，提高路径间的拉伸强度。如图 3-33(a) 所示，当再次返回 a 点时，温度已降低到 $78℃$，根据熔融沉积粘接理论，粘接界面保持温度越高，粘接效果越好。

b. 随着层高的增加，a 点温度按照路径的规划均呈现 3 段大的波动，分别为起始状态时、运动到第 2 层末端时、运动到第 4 层起始处时，最高点均为起始温度 $180℃$，但最低点温度呈逐渐降低趋势。

c. 由于路径不同，a 点的温度变化趋势不同。设定 PLA 材料的玻璃化转变温度为 $60℃$，则一分式的总体温度要高于其他划分方式，结晶程度越高，冷却收缩率越大，易产生翘曲。

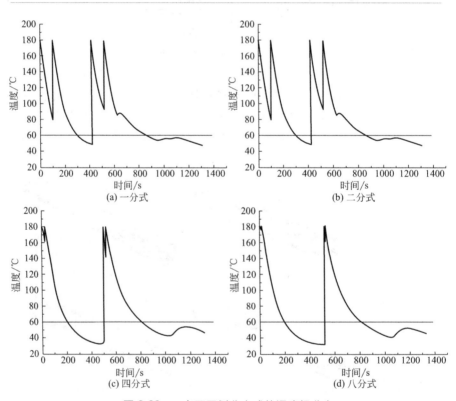

图 3-33　a 点不同划分方式的温度场分布

图 3-34 为 1200s 打印结束后，不同划分方式的应力变化图。隐藏约束层后可以看出，应力的变化与温度场变化基本一致。在打印结束位置由于急速冷却产生最大应力；而在底层角点处，由于冷却时间长且散热较快，易发生翘曲。

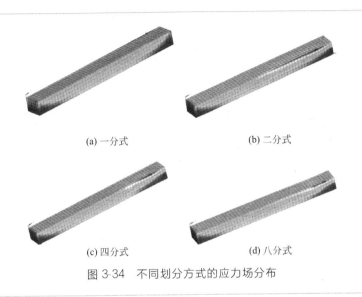

(a) 一分式　　　　　　　　　(b) 二分式

(c) 四分式　　　　　　　　　(d) 八分式

图 3-34　不同划分方式的应力场分布

图 3-35 为不同划分方式下的等效应力值，可以看出，随着单元格的细化，等效应力逐渐降低，达到了减小应变，降低翘曲的可能性。

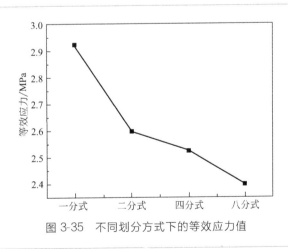

图 3-35　不同划分方式下的等效应力值

② 双喷头多单元格打印方式　根据图 3-36 所示，打印路径分为 3 种，图 3-36(a) 为双喷头二分单元格划分的方式，打印路径分别由 a 点

到 b 点，c 点到 d 点；图 3-36(b)、(c) 分别均匀划分为四分式和八分式，打印路径同样由 a 点到 b 点，c 点到 d 点；共打印 5 层，第二层由 b 点上移一层，沿 b 点运动到 a 点，依次进行，直至打印完毕。

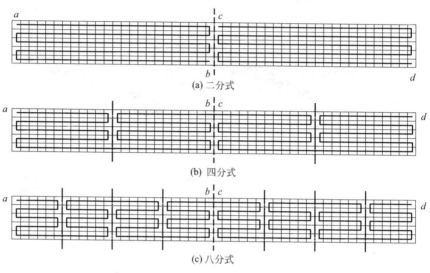

图 3-36　双喷头中不同单元格划分方式的俯视图

图 3-37 为双喷头打印时的温度场分布，可以明显看出，双喷头打印的情况下，存在两个加热点，打印时间缩短，冷却时间短致使温度保持较高。

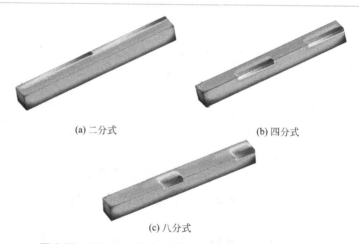

(a) 二分式　　　　(b) 四分式

(c) 八分式

图 3-37　双喷头打印结束时不同划分方式的温度场分布

选取起始点 a 点作为研究对象，分析单喷头与双喷头对冷却效果的影响，如图 3-38 所示，具体表现在：

a. 起始结果，因为打印路径一致，所以温度变化一致。

b. 由于双喷头打印致使路径缩短，打印结束时 a 点温度保持在玻璃化转变温度以上。

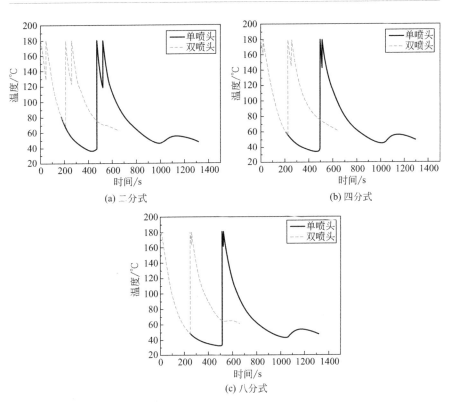

图 3-38　不同划分方式下单喷头与多喷头打印的温度场对比

图 3-39 为 600s 打印结束后，双喷头打印在不同划分方式下的应力变化图。在隐藏约束层后可以看出，应力的变化与温度场变化基本一致。应力集中及翘曲位移与单喷头打印基本一致，但在首层有两部分最大应力点。

图 3-40 为双喷头打印下不同划分方式下的等效应力值，与单喷头一致呈现逐渐降低的趋势。但整体值要大于单喷头打印制品，其原因在于双喷头打印下，花费 600s 的时间即可完成打印，制品尚未完全冷却，热收缩未充分发生，故应力值偏大。

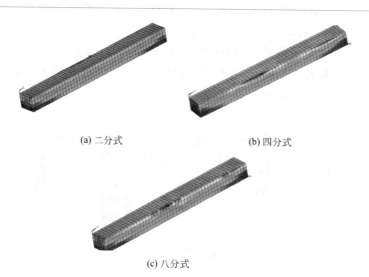

(a) 二分式　　　　　　(b) 四分式

(c) 八分式

图 3-39　双喷头打印在不同划分方式下的应力场分布

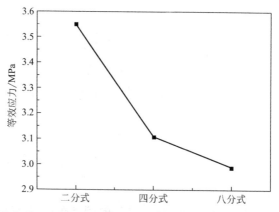

图 3-40　双喷头打印下在不同划分方式下的等效应力值

本节根据区域微分填充方法，采用"生死单元法"进行数值模拟，研究区域微分填充的单元格尺度对打印制品温度场及应力场的影响，得出如下结论：

a. 随着单元格尺寸的缩小，在沉积过程中能够优化温度场，打印结束后，制品因冷却收缩产生的等效应力降低，降低了翘曲的发生率。

b. 采用多喷头打印比单喷头打印有更短的成形时间，沉积过程的温度场更为均匀。

3.2.4 熔体微分 3D 打印装置的设计

熔体微分 3D 打印系统包括结构单元和控制单元两部分，其中结构单元包括耗材塑化装置、按需挤出装置、堆积成形装置；控制单元包括运动控制装置、温度调节装置、耗材检测装置、压力反馈装置。其基本构成如图 3-41 所示。

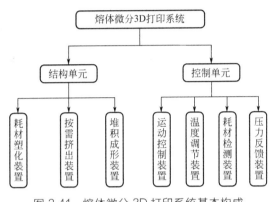

图 3-41　熔体微分 3D 打印系统基本构成

(1) 耗材塑化装置设计

① 自动加料装置设计　由于微型螺杆挤出装置机筒尺寸较小，故熔融段、计量段热量极易传导至加料段，造成料杯内粒料软化、粘连，产生架桥现象，对耗材的稳定供给产生严重影响。此外，由于打印料杯体积较小，在打印大型制品时，需要多次人工加料，自动化水平低，浪费人力。因此，需开发自动加料装置，满足实际需求。

图 3-42 为自动加料装置设计图及实物图，其中储料杯可加满 2L 塑料粒料，满足 1.5kg 以上制品连续打印；打印料杯尺寸较小，其结构保证耗材不易架桥，稳定输送；选用基恩士 LR-T 系列激光传感器，通过三角测距的方式，检测打印料杯中液位高度；气动阀选用 SMC 气动单轴气缸，通过推杆将储料杯中的耗材推送到打印料杯中。

当打印料杯中的液位低于预设值时，激光传感器传送信号至控制单元的耗材检测装置，经判断后，输送执行信号至气动阀，气动阀推动气缸杆将储料杯中的粒料定量推送至打印料杯直至达到预设液位，气动阀停止工作；保证耗材长时间稳定供给，同时避免打印料杯积料，造成架桥。

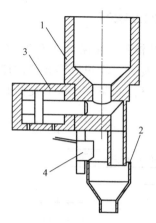

图 3-42　自动加料装置设计图及装置图

1—储料杯；2—打印料杯；3—气动阀；4—激光传感器

② 熔融塑化装置设计　微型螺杆设计决定了熔体挤出流量的稳定性和可控性。由于设备整体尺寸限制，微型螺杆长度为 150mm，螺杆外径直径为 12mm，长径比 10∶1；螺槽宽度 10mm，螺棱宽度 1.5mm；为保证粒料能够稳定喂入机筒，送料段槽深为 2mm；送料段、压缩段、计量段长度分配分别为 20％、30％、50％。

根据前面对微型螺杆的理论分析，为减少拖曳流对熔体挤出流动的影响，综合考虑长径比和挤出流量，确定螺旋升角为 17.4°；为减少漏流，螺棱宽度 e 选择稍大一些，取螺棱宽度与螺杆外径之比为 0.15；计量段螺槽深度与螺杆外径之比为 0.1，图 3-43 为微型螺杆示意图。

图 3-43　微型螺杆实物图

螺杆与机筒之间的间隙为 0.1mm，由于螺杆承受扭转、压缩联合作用，所以对螺杆的材质要求比较高，在高温下要保持力学性能，以及原有的较高的强度和尺寸稳定性，微型螺杆采用经氮化处理的 38CrMoAl 合金钢，其力学性能较为优异，其氮化层层厚为 0.3～0.7mm。

机筒同样采用 38CrMoAl 合金钢，加料处加工散热槽，通过风冷降温，减少粒料架桥的风险，图 3-44 为机筒实物图。

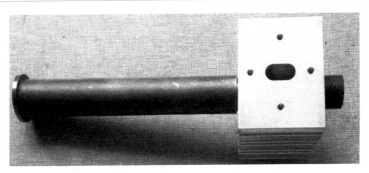

图 3-44　机筒实物图

驱动电机选用 57 步进电机，其最大输出扭矩为 3.0N·m，加装 1:5 行星减速器，理论最大扭矩达 15N·m，满足挤出需求。

（2）按需挤出装置设计

按照驱动方式不同，分为电磁式和气动式驱动两种。其中电磁式通过电磁铁推动阀针产生往复运动，其保持力为 10kgf（1kgf＝9.8N）。设备主体和电磁铁通过螺栓悬空连接流道板，使电磁铁在驱动阀针高频往复运动中保持较高的稳定性，同时保持阀针冲击喷嘴时的稳定性。由于电磁铁与流道板仅通过四个螺栓连接，为点接触，其余结构实现悬空放置，确保了电磁铁的及时散热以及热流道对电磁铁最低程度的传热。图 3-45 为电磁式按需挤出装置。

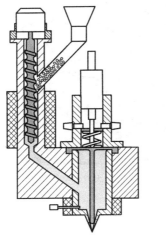

图 3-45　电磁式按需挤出装置

其中气动式按需挤出装置通过改装 MAC 气动阀与改进型 NORSON 热熔点胶机，实现熔体的按需挤出。可满足 260℃以下熔体的挤出。阀针往复运动频率最快可达 5000Hz，满足使用要求。图 3-46 为气动式按需挤出装置。

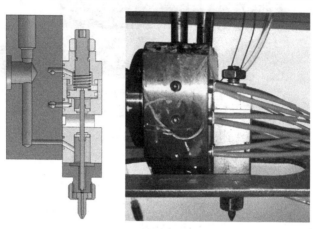

图 3-46　气动式按需挤出装置

该装置的喷嘴直径为 0.2mm，采用电火花加工，其微观结构如图 3-47 所示。表面涂覆有特氟龙涂层，用于降低熔体与喷嘴的黏附性，减少因熔体过度黏附喷嘴而产生的过热分解现象。

200μm

图 3-47　喷嘴内孔微观结构

（3）堆积成形装置设计

熔融塑化装置及按需挤出装置的整体结构相对于三维运动平台重量

较大，且熔融塑化段与按需挤出段连接一体，整体尺寸较大，若采用传统熔融沉积成形装置，即通过沿 X-Y 轴方向移动的喷头以及沿 Z 轴垂直方向移动的运动平台来打印制品的方式存在以下缺点：由于整体式的耗材挤出系统质量较大导致惯性较大，无法实现快速精确的按需挤出，从而导致打印速度降低，机头振动明显，而且存在打印精度较低等问题。为避免上述问题，采用运动平台在 X-Y-Z 轴三个方向整体移动，并将按需挤出系统整体固定于运动平台上方的方式解决。

堆积成形装置包括打印平台及三维运动模组，采用 CCM-W50-50 千克级直线滑台模组，通过 42 步进电机驱动，精度为 0.05mm，最大载荷 50kg。采用 X 轴 2 组，Y 轴 1 组，Z 轴 4 组进行组合安装，满足三维运动要求，如图 3-48 所示。

打印平台由两部分组成，玻璃板及加热板。通过加热板加热，可使平台加热至最高 100℃，能够缓解熔体冷却收缩的现象。其最大打印尺寸为 300mm×300mm×300mm。

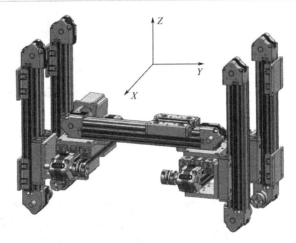

图 3-48　三维运动模组组合方式

（4）设备控制单元

设备控制单元包括三维运动控制、温度控制、压力控制及进料控制。其中温度控制采用 PID 控制方法，运用 FX3U 系列 PLC 及时将温度控制在允许范围之内；温度控制分为机筒温控及运动平台温控，这些区域的温度通过热电偶检测换算成电信号，并与温度设定值的电信号进行对比，通过设置合适的 PID 参数，使温度稳定下来。

此外，关于阀针的开启与关闭通过隔离式信号转换器实现，将运动控制主板输出的停料、出料直流电流信号转换成按比例输出的且与输入信号隔离的直流电流或电压信号，传输至电磁阀，控制针阀的开启与关闭。

在熔体挤出过程中，需保持流量的稳定，因此熔体压力需保持稳定，采用压力闭环控制装置，能够较为精确地控制熔体挤出压力。压力闭环控制装置选用 PT124 型，量程 0～25MPa，膜片耐温 400℃。其中进料控制如前面所述，将激光传感器的模拟电流信号读入到 PLC 模拟量单元，执行运算，判断气动阀的运动。图 3-49 为熔体微分 3D 打印设备控制模块。其中图 3-50 为控制界面，用于显示及调控各控制参数。

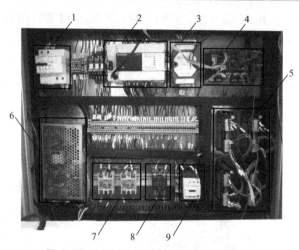

图 3-49　熔体微分 3D 打印设备控制模块

1—总开关；2—FX3U 系列 PLC；3—隔离式信号转换器；4—运动控制主板；5—运动驱动器；6—24V 电源；7—机筒加热温控继电器；8—基板加热温控继电器；9—Tesys 接触器

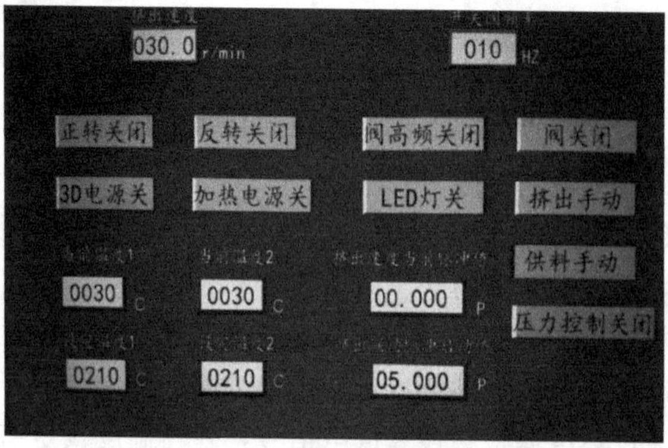

图 3-50　熔体微分 3D 打印设备控制界面

根据 3D 打印的基本流程，三维模型经切片软件转化为路径文件后，输入 3D 打印控制系统进行打印。对于熔融成形工艺而言，常用 Arduino 运动控制板进行相关的信号监控及运动驱动。

本节采用开源 3D 打印控制主板 MKS-Gen V1.3 进行三维运动控制，它在小尺寸电路板集成三维运动控制所需的所有电路接口，如步进电机驱动接口、行程纤维开关接口等，如图 3-51 所示。MKS-Gen V1.3 控制主板采用 Marlin 固件设置，可读取由切片软件生成的模型数字文件，可设置平台运动速度、打印范围，同时具有高速打印、断电打印、加速度控制等功能。由于主板电流难以直接驱动三维运动模组步进电机，因此需单独增加步进电机驱动器，主板将信号传送到驱动器，再实现三维运动模组的移动。

此外，为实现三维运动与熔体挤出的统一运行，MKS-Gen V1.3 控制主板同时控制螺杆驱动电机的运动，通过构建插件的方式实现平台运动速度与螺杆转速的匹配，满足熔体挤出的精确控制。

图 3-51　熔体微分 3D 打印运动控制主板

1—运动驱动接口；2—行程限位接口

3.2.5 工业级熔体微分 3D 打印机

(1) 堆积过程理论分析

根据 Y Jin[60] 的研究，将挤出熔丝截面视为长方形和两个半圆体的结合（图 3-52），在熔丝堆积过程中，熔丝之间的间距决定了制品的精度和强度，因此确定熔丝间距与相关工艺参数之间的关系十分重要。根据公式(3-22)，可以得到熔丝间距和流量 Q 成正比，与打印速度 v 及层高 h 成反比。因此，需精确测定在不同工艺条件下的流量，通过与速度及层高的协调，确定合适的熔丝间距。

$$\varepsilon = \omega - \Delta c = \frac{Q}{vh} \tag{3-22}$$

式中，ε 为熔丝间距；ω 为熔丝宽度；Δc 为熔丝交集宽度。

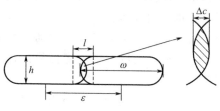

图 3-52　挤出微单元堆积示意

根据式(3-11)得知，有三个因素影响熔体流量：一是喷嘴的几何尺寸，正比于喷嘴直径的 4 次方，反比于喷嘴长度；二是喷嘴的内外压差，由螺杆的转速引起的背压导致；三是熔体的黏度，作为非牛顿流体，黏度受温度影响较大，当温度较低时，黏度高，需要更高的压力才能挤出喷嘴。因此，在喷嘴直径和长度已确定的情况下，可以通过改变挤出压力及熔融温度来调节流量。

（2）工业级熔体微分 3D 打印机设计

基于对颗粒料 3D 打印装置的分析，颗粒料 3D 打印装置存在以下缺点：物料输送不稳定，比如架桥、颗粒尺寸不均匀等；塑化过程中易混入空气；喷嘴流涎不可控；塑化结构笨重等。上述问题限制了颗粒料 3D 打印机的使用，因此解决上述问题成为关键。

本节对熔体微分 3D 打印装置进行修改，将阀控系统转换为采用双阶螺杆挤出机构的粒料挤出系统，第一级螺杆直径大，用于输送和融化，提供压力；第二级螺杆直径小，进一步塑化并计量。同时在结合部位设有排气孔，排气效果好，避免熔丝挤出时混有气泡。

基于以上原理，设计了一套实验系统，基于颗粒料熔融堆积的 3D 打印装置系统如图 3-53 所示，包含了熔体生成单元、三维堆积单元以及工艺控制单元。熔体生成单元包括熔融建压单元和塑化计量单元。其中，熔融建压单元主要用于将塑料粒料转化为熔体，并建立压力。它包含熔融建压段，电机驱动螺杆在料筒中旋转，加热套固定在机筒上，塑料颗粒料被加热套产生的热量熔融，并由螺杆旋转输送到前端，由于螺杆前端的螺槽深度小于后端，因此建立了大而稳定的压力；同时在塑化计量单元，另一个驱动电机驱动计量螺杆旋转，将熔融建压段输送过来的熔体，按照需求通过喷嘴挤出到三维堆积单元。

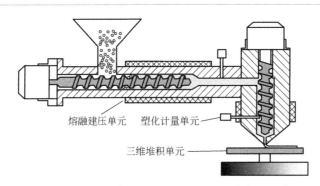

图 3-53 基于颗粒料熔融堆积的 3D 打印装置系统

　　根据加工原理，制备采用双阶螺杆机构的熔体微分 3D 打印机，图 3-54 展示了装置实物图。其中料斗为 30L，保证一次加料满足 3h 以上的打印时间；一段螺杆直径 25mm，长径比 20：1，能够实现 100r/min 的最高转速；二段螺杆直径 16mm，长径比 6：1，可实现最大转速 120r/min，并通过脉冲信号实现正反转；在两个螺杆的连接处安装一个压力传感器，通过压力和一阶螺杆挤出的转速联锁；根据压力的高低，提高或降低螺杆转速，保证压力稳定。喷嘴内径为 4mm，外径为 8mm，保证制品快速打印。

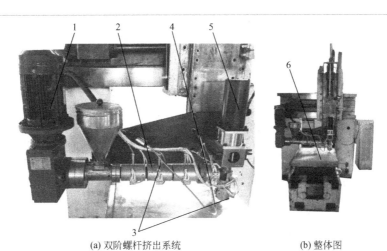

(a) 双阶螺杆挤出系统　　　　　　　(b) 整体图

图 3-54　工业级熔体微分 3D 打印机

1——阶电机；2—加热圈；3—温度传感器；4—压力传感器；5—二阶电机；6—三维运动平台

三维运动平台采用立式铣床运动平台改装，挤出设备固定在 Z 轴垂直运动轴上，运动平台可沿 XY 方向运动，打印面积为 $800\mathrm{mm} \times 600\mathrm{mm} \times 600\mathrm{mm}$，平台表面最高可加热至 $120℃$。

参考文献

[1] Brian N. Turner, Robert Strong, Scott A. Gold. A review of melt extrusion additive manufacturing processes: I. Process design and modeling [J]. Rapid Prototyping Journal, 2014, 20（3）: 192-204.

[2] 刘斌, 谢毅. 熔融沉积快速成型系统喷头应用现状分析 [J]. 工程塑料应用, 2008, 36（12）: 68-71.

[3] 韩江, 王益康, 田晓青, 等. 熔融沉积（FDM）3D 打印工艺参数优化设计研究[J]. 制造技术与机床, 2016, （06）: 139-142＋146.

[4] 陈雪. 国外 3D 打印技术产业化发展的先进经验与启示 [J]. 广东科技, 2013, （19）: 22-25.

[5] 靳一帆, 万熠, 刘新宇, 等. 基于 FDM 3D 打印技术在医疗临床中的应用[J]. 实验室研究与探索, 2016, （06）: 9-12.

[6] 潘琰峰, 沈以赴, 顾冬冬, 等. 选择性激光烧结技术的发展现状[J]. 工具技术, 2004, 38（6）: 3-7.

[7] Carl R Deckard. Method and apparatus for producing parts by selective sintering, Google Patents, 1989.

[8] 何岷洪, 宋坤, 莫宏斌, 等. 3D 打印光敏树脂的研究进展[J]. 功能高分子学报, 2015, （01）: 102-108.

[9] 王广春, 赵国群. 快速成型与快速模具制造技术及其应用 [M]. 北京: 机械工业出版社, 2004.

[10] 刘伟军. 快速成型技术及应用[M]. 2005.

[11] 杨卫民, 迟百宏, 马昊鹏, 等. LCD 屏幕选择性光固化 3D 打印机.

[12] 于冬梅. LOM（分层实体制造）快速成型设备研究与设计 [D]. 石家庄: 河北科技大学, 2011.

[13] 刘芬芬. 基于超声波焊接的 PE/木粉复合材料分层实体制造技术研究[D]. 哈尔滨: 东北林业大学, 2015.

[14] 左红艳. 薄材叠层快速成型件精度影响因素及应用研究 [D]. 昆明: 昆明理工大学, 2006.

[15] 朱天柱. 压电式喷射三维打印成型系统开发与实验研究 [D]. 武汉: 华中科技大学, 2012.

[16] 王景龙. 3DP 炸药油墨配方设计及制备技术 [D]. 太原: 中北大学, 2015.

[17] Elena Bassoli, Andrea Gatto, Luca Iuliano, et al. 3D printing technique applied to rapid casting[J]. Rapid Prototyping Journal, 2007, 13（3）: 148-155.

[18] 郑振粮. 3D 打印按需滴化微喷射关键技术 [D]. 哈尔滨: 哈尔滨工业大学, 2015.

[19] 尹亚楠. 数字微喷光固化三维打印成型装置设计与试验 [D]. 南京: 南京师范大学, 2015.

[20] 齐乐华, 钟宋义, 罗俊. 基于均匀金属微滴喷射的 3D 打印技术[J]. 中国科学: 信息科

学，2015，（02）：212-223.

[21] Chris Williams. Ink-jet printers go beyond paper[J]. Physics World, 2006, 19（1）: 24.

[22] 刘钿. 微型催化剂图案的微滴喷射制造技术研究[D]. 上海：上海大学，2012.

[23] 周诗贵. 压电驱动膜片式微滴喷射技术仿真分析与实验研究[D]. 上海：上海交通大学，2013.

[24] 杨卫民. 高分子材料先进制造的微积分思想[J]. 中国塑料，2010，（07）：1-6.

[25] 吴明星. 微型挤出熔体流变行为分析及螺杆优化设计研究[D]. 广州：华南理工大学，2010.

[26] 刘光富，李爱平. 熔融沉积快速成形机的螺旋挤压机构设计[J]. 机械设计，2003，20（9）：23-26.

[27] 王天明，习俊通，金烨. 颗粒体进料微型螺旋挤压堆积喷头的设计[J]. 机械工程学报，2006，42（9）：178-184.

[28] 朱复华. 单螺杆塑化挤出理论的研究——Ⅰ. 挤出物理模型[J]. 高分子材料科学与工程，1986，3：000.

[29] 刘坤伦. 单螺杆挤出机仿真系统——螺杆几何参数数据库及 CAD 绘图系统[D]. 北京：北京化工大学，2003.

[30] 康凯敏. 新型挤出螺杆参数化设计系统的研究[D]. 北京：北京化工大学，2007.

[31] Y Li, F Hsieh. Modeling of flow in a single screw extruder[J]. Journal of Food engineering, 1996, 27（4）: 353-375.

[32] 王天明. 基于颗粒体熔融堆积的高速挤出装置及快速成型工艺理论研究[D]. 上海：上海交通大学，2006.

[33] XiaYun Shu, HongHai Zhang, HuaYong Liu, et al. Experimental study on high viscosity fluid micro-droplet jetting system[J]. Science in China Series E: Technological Sciences, 2010, 53（1）: 182-187.

[34] 岳海波. 用于微电子封装的喷射点胶阀的研发[D]. 哈尔滨：哈尔滨工业大学，2010.

[35] 李志江. 基于液滴喷射技术的塑料增材制造系统研究与开发[D]. 北京：北京化工大学，2015.

[36] 江开勇. 熔融挤出堆积快速成形的质量控制原理研究[D]. 天津：天津大学，1999.

[37] M Atif Yardimci, Selçuk Güçeri. Conceptual framework for the thermal process modelling of fused deposition [J]. Rapid Prototyping Journal, 1996, 2（2）: 26-31.

[38] 汪定妮. 熔融挤压快速成形的质量控制[D]. 武汉：华中科技大学，2007.

[39] 陈葆娟. 熔融沉积快速成形精度及工艺实验研究[D]. 大连：大连理工大学，2012.

[40] 倪荣华. 熔融沉积快速成型精度研究及其成型过程数值模拟[D]. 济南：山东大学，2013.

[41] 王天明，习俊通，金烨. 熔融堆积成型中的原型翘曲变形[J]. 机械工程学报，2006，42（3）：233-238.

[42] 黄小毛. 熔丝沉积成形若干关键技术研究[D]. 武汉：华中科技大学，2009.

[43] Emil Spišák, Ivan Gajdoš, Ján Slota. Optimization of FDM Prototypes Mechanical Properties with Path Generation Strategy[C]. Trans Tech Publ, 2014: 273-278.

[44] 运赣，祥林. 微滴喷射自由成形[M]. 武汉：华中科技大学出版社，2009.

[45] 刘华勇. 高黏度流体微量喷射与控制技术研究[J]. 武汉：华中科技大学，2007，

[46] 谢丹. 微光学器件的气动膜片式微滴喷射制造技术研究[D]. 武汉：华中科技大学，2010.

[47] 孙慧. 高黏性微量液滴非接触式分配技术研究[D]. 哈尔滨：哈尔滨工业大学，2011.

[48] 路士州. 压电驱动撞针式高黏性液体微量分配技术研究[D]. 哈尔滨：哈尔滨工业大学，2015.

[49] 丁宁宁. 压电-气体混合驱动喷射点胶的机理及实验研究[D]. 长春：吉林大学，2013.

[50] 柳沁. 压电-液压放大式非接触喷射点胶机理及实验研究[D]. 长春：吉林大学，2014.

[51] 周诗贵，习俊通. 压电驱动膜片式微滴喷射仿真与尺度一致性试验研究[J]. 机械工程学报，2013，49（8）：178-185.

[52] 肖渊，黄亚超. 气动式微滴喷射过程仿真与尺寸均匀性试验研究[J]. 中国机械工程，2014，25（21）：2936-2941.

[53] An-Shik Yang, Wei-Ming Tsai. Ejection process simulation for a piezoelectric microdroplet generator[J]. Journal of fluids engineering, 2006, 128 （6）: 1144-1152.

[54] Brian Derby. Inkjet printing of functional and structural materials: fluid property requirements, feature stability, and resolution[J]. Annual Review of Materials Research, 2010, 40: 395-414.

[55] N Reis, B Derby. Ink jet deposition of ceramic suspensions: Modeling and experiments of droplet formation[C]. Cambridge Univ Press, 2000: 117.

[56] Paul C Duineveld, Margreet M de Kok, Michael Buechel, et al. Ink-jet printing of polymer light-emitting devices[C]. International Society for Optics and Photonics, 2002: 59-67.

[57] CD Stow, MG Hadfield. An experimental investigation of fluid flow resulting from the impact of a water drop with an unyielding dry surface [C]. The Royal Society, 1981: 419-441.

[58] B Derby. Inkjet printing ceramics: From drops to solid[J]. Journal of the European Ceramic Society, 2011, 31（14）: 2543-2550.

[59] Agnieszka Gutowska, Jolanta Jóźwicka, Serafina Sobczak, et al. In-compost biodegradation of PLA nonwovens [J]. 2014.

[60] Yu-an Jin, Hui Li, Yong He, et al. Quantitative analysis of surface profile in fused deposition modelling[J]. Additive Manufacturing, 2015, 8: 142-148.

第4章

聚合物3D
复印机

4.1 概述

最典型的 3D 复印机就是注射成型机（简称注塑机），如图 4-1 所示，是一种以高速高压将塑料熔体注入已闭合的模具型腔内，经冷却定型，得到与模腔相一致的塑料制品的成型设备。由于在已知制品特定形状的前提下，相应模具被加工出来，从而能够大批量制得与给定制品形状尺寸完全一样的制品，即具备"复印"的性质，故而又可称注射成型机为高分子制品的 3D 复印机。它具有如下特点：能一次成型出外形复杂、尺寸精确或带有嵌件的塑料制品；对各种塑料加工的适应性强；机器生产率高以及易于实现自动化生产等。所以注射成型技术及注射成型机（也称注塑机）得到极为广泛的应用，现在已成为塑料加工业和塑料机械行业的一个重要组成部分，注射成型机使用率占整个塑料成型机械的 50％以上。

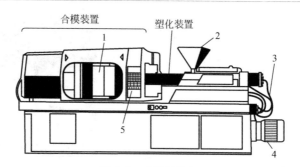

图 4-1　典型注塑机

1—模具；2—料斗；3—液压管线；4—电机；5—控制面板

随着科技的不断发展以及工业 4.0 的提出，注塑机正在朝"精密、节能、高效、集成"的方向发展。通用注塑机不断追求注塑机的极致，以快速高效（缩短成型周期）、大规模生产、节约能源、制造越来越复杂的产品等为目标，实现"成型即装配、即成型即用"的目的。同时，注塑成型系统成为越来越综合的机器系统，注塑工艺和注塑机变成系统的一部分，将更多的应用技术集成创新到注塑机上，配置自动化取件、装配、包装、检测等组件，运用大数据和互联网技术，实现注塑机之间的物联协同和更加智能的人机交互。

4.2 3D 复印机的组成及分类

4.2.1 3D 复印机的组成

3D 复印机的结构如图 4-2 所示，它主要由注射系统、合模系统、传动系统、加热及冷却系统、电气控制系统、润滑系统等组成。

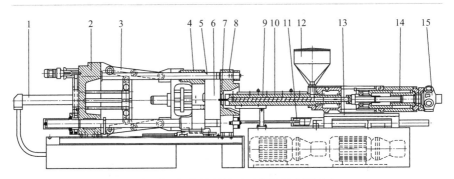

图 4-2　3D 复印机结构（不包括控制系统）

1—肘杆锁模油缸；2—后固定模板；3—肘杆；4—动模板；5—拉杆；6—容模空间；7—喷嘴；
8—前固定模板；9—螺杆；10—机筒；11—注射装置牵引油缸；12—料斗；
13—注射装置导向架；14—注射油缸；15—螺杆旋转驱动装置

（1）注射系统

注塑机的注射系统是聚合物熔融塑化的核心，它直接决定了塑料熔融的均匀性，进而决定了制品的质量。注射系统主要分为柱塞式、螺杆式、螺杆预塑柱塞注射式 3 种形式。目前应用最广泛的是螺杆式，其作用是在一个注塑循环中，将一定量的塑料加热塑化后，在给定的压力和速度下，通过螺杆将熔融塑料注入模具型腔中。注射结束后，对注射到模腔中的熔料保持定型。它主要包括加料斗、注塑螺杆、机筒、喷嘴等部件，如图 4-3 所示。

（2）合模系统

合模系统是决定制品形状的部分，它是熔融物料最终成型的地方，其主要功能是保证模具可靠地开启与闭合以及顶出制品，因此它的好坏对制品的尺寸精度有着显著影响。模具系统主要由模具开合机构、拉杆、调模机构、顶出机构、固定模板和安全保护机构组成。其结构形式主要分为二板式和三板式，如图 4-4 所示。

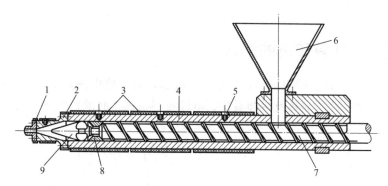

图 4-3　注塑机注射系统

1—喷嘴；2—机筒头；3—加热圈；4—机筒；5—热电偶；
6—加料斗；7—往复螺杆；8—止逆阀；9—螺杆头

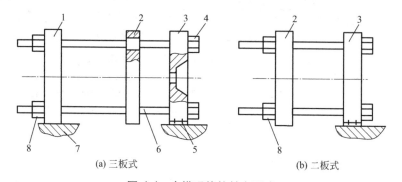

(a) 三板式　　　　　　　　　　　(b) 二板式

图 4-4　合模系统的基本形式

1—后固定模板；2—动模板；3—前固定模板；4—前螺母；
5—固定螺钉；6—拉杆；7—机架；8—后螺母

(3) 传动系统

从注塑机的工作过程来看，传动系统主要体现在 5 个地方：模具的开闭、制品的顶出、螺杆的转动、螺杆的轴向移动、注射系统或模具系统的整体移动。随着新技术的不断开发与应用，注塑机的传动系统不再局限于液压式，大量的全电动式设备相继被开发出来。据此，将注塑机的传动系统分为液压传动系统和全电动传动系统。

液压传动系统存在一系列优点，例如，合模精度高、开合模力大，容易实现压力和速度的过程控制及机器的集中控制。液压传动系统由液压泵、液压马达、各类阀门、活塞以及其他液压零部件所组成，其传动依赖于液压。二板直压式是这类结构的代表。二板直压式液压合模机构可分为无循环式、外循环式和内循环式，如图4-5所示。

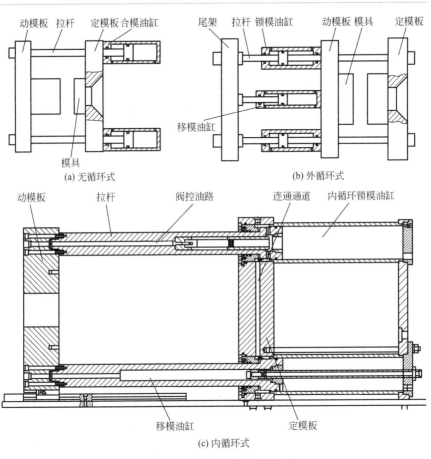

(a) 无循环式

(b) 外循环式

(c) 内循环式

图4-5　二板直压式液压合模机构

全电动传动系统不包括任何液压元件，具体到注塑机上，它与液压传动系统的主要区别在于模具的开闭、注射螺杆的移动不以液压为动力，注射螺杆后端也不必采用活塞与注射油缸的结构。全电动传动系统主要由电机、齿轮、滚珠丝杠类传动零件等组成。目前所推出的全电动式注塑机主要是合模结构是用伺服电机取代原来的油缸推动肘杆做开合模运动。因此原来的肘杆式机所存在的问题继续存在，如加工精度要求高、易磨损、调模困难等，但有些方面也有一定的改善，如节能、控制精度和重复精度高、效率高和环保清洁等。随着高精度薄壁注塑件应用范围和需求量的扩大，以及环保意识的日渐增强，电动肘杆式合模机构以其优越性得到了人们的认可，目前世界各大注塑机生产厂家所生产的全电动注塑机均采用这种合模机构。

当然也有电动直压式合模机构，合模机构根据伺服电机的正反转和转速通过滚珠丝杠副实现模具的启闭运动和速度切换，模具接触后，根据伺服电机输出的扭矩产生推力实现锁模。这种合模机构系统刚性大、传动精度高、效率高、节能，但是锁模时无增力机构，滚珠丝杠轴向力大，机械磨损严重，只适合微小机型。

电动式合模机构结构如图 4-6 所示。

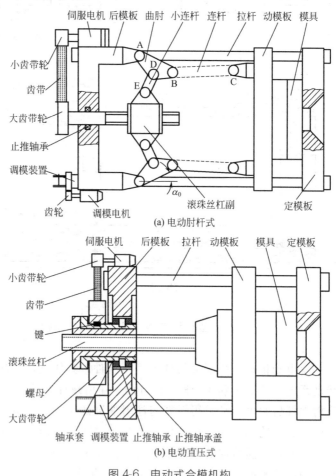

(a) 电动肘杆式

(b) 电动直压式

图 4-6　电动式合模机构

液压式和电动式传动系统各有优缺点，目前全电动式注塑机主要用于中小型注射成型机生产高档精密和小型精密零件，而不同类型的全液压式注塑机用于中高档、高档精密和大型制品的成型[1]。"小型机电动化，大型机二板化"成为一种发展趋势。

（4）加热与冷却系统

加热系统是用来加热料筒及注射喷嘴的，注塑机料筒一般采用电热圈作为加热装置，安装在料筒的外部，并用热电偶分段检测。热量通过筒壁导热为物料塑化提供热源。冷却系统主要是用来冷却油温，油温过高会引起多种故障出现，所以油温必须加以控制。另一处需要冷却的位置在料斗下料口附近，防止原料在下料口熔化，导致架桥现象以致原料不能正常下料。

（5）电气控制系统

电气控制系统对整个注塑过程起到控制、调整作用，它需要保证注塑机按照设定的工艺条件（压力、温度、速度、时间）与动作顺序准确无误的运行。它主要包括电器、电子元件、仪表、传感器等。电气控制一般有4种控制方式：手动、半自动、全自动、调整。

（6）润滑系统

润滑系统主要是为注塑机的动模板、调模装置、拉杆、注射底座等有相对运动的部位提供一定的润滑，以便减少能耗和提高零件寿命，润滑可以是定期的手动润滑，也可以是自动电动润滑。

（7）安全系统及辅助系统

安全系统的作用是保证操作人员和设备的安全。它主要由各种安全阀、安全门、光电检测元件、限位开关等组成，现在的注塑机能够实现多重安全保护。

辅助系统包括：原料的干燥装置、混合装置、粉碎装置、上料装置及模温控制器、模具安装辅助装置及机械手等。

4.2.2 3D复印机的分类

注塑机的分类方法多种多样，按其塑化方式可分为柱塞式注塑机与螺杆式注塑机；按其结构形式可分为立式注塑机、卧式注塑机、角式注塑机和组合式注塑机；按驱动形式可分为电动式与液压式；按合模机构可分为三板式与二板式；按有无拉杆可分为拉杆式注塑机与无拉杆式注塑机；按用途可分为热塑性塑料注塑机、热固性塑料注塑机、低发泡注塑机、多组分注塑机、双色/混色注塑机等。

目前行业内使用较多的分类方法如下。

(1) 按结构形式分类

这里的结构形式指的是注射螺杆的中轴线与模具系统开合模方向线的相对位置，二者均处于水平方向称为卧式，二者均处于竖直方向称为立式。

① 卧式 卧式注塑机是目前使用最为广泛也是最基本的形式，其结构如图 4-7 所示，它适用于各种批量制品的生产，其螺杆轴线与开合模方向均水平布置。由于卧式注塑机的结构特点，它具有如下优势：机身低、稳定、便于操作与维修；制品可以利用自身重量脱落，容易实现自动化。

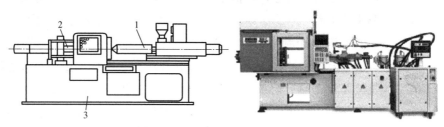

图 4-7 卧式注塑机
1—注射系统；2—合模系统；3—机身

② 立式 立式注塑机的螺杆轴线与开合模方向均与地面垂直，其结构如图 4-8 所示。它的占地面积相对较小，但是由于设备沿高度方向布置，高度方向上占据空间较大，因此立式注塑机多为小型设备，而且立式注塑机重心较高，稳定性不如卧式的好，制品的取出方式也给自动化的实施增加了一定困难，因此立式注塑机的应用范围比较窄。

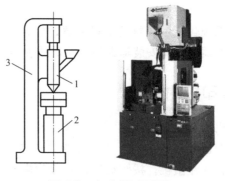

图 4-8 立式 3D 复印机
1—注射系统；2—合模系统；3—机身

③ 角式　角式注塑机如图4-9所示，其螺杆轴线与开合模方向垂直，其布置方式多为螺杆水平布置，开合模方向垂直于地面。角式3D复印机综合了卧式和立式的一些优点，使用也比较普遍，它特别适用于成型中心不允许出现浇口痕迹的制品。

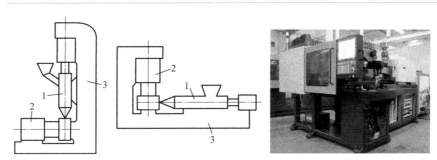

图 4-9　角式3D复印机

1—注射系统；2—合模系统；3—机身

（2）按机器加工能力分类

经常用来表示注射成型机加工能力的参数，有机器的注射量和合模力。而多数是用注射量与合模力同时表示。分类情况如表4-1所示。

表 4-1　按机器加工能力分类范围

类别	合模力/kN	注射量/cm³
超小型	＜200～400	＜30
小型	400～2000	60～500
中型	3000～6000	500～2000
大型	8000～20000	＞2000
超大型(巨型)	＞20000	

注射量仅规定了机器成型制品的重量范围，而合模力则从成型制品面积上给予了限制。可是在实际加工的制品中，二者之间并不存在严格的比例关系，而且随加工塑料制品范围的扩大，其矛盾也越大，如在成型盘、盆、框之类的制品时，机器的成型面积即合模力是主要的，而机器的注射量经常使用不足。因此，为了更合理地设计和使用机器，目前在一些制造厂，将注射和合模装置进行标准化设计（积木式）。这样可用较少的设计，来满足较大范围内的使用要求。

（3）按用途分类

注射成型的应用范围较广，为满足各种注射工艺的要求，提高机械效能，而将机器设计成热塑性塑料通用型（亦称普通型）、热固型、发泡型、排气型、高速型、多色、精密、鞋用、螺纹制品用等类型。其中以热塑通用型系列、热固系列、低发泡系列、排气系列和高速系列最为普遍。

① 热固性塑料注塑机　传统的热固性塑料成型工艺包括压缩模塑成型法和传递模塑法，两种方法均存在一些缺点，例如操作复杂、成型周期较长、生产效率低下等，随着技术的进步和生产效率的迫切需要，热固性塑料的注射成型技术得到了很好的发展。热固性注塑原理与热塑性注塑一样，将颗粒或粉状树脂注射料注入机筒内，通过机筒的外加热和螺杆的剪切热对注射料进行加热，在温度不高的机筒内进行预热塑化，使树脂发生物理变化和缓慢的化学变化而成稠胶状，产生流动性，然后用螺杆或柱塞在强大的压力下将其注射进模具中，在高温高压下进行化学反应，经过一段时间的保压后，固化成型，最后取出制品[2]。热固性注塑与热塑性注塑的不同之处如表 4-2 所示。

表 4-2　热固性与热塑性塑料注射成型工艺的区别[3]

项目	热固性塑料	热塑性塑料
机筒温度	95℃以下，过低不能注射，过高则产生固化，温度控制严格，可用水夹套等方式控温	150℃以上，过低不能熔融，过高影响注射，甚至产生降解等，温度控制不严格
注射量的控制	每次注射完毕，应使机筒前部预料很少，避免硬化堵塞喷嘴	每次注射完毕，应使料筒前部有相当数量的预料，用来补缩
模具温度	一般在 170℃以上，过低固化时间变长，过高则固化太快，不能充满型腔	100℃以下，甚至通冷水冷却
变化属性	物理-化学变化。注入模腔后化学反应会分解气体	物理变化，无分解气体

热固性塑料注塑机也分为柱塞式和螺杆式两种形式，柱塞式注塑机主要用于不饱和聚酯增强注塑料团（BMC），螺杆式注塑机主要用于热固性酚醛注塑料[4]。热固性塑料注塑机结构与热塑性基本一致，但其参数控制更加严格，其设计要求如下：

a.有良好的供料特点（团状 BMC 塑料必须附加挤压式加料斗或自动喂料机）。

b.保证塑料在料筒中均匀加热，排除过大的摩擦热对塑料的影响。

c.要有较高的效率，即通过喷嘴的塑料与塑化塑料的数量要大。

d.能够防止塑料在料筒中或机头内固化。

e.锁模力要大。

f.螺杆与料筒间隙要合适。

g.料筒加热部分要有冷却装置，能严格控制温度。

② 排气型注塑机　在聚合物注射成型时，由于某些物料（如ABS、PA等）含有许多水分、气体或各种易挥发成分，往往需要在注射前对其进行干燥等一系列的预处理，这样需要增加预处理设备，如果能在注射机中完成这一预处理过程，将极大地节省人力物力，排气型注射机就是在这样的背景下提出的。

图4-10所示为排气型注塑机的结构，它由塑化系统和储料注射系统两部分组成，平行分布。两部分之间是连接套，连接套内设有流道。由于塑化系统和储料注射系统两个部分呈平行分布，这种形式的排气螺杆在工作的时候只是起到塑化的作用，没有轴向的位移，而注射任务则由储料注射系统来完成。工作时，物料从料斗加入，经过计量加料装置将物料输送到料筒中。物料经过第一阶螺杆加料段的输送、第一压缩段的混合和熔融及第一计量段的均化后，基本处于熔融状态。进入排气段时，由于排气段螺槽突然变深，容积增大，压力骤降，促使熔料内所含水分（及其他挥发性物质）迅速汽化，汽化后的水分被熔体膜所包围呈泡沫状。在螺杆的旋转作用下，熔体膜被挤碎，水分分离出，并从排气口直接排出机外（常压排气）或由真空辅助系统排出机外（负压排气）。随后，已去除了水分的熔料流经第二压缩段和第二计量段，并在压力的作用下经过流道进入到储料缸中，当储料缸中的物料达到一定量时，螺杆停止转动。储料缸中活塞开始动作，与此同时，流道中设置的止逆阀关闭，从而活塞将物料推入到模具的型腔中得到制品。

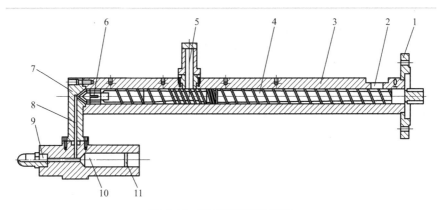

图4-10　排气型注塑机结构

1—法兰；2—加料口；3—机筒；4—排气螺杆；5—排气室；6—螺杆头；7—连接套；8—流道；9—喷嘴；10—储料室；11—活塞

这种形式的排气式注射机与普通排气式注射机的主要区别就是排气螺杆在旋转的过程中并没有轴向的位移，而是将螺杆的轴向运动转化为活塞的轴向往复运动，这样可以建立起更大的压力而不至于破坏物料的性能。在整个注塑的过程中由于没有了螺杆退回的时间，整个周期要比传统注塑的时间减少，提高了其工作的效率，特别适合于快速成型。另外，由于加入储料缸使得小螺杆也可以打出大的制品。

③ 高速及超高速注塑机[5,6]　　高速及超高速注塑机，顾名思义，即注射速度很高的一类注塑机。一般而言，将注射速度在 300～600m/s 之间的注塑机称为高速注塑机，将注射速度在 600m/s 以上的注塑机称作超高速注塑机，高速及超高速注塑机的特点有以下几点：

a.高注射速度，最高可达每秒 1000mm。由于注射速度快，熔融成型材料在经过模具流道、浇口时，瞬间受到剪切而发热，从而提高了材料的温度，黏度下降，流动性能好，成型制品不会产生塌坑、变形，尺寸精度高，复制性能好，其制品质量精度可达 0.18mm。

b.注射压力显著提高，可成型加工细小的成型制品而不变形。

c.喷嘴设置有两段精密温度控制装置。进行温度控制的主要目的是防止在成型加工小型薄壁制品时注射成型机喷嘴温度下降，影响成型制品质量。

d.该机使用止逆环专用螺杆。

目前，高速及超高速注塑机主要有全电动式和液压式两类。全电动式注塑机的动力来源于伺服马达，不再使用原有的液压缸，整个注塑机结构与液压式相差不大，主要区别在于采用 AC 伺服马达、滚珠螺杆、齿轮等零件取代原来的液压马达、方向阀、油路板、气缸等液压元件，全部采用电气元件来驱动注塑机。

4.3 3D 复印机的工作原理

塑料在注射成型过程中的行为变化，主要包括两个基本内容：一是塑料熔体的形成、增压和流动；二是制品的成型。以往复螺杆式注射成型机为例，从其工作时序图（见图 4-11）可知，前者是在料筒内发生，后者是在模腔中进行。

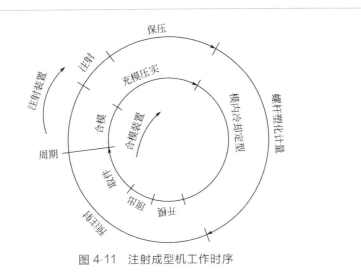

图 4-11　注射成型机工作时序

4.3.1 塑化

　　塑料借助旋转螺杆的输送作用，不断沿螺槽向前运动。塑料在运动过程中，受外加热和螺杆剪切热的共同作用，逐步软化，最终成为熔融黏流状态。在螺杆头部的熔料因具有一定的压力，此力要推回螺杆，但螺杆能否退回以及退回速度的大小，显然取决于螺杆退回时所附加的各种阻力的大小，如各种摩擦阻力以及注射油缸内工作油的回泄阻力（即油缸背压）等。待螺杆回退至一定位置，即预塑计量完毕，螺杆停转，准备下次注射。随后，当再次合模，螺杆借助油缸推力，进行轴向移动，将前端经计量好的储存熔料注出。因此，注射机螺杆是在周期性的工作条件下连续工作，其塑化过程主要包括两个部分。

　　第一阶段是短暂的挤出过程。螺杆边旋转边后退，退回的距离（相应螺杆转动时间），由所需的注射量决定。对此，可视为螺杆在一个可伸缩的料筒内转动，塑化时螺杆的回退变换为料筒前端储料室的伸长。这样，注射螺杆转动时的熔融机理和通常的挤出过程相类似。

　　第二阶段螺杆静止。这时主要依靠从料筒传导来的热量使固体床继续熔融，当螺杆再次转动时，增厚的熔膜将被逐渐刮入熔池，固体床与熔模的界面也将恢复到原分布状况。

　　在上述螺杆周期性转动过程中，同时发生螺杆的轴向移动。因此，决定注射螺杆熔融性质的基本因素，是螺杆转动和静止的周期性的交替作用和螺杆的轴向移动作用。前者决定塑料在螺槽内熔融状态的分布，后者对塑料熔融过程起了显著地扰动作用。

（1）熔融物理模型

经对挤出和注射螺杆的螺槽内塑料熔融状态取样分析，证明注射螺杆具有瞬时熔融特性（见图4-12）。

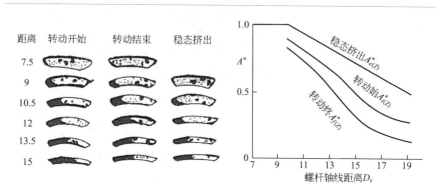

图 4-12　注射螺杆熔融特性

挤出机螺杆中的熔融物理模型描述了稳定挤出状态下的物料的熔融过程，即在一定的运转工艺条件下，当螺杆旋转的时间足够长时，塑料由固相转变为熔融态的物理过程。因为在稳定挤出状态下，挤出机的挤出量，以及螺杆头部物料的熔融温度和压力都将保持定值，如就任意一个指定的螺槽横断面来说，其未熔固相面积 A^*（或宽度 X）及熔膜厚度 δ，也必定保持某一固定的数值。但注射螺杆是间歇式工作，它除旋转塑化外，还要作一定时间的停留。在这停留期间，塑料在机筒的热传导作用下继续熔融，使原熔膜增厚，而固体床面积则相应减小至 $A^*_{i(Z)}$。当螺杆再次旋转时，熔膜 δ 将逐渐减薄，固体床面积相应增大。如旋转时间足够长，熔膜将会恢复到原稳定挤出时的厚度。然而注射螺杆塑化工作时间一般较短，对某一螺槽断面，塑料的熔融过程也就处在固体床面积由 $A^*_{i(Z)}$ 转变到 $A^*_{f(Z)}$ 的过程中（见图4-13），其面积一般要比螺杆在稳定挤出状态时小。在一个注射周期中，螺杆上的熔融分布只是暂时的，是时间的函数。对于 Z 处螺槽在时间为 t 时的固体床面积可用下式表示：

$$A^*_{(Z,t)} = A^*_{e(Z)} - [A^*_{f(Z)} - A^*_{i(Z)}/(1-e)^{-\beta Nt}]e^{-\beta Nt} \qquad (4-1)$$

式中　Z——沿螺槽距离；

　　　　t——螺杆转动时间，$0 \leqslant t \leqslant t_R$；

　　　　N——螺杆转速；

　　　　$A^*_{e(Z)}$——稳定状态熔融分布；

$A_{i(Z)}^{*}$——螺杆开始转动时的熔融分布；

$A_{f(Z)}^{*}$——螺杆停止转动时的熔融分布；

β——物料类似平衡时的熔融速率，与流变特性和热物理性能有关的参数，并由实验确定。

在上式中的 $A_{f(Z)}^{*}-A_{i(Z)}^{*}$ 为熔膜增厚部分，其所需热量由加热料筒通过逐渐增厚的熔膜传递到固体床和熔膜的分界面上，属于移动边界和有相变条件下的热传导问题。

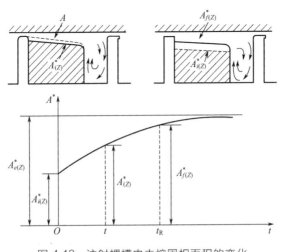

图 4-13　注射螺槽内未熔固相面积的变化

在以上的分析中未考虑螺杆的轴向移动所产生的熔融滞后作用。

机器工作时，在料筒加料口处进行冷却，进入加热段的塑料并不立即实现熔融，而要滞后一段时间（或距离），直到形成熔膜，熔融机理才开始实现。这种物料开始加热与熔融不是同时发生的现象即为熔融滞后。滞后长度通常用经验对比法或实验法确定。

图 4-14 所示为螺杆轴移位置示意，如取 L_1 为螺杆在回退位置时开始加热处，L_1^{*} 为对应物料的坐标位置点，L_2^{*} 为螺杆前移（注射）时能达到加热位置 L_1 的位置点，L_2^{*} 是 L_2 相对应物料位置点，当螺杆注射至前端（即 L_2 至原 L_1 处），再进行转动塑化，则各位置点之间的关系为

螺杆退回距离

$$S=V_{r}T_{d} \tag{4-2}$$

物料 L_2^{*} 相对螺杆 L_2 的距离，即滞后长度

$$W_d = V_P T_d \tag{4-3}$$

物料 L_2^* 相对原加热位置 L_1 的距离

$$W_1 = (V_P - V_r) T_d \tag{4-4}$$

式中　T_d——螺杆转动距离；

V_r——螺杆转动时轴移速度；

V_P——轴向固体床移动速度。

可见，在整个塑化周期中，熔融滞后端将发生变化，所以使熔融过程更为复杂。

在稳定挤出过程中，螺槽内的物料仅受切向速度（$v_b = \pi D_s N$）的作用。除此，注射螺杆还受边塑化边回退的轴向移动速度 v_r 和注射时的注射速度 v_i 的作用，这将会影响到熔融模型。

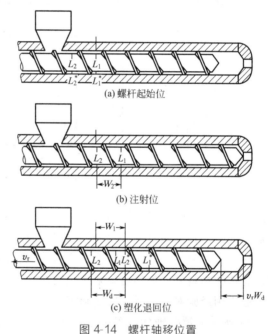

(a) 螺杆起始位

(b) 注射位

(c) 塑化退回位

图 4-14　螺杆轴移位置

从图 4-15 可知，螺杆转动时附加速度 v_r 将改变熔体中的速度分布。

$$v_{bx} = v_b \sin\theta - v_r \cos\theta \tag{4-5}$$

$$v_z = v_b \cos\theta - v_r \sin\theta \tag{4-6}$$

因此，将对黏性耗散（剪切热）发生影响，使熔融速度降低。

由于注射速度的作用，将产生相当大的横流和反相流动，又因在螺杆停止转动时，对输送物料所产生的压力也将逐渐消失，在整个塑化周期中压力场呈周期性变化。因此，被压实了的固体床内的气体就有可能迸出。在注射时的横流作用下，会把固体床从螺棱的背面拽向螺纹的推力面，使固体床在螺槽中的位置发生变化，促使固体床更早解体（见图4-16），熔融效率也会因此而降低。

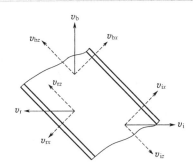

图 4-15　注射螺杆轴向移动所引起的附加流动

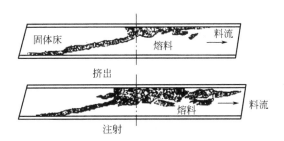

图 4-16　固体床在螺槽中的位置发生改变

近年来，有些学者不仅对注射螺杆非稳定态的熔融模型做了各种假设，还在实验基础上做了数学解析，用于指导螺杆设计。由于注射塑化过程是一个相当复杂的工艺过程，这些理论将通过实验来检验和发展。

（2）影响塑化质量的主要因素及其调整

注射螺杆的熔融过程为非稳定过程，主要表现为熔融效率不稳定和塑化后的熔料存在较大的轴向温差（见图4-17和图4-18），特别是后者直接关系到制件的质量。

从熔融机理和实验分析知，影响熔料轴向温差的主要因素如下。

① 树脂性能：对于黏度大、热物理性能差的树脂，其温差大。

② 加工条件：螺杆转速高、行程大、油缸背压低、料筒全长温度差大，其温差大。

　　③螺杆长度及要素：对长径比小、压缩比小的普通螺杆，其温差大。

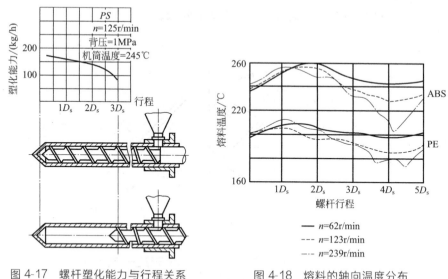

图 4-17　螺杆塑化能力与行程关系　　　　图 4-18　熔料的轴向温度分布

　　因此在设计时从保证塑化质量（减小轴向温差）出发，对于普通注射螺杆，其转速一般不超过 30r/min，行程不大于 $3.5D_s$（螺杆直径）。

　　螺杆在转动时，若改变工作油回泄阻力（俗称螺杆背压），即改变了螺杆塑化时头部的压力，这时会导致螺纹槽内的塑料流动状况发生改变，从而使塑料的塑化情况得到相应的调整。螺杆背压对螺杆塑化能力和塑化温度的影响见图 4-19，提高背压可改善熔料均化程度，缩小温差，但熔料温度被提高，螺杆的输送能力将下降。在不影响成型周期的情况下，尽可能使用较低的螺杆转速，这样易保证塑化质量。

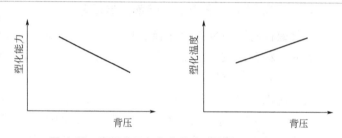

图 4-19　螺杆背压与塑化能力及塑化温度的关系

因此，解决注射螺杆熔料轴向温差大的最为有效的办法是设计新型注射螺杆，并对工艺参数（螺杆转速和背压）实现有效地控制和调节。

4.3.2 充模与成型

熔料充模与成型是熔料在模内发生的全部行为。由于在高分子熔体流动的同时，伴随着热交换、结晶、取向等过程，再加之流道截面的变化和模具温度场的不均匀性等，所以过程极为复杂。但是这一过程与制品质量密切相关，几乎在注射成型技术得到重视与发展的同时，就开始了对注射成型过程的观察研究。

塑料在模内的状态可用 Spence-Gilmore 状态方程表示

$$(p+\pi)(V-W)=RT \tag{4-7}$$

式中　　p——塑料（熔体）压力；

V——塑料比容；

T——塑料温度；

R，π，W——取决于塑料特性的常量。

由此可知，制品质量主要取决于塑料在模塑时的比容变化。在高温和高压下的模塑过程，无疑其压力、温度、比容将被看成热力学过程的基本变量。塑料的状态（比容）将取决于压力与温度。式(4-7) 表明，当温度 T 为常量，即等温过程，则模腔中的熔料压力 p 和比容 V 直接相关，这与成型周期中的充模阶段很接近。而在冷却阶段浇口封凝后，$V-W$ 为常量，此时温度 T 将直接影响到压力 p。

压力除了对塑料熔体有静力影响外，同时还关系到熔体在充模时的流动性质。熔料在充模时需要的充模压力及其流动规律，可参考流变学中的相关知识进行分析。

因此，模内塑料压力（模腔压力）的变化直接反映了模内成型过程，并可以此作为实现制品质量有效控制的重要手段。

（1）模腔压力

模腔压力在一个模塑周期中的变化如图 4-20 所示，充模时模腔压力随流动长度的加长基本呈线性增加至 p。当熔料充满型腔后，模腔压力迅速增至最大值 p，压力出现明显转折，随后机器进行保压，由于油缸压力进入低压保持，而模腔内的熔体在模具冷却作用下，其压力有所下降。保压终止，油缸压力卸去后，模腔压力将以较快的速度继续下降，最终的模腔压力将决定制品的残余应力。

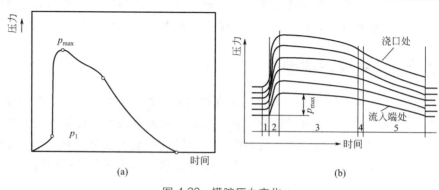

图 4-20　模腔压力变化

1—充模；2—压实；3—保压；4—卸压倒流；5—制品冷却

根据模塑过程可将压力变化分为以下 4 个阶段。

① 充模压实阶段　从螺杆开始前移至熔料充满型腔的这段时间为充模期。在此期间，压力随熔料流入路程的增加而增加，注入速度稳定并且达到最大值。此时熔料在模腔内的流动状态对制品的表面质量、分子取向、制品内应力等有着直接影响。所以，目前对注射速度与压力，可根据塑料制品与模具结构的特点，选择不同的程序设计，实现比较理想的充模过程。

当熔料注满模腔后，压力迅速升至最大值（其数值取决于注射压力的大小），注射速度则迅速下降，对模腔内熔料进行压实。

② 保压增密阶段　当模腔充满熔料后，因模具的冷却作用，而使熔料的比容产生变化，以至制品收缩。为此螺杆仍须以一定的压力作用于熔料，进行补缩和增密。此阶段进行至螺杆卸压为止，保压时间的长短和保压压力的大小与制品的应力有直接关系。压力高，制品收缩小。但压力过大时，易产生较大的应力，并使脱模困难。

③ 倒流阶段　当保压压力撤除后，模腔压力便高于浇口至螺杆处熔料压力。此时，模腔内的塑料尚未完全固化，内层塑料还具有一定的流动性，所以有可能向浇口外（即模腔外）做微量的倒流，模腔压力也随之下降。显然，倒流作用能否发生以及作用的程度主要决定于浇口的封闭状况。熔料的倒流使制品容易产生缩孔、中空等缺陷。如在浇口基本上已封闭的状态下，仍继续以高压作用再进行填充（后填充），在浇口周围就会有残余应力。为了避免上述现象的产生，保压压力的设定最好能根据模腔压力的减小而实现程序化的控制。准确控制浇口封闭时的模腔压力和塑料温度，对取得高精度塑料制品具有重要作用。

④ 制品冷却阶段　此阶段从浇口塑料完全冻结时起，到开模取出制

品时为止。模内塑料在这一阶段继续被冷却，以便使制品在脱模时具有足够的刚度。开模时，模内塑料还有一定的压力，此压力称之为残余压力。残余压力的大小，同保压时间的长短和保压压力的大小等有关。

（2）全程压力分布及压力损失

在压力图像中，充模阶段的最高压力 P_{DC} 是充模流动的基本条件，称为动态压力。P_{SC} 是压实阶段的最高压力，称静态压力。若对全程进行压力测试，并将相应位置的动、静态压力表示成图 4-21 所示全程分布形式，即可知对高分子熔体不仅有动态压力损失，同时还有静态压力损失，这是由高分子熔体对压力传递作用是时间的函数这一特性所决定。

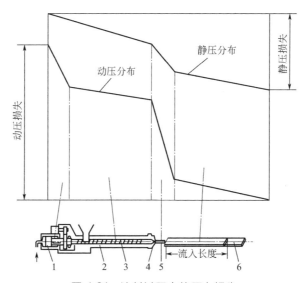

图 4-21 注射过程中的压力损失

1—注射油缸；2—机筒；3—螺杆；4—喷嘴；5—流道；6—制品

4.4 3D 复印机的基本参数

4.4.1 注射装置主要参数 [7]

注射系统的基本参数及含义如下。

螺杆直径 d_s：注射螺杆的外径，单位 mm；

螺杆的长径比 L/d_s：注射螺杆螺纹部分的有效长度与其外径之比；

理论注射容积 V_i：一次注射过程所能注射的最大理论容积，单位 cm^3；

注射量 W_i：一次注射过程所能注射的最大理论质量，单位 g；

注射压力 p_i：注射过程中螺杆头部熔料所受到的最大压强，单位 MPa；

注射速率 q_i：单位时间内所能注射的最大理论容积，单位 cm^3/s；

注射功率 N_i：螺杆推进熔料的最大功率，单位 kW；

塑化能力 Q_s：注射系统单位时间内所能塑化的物料质量，单位 g/s；

螺杆转速 n_s：螺杆在预塑化时每分钟最大转数，单位 r/min；

注射座推力 P_n：注射喷嘴与模具贴紧时的压力，单位 N；

料筒加热功率 T_b：料筒加热元件单位时间供给到机筒表面的总热能，单位 kW。

注射系统的主要参数及计算如下。

（1）理论注射容积 V_i

注射时螺杆（或柱塞）所能排出的理论最大容积，称之为机器的理论注射容积。理论注射容积是衡量一台注射机规模的重要指标。根据其定义，若已知螺杆的最大注射行程（S_{imax}），则可通过下式计算：

$$V_i = \frac{\pi}{4} d_s^2 S_{imax} \tag{4-8}$$

式中　d_s——螺杆直径，mm；

S_{imax}——最大注射行程，mm。

（2）注射量 W_i

机器在无模（对空注射）操作条件下，从喷嘴所能注出的树脂最大质量，称之为机器的注射质量。

由定义可知，注射量应等于理论注射容积乘以熔料密度，但考虑到注射过程中熔料的密度变化以及回流等因素，常引入密度修正系数 α_1 与回流修正系数 α_2，统称为注射修正系数 α，于是得注射量的计算公式如下：

$$W_i = \alpha \rho V_i = \alpha_1 \alpha_2 \rho V_i$$

式中　V_i——理论注射容积，cm^3。

注射机的规格中多以聚苯乙烯（PS）的注射量标示。

（3）注射压力 p_i

注射压力的定义是注射过程中螺杆头部熔料所受到的最大压强，它也是螺杆给熔料的最大压强，因此它可以通过注射油缸中工作油的压力 p_0 来计算：

$$p_i = \frac{A_0}{A_s} p_0$$

式中　A_0——注射油缸的有效截面积；

　　　A_s——机筒内孔的截面积。

（4）注射速率 q_i

注射速率表示单位时间内从喷嘴射出的熔料量，其理论值是机筒截面与速度的乘积。根据定义易得 q_i 的计算公式如下：

$$q_i = \frac{V_i}{t_i} = \frac{\pi d_s^2 S_{imax}}{4t_i}$$

式中　d_s——螺杆直径，mm

　S_{imax}——最大注射行程，mm；

　　　t_i——注射时间，s。

（5）塑化能力 Q_s

注射系统的塑化能力指的是注射系统单位时间内所能塑化的物料质量，它等于螺杆均化段的熔体输送能力。

$$Q_s = \beta d_s^3 n_s$$

式中　β——塑化系数，与物料有关；

　　　d_s——螺杆直径，mm；

　　　n_s——螺杆转速，r/min。

4.4.2　合模装置主要参数 [8]

合模系统的主要参数如下。

合模力 P_{cm}：合模后模具之间的压力，单位 kN；

顶出力 P_j：顶出装置顶出制品所需的最大推力，单位 kN；

启闭模速度 V_m：启闭模过程中单位时间的最大行程；

移模行程 S_m：动模板所移动的最大距离；

顶出行程 S_j：顶出装置所能顶出制品的最大距离。

（1）合模力 P_{cm}

通常注射系统给熔料的压力在注入模具的途中会损失一部分，但仍会保留一部分熔体压力，我们称之为模腔压力或胀模力，而为了防止模具不被胀模力胀开，需要给模具施加一个夹紧力，即合模力。合模力与注射量一样，也是反映注塑机成型制品能力的重要指标，所以通常会在注塑机的规格中标出，但注塑机规格中标示的合模力指的是模具的所能达到的最大合模力。合模力的计算公式如下：

$$P_{cm} \geqslant 0.1 p_{dm} A$$

式中　p_{dm}——模腔动压力；

　　　A——制品在分型面的最大投影面积。

（2）顶出力 P_j

顶出力是指顶出装置顶出制品的最大推力，其经验计算公式如下：

$$P_j = C_j P_{cm}$$

其中，C_j 指经验系数，取 $0.02 \sim 0.03$ 之间，合模力大时经验系数取小值。

4.5　3D 复印机结构设计

4.5.1　注射装置

注射装置在注射成型机的工作过程中，主要实现塑化计量、注射和保压补缩三项功能，是聚合物熔融塑化的核心，决定了塑料熔融的均匀性，进而决定了制品的质量。目前应用最广泛的是螺杆式注射系统，它主要包括料斗、注塑螺杆、机筒、喷嘴等部件。其设计的基本要求有：

① 在规定时间内，能均匀地塑化并注射出一定量的熔料。

② 能根据制品的尺寸结构在注塑规格内调节注射速率与注射压力。

注射系统的结构设计主要包括注塑螺杆的设计、机筒的设计、喷嘴的设计等。

（1）螺杆的结构设计

目前，各大生产厂商不断研发出新的螺杆，使得螺杆的形式不断扩展，例如，针对PVC的专用螺杆。但总体而言，这些螺杆的设计都是基于常规注塑螺杆而研发的。通常，注塑螺杆由安装段、螺纹段以及螺杆头组成。

① 螺杆螺纹段设计　普通注塑螺杆的螺纹段为三段式（见图 4-22）：加料段、压缩段（熔融段）与均化段（计量段）。各段的主要参数包括：各段的长度、螺槽深度、螺距等，这些几何参数的不同都会对聚合物的

熔融塑化计量产生影响，进而影响制品质量。

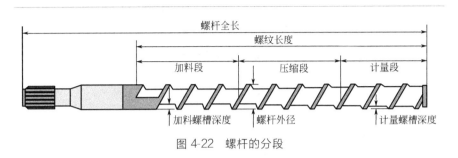

图 4-22　螺杆的分段

② 螺杆头的设计　与挤出机工作过程不同的是，注塑机的注射过程是间歇的，而且注塑螺杆存在轴向的移动，因此，注塑螺杆工作时更容易出现熔料回泄的问题，这种问题在成型低黏度物料时尤为突出，于是在进行注塑螺杆设计时，必须在螺杆头部设计出防止熔料回泄的结构。

如图 4-23 所示，这种螺杆头称为平尖型螺杆头，其特点是螺杆头部的锥角很小或带有螺纹，其安装后与机筒之间的缝隙很小（见图 4-24），能很好地防止高黏度物料的回泄，因此它主要适用于高黏度或热敏性塑料，如 PVC。

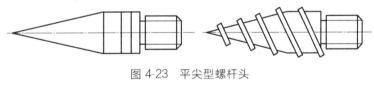

图 4-23　平尖型螺杆头

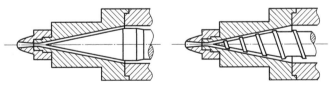

图 4-24　平尖型螺杆头安装后的截面图

如图 4-25 所示，这种螺杆头称为钝尖型螺杆头，其头部为"山"字形曲面，它的作用类似于活塞，主要用于成型透明度要求高的 PC、PMMA 等塑料。

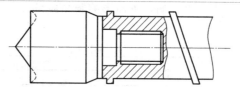

图 4-25　钝尖型螺杆头

除此之外，应用最为广泛的是止逆螺杆头，如图 4-26 所示，它采用止逆环的结构，其工作原理类似于单向阀。预塑化时，螺杆旋转，从螺槽中出来的熔料由于具有一定的压力，将止逆环顶开，形成图中下侧的状态，熔料进入螺杆前端的储料室；注射时，螺杆前移，直到螺杆锥面与止逆环右端接触，形成图中上侧的结构，从而阻止熔料的回泄，多用于低黏度塑料的加工。

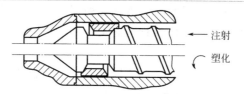

图 4-26　止逆环螺杆头工作原理

止逆环也存在多种形式，例如，环形螺杆头（图 4-27），止逆环与螺杆存在相对转动，适用于中低黏度塑料。

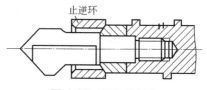

图 4-27　环形螺杆头

爪形螺杆头（见图 4-28），通过槽状结构限制了止逆环的转动，避免了螺杆与止逆环之间的熔料剪切过热，适用于中低黏度塑料。

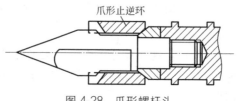

图 4-28　爪形螺杆头

滚动球式止逆环（见图 4-29），止逆环与螺杆之间使用滚动球，使得止逆环与螺杆之间为滚动摩擦，这种结构能起到升压快，注射量精确，延长使用寿命等特点，适用于中低黏度塑料。

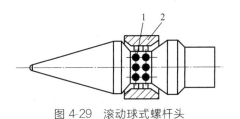

图 4-29　滚动球式螺杆头

1—滚动球；2—止逆环

销钉型螺杆头（见图 4-30），螺杆头部带有混炼销，起到了进一步均化的作用，适用于中低黏度塑料。

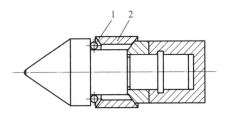

图 4-30　销钉型螺杆头

1—滚动球；2—止逆环

分流型螺杆头（见图 4-31），螺杆头部开有斜槽，起到了进一步均化的作用，适用于中低黏度塑料。

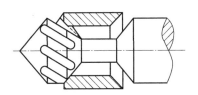

图 4-31　分流型螺杆头

一个好的止逆螺杆头应该启闭灵活，能最大限度地防止熔料回泄，因此对其设计有如下要求：

a. 止逆环与螺杆的配合间隙要合适。间隙太大回泄增多，间隙太小会影响灵活性；

b. 螺杆头部要保证预塑化时有足够的流通截面;

c. 螺杆头与螺杆应采用反螺纹连接。

③ 新型注射螺杆结构　螺杆是高聚物塑化的核心部件,注射螺杆则是挤出螺杆的发展延伸,上述的通用螺杆虽然使用十分广泛,但其塑化效果并不能满足精密注塑的要求,为了改善塑化质量,挤出机的一些螺杆结构也被用在注塑机上,如分离型螺杆(见图4-32)、屏障型螺杆(见图4-33)等,二者均是通过特殊结构将固液相分离,从而使固相能够更好地熔融。

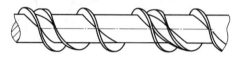

图 4-32　分离型螺杆的结构形式[9]

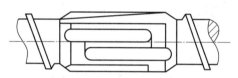

图 4-33　屏障型螺杆的结构形式

在前文中我们提到一种新型强化传热螺杆——场协同螺杆。事实证明,它可以有效地改善速度场与热流场的协同作用,实现强化传质传热的目的,改善熔体塑化质量,提高熔体温度均匀性。图 4-34 所示为积木式试验螺杆及新型强化传热结构,图 4-35 所示为使用 FDM 3D 打印机打印的不同螺杆结构及组装后的螺杆。

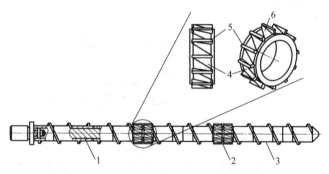

图 4-34　积木式试验螺杆及新型强化传热结构

1—螺杆芯轴; 2—新型强化传热结构; 3—普通螺杆结构;

4—分割槽; 5—分割棱; 6—90°扭转曲面

图 4-35　3D 打印不同构型的螺杆元件（左）和组装后的积木式螺杆（右）

（2）机筒结构设计

机筒是注射系统中另一个重要部件，它与料斗、注射座连接，内装螺杆，外装加热元件，如图 4-36～图 4-38 所示，机筒主要包括 3 种结构形式。

① 整体式　其特点是机筒受热均匀，精度容易得到保证，尤其是装配精度。缺点是内表面难以清洗及修理（图 4-36）。

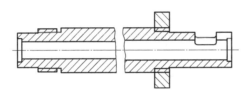

图 4-36　整体式机筒

② 衬套装配式　特点是机筒分段之后便于清洗修理，外套可采用更便宜的碳素钢，节省了成本，但两段式的装配难度较大，精度不如整体式高（图 4-37）。

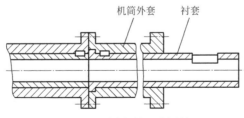

图 4-37　衬套装配式机筒

③ 内衬浇铸式　其特点是浇铸的合金层与外机筒结合牢固，耐磨性高，使用寿命长，节省了成本（图 4-38）。

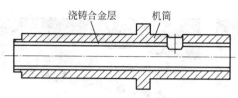

图 4-38　内衬浇铸式机筒

其结构设计主要包括以下几个方面。

① 加料口　目前，3D复印机注射系统多采用自重加料，因此，机筒加料口的设计应尽可能增强塑料的输送能力。目前广泛采用的加料口形式有两种：对称型和偏置型，如图 4-39 所示。

从输送效果来看，偏置型要略优于对称型。

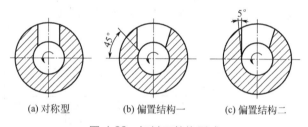

(a) 对称型　　　(b) 偏置结构一　　　(c) 偏置结构二

图 4-39　加料口结构形式

② 机筒与螺杆之间的间隙　为了防止物料回泄，影响塑化质量，机筒与螺杆之间的间隙一般都非常小，但为了方便装配，减少螺杆功率消耗，这个间隙也不能过小，根据经验一般取 $0.002d_s \sim 0.005d_s$，设计时可参考表 4-3 的经验数据。

表 4-3　机筒与螺杆间隙值　　　　　　　　　　　　　　mm

螺杆直径	≥15~25	>25~50	>50~80	>80~110	>110~150	>150~200	>200~240	>240
最大径向间隙	≤0.12	≤0.20	≤0.30	≤0.35	≤0.45	≤0.50	≤0.60	≤0.70

除了满足上述范围之外，一般螺杆三段的间隙值也不一样。螺杆均化段对间隙值要求更严，因此其间隙更小，间隙值的设计应尽量满足：

$$\delta_1 < \delta_2 < \delta_3$$

其中，δ_1、δ_2、δ_3 分别表示螺杆均化段、熔融段、加料段与机筒之间的间隙。

③ 机筒内、外径及壁厚 之前提到，机筒需要内装螺杆，外装加热元件。因此，机筒的壁厚既不能过厚，也不能过薄，过厚不仅笨重，而且影响热量的传递；过薄容易出现强度问题，还会因为热容量小导致难以取得稳定的温度条件。考虑到热容量和热惯性的问题，机筒内外径一般按下式选取：

$$\frac{D_0}{D_b} = K$$

其中，D_0 为机筒外径；D_b 为机筒内径；K 为经验系数（一般取 $2 \sim 2.5$）。

再从强度方面考虑，K 还需满足下式：

$$1 - \frac{1}{K} \geq \frac{1}{2}\left(\sqrt{\frac{[\sigma]}{[\sigma] - \sqrt{3}\, p_i}} - 1\right)$$

其中，D_0 为机筒外径；$[\sigma]$ 指材料的许用应力；p_i 指注射压力。

综合以上两点，可以取到一个合适的 K 值。而我们已经知道，螺杆与机筒之间的间隙十分小，为 $0.002d_s \sim 0.005d_s$，因此可以用螺杆直径 d_s 的值作为机筒内径 D_b 进行计算，再由 $D_0 = KD_b$ 求出 D_0，最终求得机筒壁厚 δ。

④ 机筒与前料筒的连接结构形式 机筒与喷嘴并不是直接连接的，而是通过前料筒这样一个过渡零件，如图 4-40 所示，机筒与前料筒之间的连接需要严格保证密封性，常见的连接形式有三种。其中，螺纹连接拆装方便，但长期的使用会使螺纹变形松动，引起溢料，因此这种结构多用于小型注塑机。相对而言，法兰连接的密封性更好，使用寿命更长，因此可用于中小型注塑机。大型注塑机多采用法兰螺纹复合连接，它综合了上述两种结构的优点。

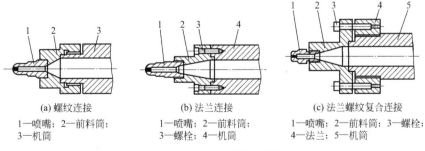

(a) 螺纹连接
1—喷嘴；2—前料筒；3—机筒

(b) 法兰连接
1—喷嘴；2—前料筒；3—螺栓；4—机筒

(c) 法兰螺纹复合连接
1—喷嘴；2—前料筒；3—螺栓；4—法兰；5—机筒

图 4-40 机筒与前料筒的连接形式

⑤ 机筒的创新设计 从结构创新角度，德国亚琛工业大学的 Ch. Hopmann 开发了一套新的注射塑化系统，如图 4-41 所示，他将螺槽

设计在机筒上，螺杆采用类似柱塞式的形式，边旋转边推进，他们的研究表明，这样的结构具有很好的均化效果，能产生更短的停留时间，注塑件的重复精度得到很大的提升，在微注塑成型领域有很好的发展前景[10]，但总体来说，关于机筒结构的创新改进并不多。

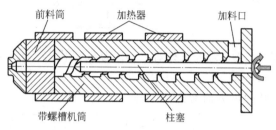

前料筒　加热器　加料口

带螺槽机筒　柱塞

图 4-41　IKV 新型注射塑化系统

（3）喷嘴的结构设计

喷嘴是连接注射系统与模具系统的重要部件。由于喷嘴从进口到出口逐渐变小，在螺杆的压力作用下，熔料流经喷嘴后，剪切速度显著提高，压力增大，部分压力损失还会使熔料温度进一步升高，均化效果进一步改善。保压时，喷嘴还需要进行充料补缩，再加上喷嘴需要与模具主流道浇口套紧密贴合，这些都使得喷嘴的设计十分重要，其精度要求非常高。也正是因为如此，喷嘴往往单独设计，不与前料筒做成一个整体。

常见的喷嘴结构形式有开式喷嘴、锁闭式喷嘴以及特殊用途喷嘴。

开式喷嘴其流道一直处于敞开状态，如图 4-42 所示，压力损失小，补缩效果好，但容易形成冷料和"流涎"现象，因此主要用来成型厚壁制品，加工热稳定性差、黏度高的塑料。

锁闭式喷嘴是利用流道锁闭的结构实现防"流涎"，如图 4-43 所示，锁闭可以通过弹簧等结构实现，注射是利用熔料将锁闭的顶针压开，这种结构比较复杂，多用于加工低黏度塑料。

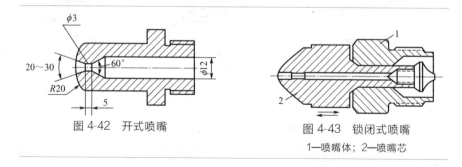

图 4-42　开式喷嘴

图 4-43　锁闭式喷嘴

1—喷嘴体；2—喷嘴芯

特殊用途喷嘴主要指为增强塑化，提高混合均匀性而设计的特殊结构喷嘴。

喷嘴的结构设计主要包括喷嘴口径和喷嘴头部球面半径的设计。

① 喷嘴口径 d_n　喷嘴口径是指喷嘴流道出口处的孔径（即熔料流出的最小孔径），因此它直接关系到熔料注出的压力、剪切发热及补缩。其设计按如下公式计算：

$$d_n = k_m \sqrt[3]{q_i}$$

其中，d_n 指喷嘴口径，mm；q_i 指注射速率，cm^3/s；k_m 指塑料性能指数，热敏性、高黏度的材料取 0.65~0.80，对一般性塑料取 0.35~0.4。

② 喷嘴球面半径　喷嘴球面半径的确定参照国家专业标准 ZBG 95003—87，按拉杆有效间距取值，见表 4-4。

表 4-4　喷嘴球面半径的确定　　　　　　　　　　mm

球面半径 R	拉杆有效间距
10	200~559
15	560~799
20	800~1119
35	1120~2240

4.5.2 合模装置

合模装置是决定制品形状的部分，它是熔融物料最终成型的地方，其主要功能是保证模具可靠地开启与闭合以及顶出制品，因此它的好坏对制品的尺寸精度有着显著影响。合模装置主要由模具开合机构、拉杆、调模机构、顶出机构、固定模板和安全保护机构组成。其设计的基本要求有：能提供足够的合模力；强度、刚度可靠；结构合理，其设计应尽量使能源利用率最高。

合模装置的设计主要包括合模机构、顶出机构、模板、拉杆的设计。

（1）合模机构的设计

合模机构最基本的结构形式包括直压式和肘杆式，直压式结构如图 4-44（a）所示，动模板的一端是模具，另一端是活塞，通过液压力推动活塞开合模，这种机构的设计只需考虑强度等因素即可；肘杆式机构如图 4-44（b）所示，这种机构的优点是具有力的放大作用，模具锁紧后进入自锁状态，而且能使动模板实现慢快慢的速度特性。随着电动式结构的不断发展，合模机构的形式也得到了充分的扩大。目前市面上注塑机的合模机构按传动形式可分为 4 大类：全机械式（极少使用）、机械连杆式、全液压直压式、液压机械式，如图 4-45 所示。

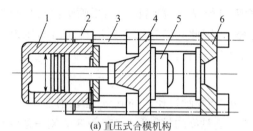

(a) 直压式合模机构

1—合模油缸；2—后模板；3—拉杆；4—动模板；5—模具；6—前模板

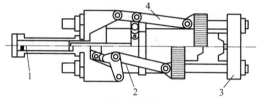

(b) 肘杆式合模机构

1—移模油缸；2—开模状态的肘杆位置；3—定模板；4—闭模状态的肘杆位置

图 4-44　合模机构形式

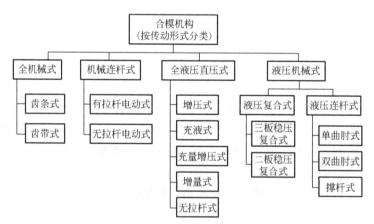

图 4-45　注塑机合模机构按传动形式的分类[11]

对于肘杆机构的设计，单纯的数学计算已经无法求解，随着 MATLAB、ADMAS 等软件的不断发展，用计算机进行肘杆机构的尺寸优化与动力学分析越来越方便。

关于合模机构的设计，我们需要知道几个力的概念。

合模力 P_{cm}：合模后，注射熔料前，模具之间形成的合紧力。

锁模力 P_z：注射熔料后，由于存在胀模力，合模力会被抵消一部分，剩下的模具之间的合紧力称之为锁模力。

移模力 P_m：推动动模板移动的力。

胀模力 P_s：熔料在模腔中形成的欲使模具分开的压力。

在合模机构的设计中，直压式结构的设计相对简单，其合模力与液压力成比例，由液压直接驱动模板实现对模具的锁合，在模具合紧过程中形成的合模力为：

$$P_{cm} = \frac{\pi}{4} D_0^2 p_0 \times 10^3$$

式中　D_0——合模油缸直径，m；

　　　p_0——工作油压力，MPa。

但直压式机构与肘杆式相比，不具备力的放大作用，因此工业中多使用肘杆式。对于肘杆式合模机构的设计，最早是采用作图法试凑，其做法是简化合模肘杆结构，根据几何关系和材料力学相关知识建立合模力、锁模力与肘杆结构参数之间的关系，然后解出最优解，例如，图 4-46 是单曲肘合模机构的工作原理图。

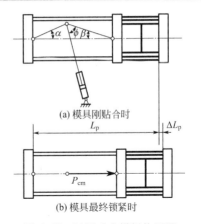

(a) 模具刚贴合时

(b) 模具最终锁紧时

图 4-46　肘杆式合模机构原理

由图 4-46 可知，在肘杆式合模机构运行过程中，拉杆有一定的变形，其变形量 ΔL_p 经理论推导可由下式表示：

$$\Delta L_p = \frac{P_{cm} L_p}{ZEF_p}$$

也可改写成：　　　　　$P_{cm} = ZC_p \Delta L_p$

式中　L_p——拉杆长度，m；

　　　F_p——拉杆截面积，m^2；

　　　ΔL_p——拉杆变形量，m；

　　　P_{cm}——合模力，N；

　　　E——拉杆材料弹性模量，Pa；

Z——拉杆数；

C_p——拉杆刚度，$C_p = \dfrac{EF_p}{L_p}$，N/m。

肘杆机构的最大特点是具有力的放大作用，即当油缸的推力为 P_0 时，往往产生的移模力 P_m 要比它大得多，我们称二者的比值为放大倍数 M，其计算公式如下（各角度的含义如图 4-46 所示）：

$$M = \frac{P_m}{P_0} = \frac{\cos\beta\sin\phi}{\sin(\alpha + \beta)}$$

但是，即便是单曲肘结构，数学求解也是很麻烦的，而且单曲肘合模机构的放大倍数在 10 倍左右，承载能力也有限，因此工业中多使用双曲肘合模机构或其他复杂的结构形式，对于双曲肘结构的设计，数学计算更加无法实现，因此现在的合模机构设计都会用各种软件加以辅助，例如，MATLAB、ADAMS、ANSYS 等，目前的设计一般按以下步骤进行。

① 肘杆结构设计及选用　双曲肘的结构设计多种多样，按曲肘铰链点数可分为四点式、五点式，按曲肘排列方向分为斜排式和直排式，按曲肘翻转方向可分为外翻式和内翻式，设计时可选用其中一种。

② 肘杆机构动力学特性分析　根据选用的结构进行力学和几何学分析，确定各参数之间的数学关系，分析出诸如行程比、移模速度、力的放大倍数等特征量的表达式，借助 MATLAB 分析几何参数与目标特征量之间的变化关系，确定几组稍优的解。

③ 数值分析与运动仿真　将上述参数解及特征量输入到 MATLAB 中，进行特征量的分析，例如，动模板速度、加速度、力的放大比等与行程的关系，同时可以将肘杆结构在 ADMAS 或 ANSYS 中建模，进行结构的动力学分析，最终得到最优解。

肘杆机构的设计大致如上所述，但具体设计形式也十分多样，由于参数很多，相互的影响也因此很复杂，实际设计过程中须根据不同的合模机构要求进行优化设计。

总的来说，合模机构的设计要点如下：

① 保证模具可靠地安装、固定和调整；

② 能够根据注塑合模要求实现快速启闭模、低压低速安全闭模以及高压锁模；

③ 满足强度刚度要求；

④ 节能减耗。

（2）顶出机构的设计

顶出机构的设计与模具及制品的结构密切相关，其顶出方式包括推杆顶出、推板顶出、推件板顶出等多种形式，对应采用的顶出零件是推杆、推板、推件板等，关于此部分内容在此不作过多叙述，本小节主要从顶出方式角度介绍顶出机构的设计要点。

顶出机构按顶出方式可分为液压式与机械式。

液压式顶出机构〔见图4-47（a）〕的顶出力来自于动模板上的顶出液压缸，由于液压能够得到很好的调节，可自行复位，因此应用很广。

机械式顶出机构〔见图4-47（b）〕是利用开模时顶杆顶板等结构不动，动模板后退形成的相对运动来进行制件的脱模。这种结构虽然简单，但顶出力、复位等均不便控制，一般只在小型设备上使用。

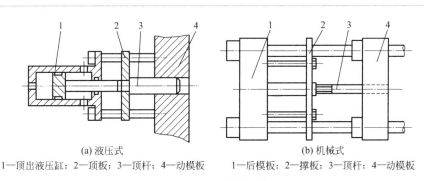

(a) 液压式　　　　　　　　　　(b) 机械式

1—顶出液压缸；2—顶板；3—顶杆；4—动模板　　1—后模板；2—撑板；3—顶杆；4—动模板

图 4-47　顶出机构形式

（3）拉杆的设计

拉杆是模具系统运行中的重要承力部件，同时对动模板的移动起着导向作用，因此它对整个模具系统的精确控制起着至关重要的作用。拉杆按与模板的连接方式可以分为固定式结构和可调式结构。

固定式拉杆的结构如图4-48所示，其两端通过螺纹固定，固定式结构虽然设计简单，但对于模具的安装精度没有保障，多用于小型设备上。

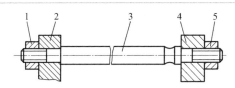

图 4-48　固定式拉杆

1—后螺母；2—后模板；3—拉杆；4—前模板；5—前螺母

可调式拉杆的结构如图 4-49 所示,可以对模板底座与动模板之间的平行度进行调节,虽然结构较复杂,但安装、动作精度能够得到可靠的控制,因此应用十分广泛。

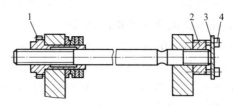

图 4-49　可调式拉杆
1—后螺母组片;2—前螺母;3—压板;4—螺栓

在满足强度刚度要求外,拉杆的结构设计应充分考虑合模结构的形式,其设计要点如下。

① 有足够的耐磨性。拉杆起到一定的导向作用,与动模板之间有频繁的相对滑动,因此需要有足够的耐磨性。

② 注意消除应力集中。在模厚段常设置缓冲槽防止过载损坏合模机构,并提高耐疲劳性。

(4)调模机构的设计

一台注塑机往往需要注塑不同的制品,为了安装不同厚度的模具,扩大注塑机加工制品的生产范围,必须设置调节模板距离的装置,即调模装置。在注塑机合模系统的技术参数中,有最大模厚和最小模厚。最大模厚与最小模厚的调整是用调模装置来实现的。该装置还可以调整合模力的大小,对于直压式合模机构,动模板的行程由移模油缸的行程来决定,调整装置是利用合模油缸来实现的,调模行程应是动模板行程的一部分,因此无需另设调模装置。对于液压机械式合模装置系统,必须单独设置调模装置,这是因为肘杆机构的工作位置固定不变,动模板行程不能调节。

目前使用较多的调模机构的形式有如下几种。

① 螺纹肘杆式调模装置　此结构如图 4-50 所示,使用时通过旋动带有正反扣的调节螺母,进而调节肘杆的长度 L,实现模具厚度和合模力的调整。这种形式结构简单、制造容易、调节方便,但螺纹要承受合模力,合模力不宜过大,调整范围有限,多用于小型注塑机。

② 动模板间大螺母式调模装置　如图 4-51 所示,它是由左、右两块动模板组成,中间用螺纹形式连接起来。通过调整调节螺母 2,使动模板

间距离 H 发生改变，从而实现模具厚度的调节和合模力的调整。这种形式调节方便，但需增加模板和机器的长度，多用于中小型注塑机上。

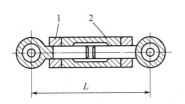

图 4-50　螺纹肘杆式调模装置
1—调节螺母；2—锁紧螺母

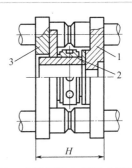

图 4 51　动模板间大螺母式调模装置
1—右动模板；2—调节螺母；3—左动模板

③ 油缸螺母式调模装置　如图 4-52 所示，此结构是通过改变移模油缸的固定位置来实现调整，使用时，转动调节手柄，调节螺母 2 转动，合模油缸 1 产生轴向位移，使合模机构沿拉杆向前或向后移动，从而使模具厚度和合模力得到了相应的调整。这种形式调整方便，主要适用于中、小型注塑机上。

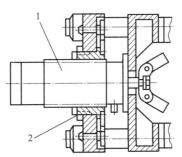

图 4-52　油缸螺母式调模装置
1—移模油缸；2—调节螺母

④ 拉杆螺母式调模装置　拉杆螺母式调模装置形式很多，目前使用较多的是大齿轮调模形式，如图 4-53 所示。调模装置安装在后模板 1 上，调模时，后模板同曲肘连杆机构及动模板一起运动，4 个后螺母齿轮 4 在大齿轮 3 驱动下同步转动，推动后模板及整个合模机构沿轴向位置发生位移，调节动模板与前模板间的距离，从而调节整个模具厚度和合模力。

这种调模装置结构紧凑，减少了轴向尺寸链长度，提高了系统刚性，安装、调整比较方便。但结构比较复杂，要求同步精度较高，小型注塑机中可用手轮驱动调模，中、大型注塑机需用普通电动机、液压马达或伺服电动机驱动调模。

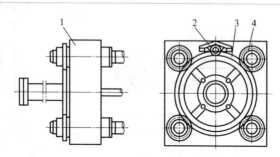

图 4-53　大齿轮调模装置

1—后模板；2—主动齿轮；3—大齿轮；4—后螺母齿轮

此外，关于调模行程的确定可以查阅 ZBG 95003—87 标准参数值进行选定，在此选取了部分数据以供参考，见表 4-5。

表 4-5　各种规格的移模行程　　　　　　　　　　　　mm

合模力系列/kN	500	630	800	1000	1250	1600	2000	2500	3200	4000
拉杆有效间距 ≥	280			315		355	400	450	500	560	630
移动模板行程 ≥	240		270		300	350	400	450	500	550	650
最大模厚	240		270		300	350	400	450	500	550	650
最小模厚	150		170		200	230	200	200	320	350	400

4.5.3　驱动与安全装置

之前提到注塑机的驱动主要有两种形式：一种是液压式，另一种是电动式。

相比液压式驱动，电动式具有如下优点：①传动效率高；②拆装方便，维修成本低；③占地面积小，重量轻；④产生噪声小，无污染，无油耗。

但由于液压式更容易实现压力和速度的过程控制和机器集中控制，动作更加平稳，而且其缺点在不断地改善，因此目前的注塑机驱动仍以液压式为主。

注塑机的安全装置主要为了保护人身安全、机器及模具运行安全等，其主要内容参考表 4-6。

表 4-6 注塑机防护内容

项目	措施	防护内容
合模装置的安全门	①电气保护 ②电器液压保护 ③电器(液压)机械保护	只有当安全门完全合上,才能进行合模动作
合模机构运行部分的安全	加防护罩	防止人或物进入运动部件内
过行程保护	电器或液压行程限位	防止在液压式合模装置上加工过薄模具或无模具情况下进行合模
模具保护	①低压低速下试合模 ②电子监测	试合模具,确认无异物再升压合紧,防异物压伤模腔或生产出残次品
螺杆过载保护	①预塑电机过电流保护 ②机械安全保护 ③机筒升温定时定温加热	防止塑料内混有异物或"冷启动"等引起螺杆过载破坏
加热机筒与喷嘴的防护	防护罩	防止热烫伤
螺杆计量保护	双电器保护,并报警	防止计量行程开关失灵,而螺杆继续后退所造成的事故
加热圈工作指示	指示灯指示已坏加热圈的位置并报警	防止因加热圈断线降温而造成次品或机器事故
料斗料位的保持	料斗下部安装电接触式或光电式料位器	防止因料斗缺料,破坏机器正常运转
润滑系统	润滑点等指示与报警	防止肘杆机构失去润滑而造成事故
液压系统	油面与油面的指示与报警	保持液压系统的正常工作条件
工作环境与噪声	①低噪声泵与阀 ②低噪声油压配管 ③增大机架刚性 ④噪声、消声措施	防止噪声过大形成公害,整机噪声不超过 85dB(ZBG 95004—87)

4.6　3D 复印机过程控制 [12]

4.6.1　制品精度控制核心原理

聚合物的 PVT 关系特性描述了高分子材料比容随温度和压力的改变而变化的情况，作为聚合物的基本性质，也用来说明制品加工中可能产生的翘曲、收缩、气泡等的原因，在聚合物的生产、加工以及应用等方面有着十分重要的作用。聚合物的 PVT 数据提供了注射成型过程中熔融或固态的聚合物在温度和压力范围内的压缩性和热膨胀性等信息。以聚合物 PVT 关系特性为核心的注射成型过程计算机模拟与控制为我国精密注塑机的研制提供了数据、检测、控制等多方面的依据，引领着精密注射成型的发展方向。

图 4-54 是无定型聚合物和半结晶型聚合物的 PVT 关系特性曲线图。图中可以看出当材料温度增加时，比容由于热膨胀也随之增加；压力升高时，比容由于可压缩性而随之降低。在玻璃化转变温度点，由于分子具有了更多的自由度而占据更多的空间，比容的增加速率变快，因此图中可以看到曲线斜率的明显变化，因而也可以通过聚合物 PVT 关系特性曲线发现体积出现突变时的转变温度。在温度变化过程中，无论是无定型聚合物还是半结晶型聚合物都会由于分子热运动发生结晶转变或玻璃

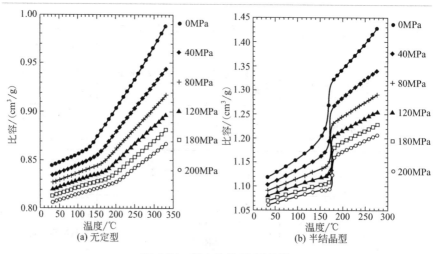

图 4-54　聚合物的 PVT 曲线

化转变而产生明显的体积变化，而半结晶型聚合物由于在结晶过程中质点的规整排列，体积会有较大变化。因此，可以看到无定型聚合物和半结晶型聚合物的PVT关系存在很明显的不同。在更高的温度下，半结晶型聚合物在进入熔融状态时，比容有一个突升，这是由于原来结构规则且固定的结晶区受到温度的影响而变得可以随意自由移动造成的。

聚合物PVT曲线图通过比容的变化，给出了塑料在注射成型过程中的收缩特性，并可看出聚合物的温度、压力对比容的影响，获得可以直观了解聚合物密度、比容、可压缩性、体积膨胀系数、PVT状态方程等方面的信息。对聚合物PVT关系特性的研究，不仅可以用来说明注射成型过程中与压力、密度、温度等相关的现象，分析制品加工中可能产生的翘曲、收缩、气泡等缺陷的原因，获得聚合物加工的最佳工艺条件，更快捷方便地制定最佳工艺参数，还可以用来指导注射成型过程控制，提高注射成型装备的控制精度，以制得高质量的制品。

聚合物PVT关系的应用领域可以归结为以下几个方面：

① 预测聚合物共混性；

② 预测以自由体积概念为基础的聚合材料及组分的使用性能和使用寿命；

③ 在体积效应伴随反应的情况下，估测聚合物熔体中化学反应的变化情况；

④ 优化工艺参数，以代替一些通过实验操作误差或经验建立的参数；

⑤ 计算聚合物熔体的表面张力；

⑥ 研究状态方程参数，减少同分子结构的相互关系；

⑦ 研究同气体或溶剂相关材料的性质；

⑧ 相变本质的研究。

反映聚合物加工过程中实际情况的聚合物PVT数据能使计算机模拟的粗略结果变得更为精准；聚合物PVT关系特性曲线图描述了熔体比容对温度和压力的关系，是使每次成型的制品总是保持相同的质量的基础。

4.6.2 制品精度过程控制方法

（1）注射成型过程中聚合物PVT关系特性与压力变化情况

为了保证成型制品质量，需要掌握模具中聚合物材料的比容变化情况。材料成型过程中的最佳压力变化途径能通过PVT曲线图得到。聚合物PVT关系特性曲线图也能通过一系列不同的数学表达式（聚合物PVT状态方程）来表述。以下针对注射成型过程，结合聚合物材料的压力变化情况，对聚合物 PVT 关系特性在整个注射成型加工过程中的变化进行详细的描述。

图 4-55 描述了聚合物 PVT 关系特性曲线和模具型腔压力曲线。点 A 是注射成型过程开始的起始点，此时聚合物以熔融状态停留在注塑机机筒中螺杆前端部分。A—C 是注射阶段。点 B 是模具型腔压力信号开始点（此时，模具型腔中的压力传感器首次接触到熔体），之后压力开始增加。点 C 时刻，注射阶段完成，熔融的聚合物材料自由地填充模具型腔，后进入压缩阶段（C—D），模具型腔压力迅速上升至最高值（点 D）。此时，注射压力转为保压压力，进入保压阶段（D—E）。有更多的聚合物熔体压入模具型腔中以继续补充先进入的熔体由于冷却收缩比容减小而产生的间隙。此过程一直到浇口冻结时（点 E）结束，在点 E 时熔体不再能够进入模具型腔。点 E 是保压结束点，也就是浇口冻结点。剩下的冷却阶段（E—F），模具型腔中的熔体保持恒定体积继续冷却，压力也快速降低到常压。这个等体积冷却阶段尤其重要，因为需要通过体积的恒定来获得最小的取向、残余应力和扭曲变形。这个阶段对于成型的尺寸精度具有决定性作用。在点 F 时，模具型腔中制品成型，成型不再受到任何限制，可以顶出脱模，并进一步自由冷却至室温（F—G）。成型制品在 F—G 阶段经历自由收缩的过程。

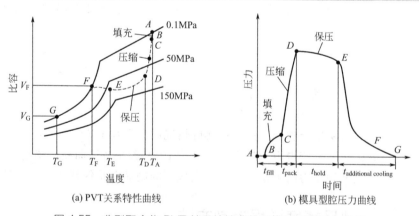

(a) PVT关系特性曲线　　　(b) 模具型腔压力曲线

图 4-55　典型聚合物 PVT 关系特性曲线和模具型腔压力曲线

可见，决定最终制品尺寸和质量的就是注射成型过程中保压过程的控制，这也是注射成型过程控制的核心内容。保压过程的控制主要是 E—F 阶段的控制，其对于最终制品的质量有很大影响。由于点 F 在注射成型过程中是不可直接控制的变量，对于点 E 的控制成为注射成型中聚合物 PVT 关系特性控制的核心点。点 E 的控制受到点 D 及 D—E 阶段（即转压点和保压过程的控制）的影响。为此，将注射成型过程控制的重点放在保压过程控制上。

（2）基于注塑装备的聚合物 PVT 关系特性控制技术原理

目前，现有的注塑机的控制方式都是针对压力（注射压力、喷嘴压力、保压压力、背压、模具型腔压力、系统压力、合模力等）和温度（机筒温度、喷嘴温度、模具温度、模具型腔温度、液压油温等）这两组变量的单独控制，而在提高控制精度方面也是主要集中在压力和温度两个变量的单独控制上，并没有考虑到对材料压力和温度之间关系的控制。

基于注塑装备的聚合物 PVT 关系特性控制技术原理，主要是通过控制聚合物材料的压力（p）和温度（T）的关系来控制材料比容（V）的变化，从而得到一定体积和重量的制品。因此，在保证压力和温度两个变量的单独控制精度的条件下，再保证压力和温度之间关系的控制精度，即可在整体上进一步提高注塑成型质量的控制精度。由此即可将"过程变量控制"提高到"质量变量控制"的等级。

注射成型过程保压阶段的控制可分为 3 个部分，包括注射阶段到保压阶段的 V 用转压点的控制、保压结束点的控制及整个保压过程的控制。正确设定转压点和采用分段保压过程控制，对制品的成型质量非常重要。根据聚合物 PVT 关系控制理论，笔者团队分别开发了一系列的注塑成型过程控制技术，包括熔体压力 V/p 转压、熔体温度 V 用转压、保压结束点熔体压力控制、保压结束点熔体温度控制、聚合物 PVT 关系特性在线控制技术、保压过程熔体温度控制和多参数组合式控制。同时，开发了专门的注射成型保压过程控制系统，以进行相关控制技术的实验研究。

图 4-56 是基于注塑装备的聚合物 PVT 关系特性控制技术原理，其中，p_n 是喷嘴熔体压力，T_m 是喷嘴熔体温度，p_{c1} 是远浇口点处的模具型腔熔体压力，T_{c1} 是远浇口点处的模具型腔熔体温度，p_{c2} 是近浇口点处的模具型腔熔体压力，T_{c2} 是近浇口点处的模具型腔熔体温度，T_c 是冷却液温度，P_h 是系统油压，S_o 是伺服阀开口大小，Y_r 是螺杆位置，V_r 是螺杆速度。

图 4-57 是基于注塑装备的聚合物 PVT 关系特性控制系统流程图，主要集中在注塑成型保压过程控制上，包括 V/p 转压、保压过程、保压结束点、时间信号、螺杆位置信号、压力/温度信号的选择程序等。

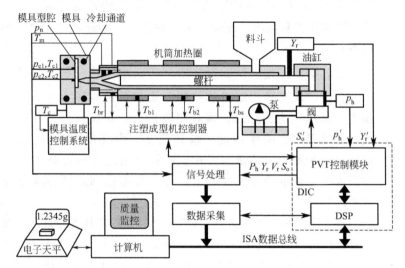

图 4-56　基于注塑装备的聚合物 PVT 关系特性控制技术原理

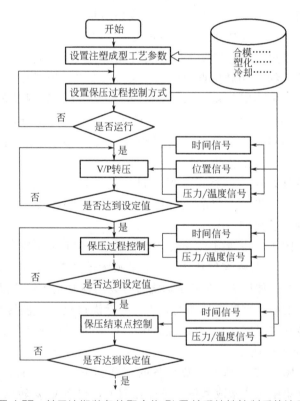

图 4-57　基于注塑装备的聚合物 PVT 关系特性控制系统流程

4.7 精密 3D 复印机

所谓精密塑料制品，一般指微型化、薄壁化的塑料制品，这些制品在尺寸、重量、形位和功能方面精度很高，因此对注塑成型有着更高的要求。精密注塑的显著特点是注射压力高、注射速度快、温度控制严格。为了保证正常的生产，必须对常规注塑机做出相应改进，对部分环节进行有效控制，主要体现在以下几个方面[13,14]。

（1）原料的选择

对于精密注塑成型技术而言，不同塑料所采用的助剂与聚合物的配比、成分、类别各有不同，材料的成型性能及流动性能也有很大差别，由于精密制品的微型薄壁化以及高压高速的注射环境，精密注塑成型技术对材料的要求如下[15]：

① 成型性能和流动性能较好，具有稳定均匀的密度和流动性；

② 具有较高的机械强度和较好的稳定性，以及较强的抗蠕变能力；

③ 材料内部具有较稳定、较小的应力；

④ 塑料收缩率应尽可能较小。

综合来说，常用的精密注塑成型材料有以下几种：POM（聚甲醛）、POM＋CF（碳纤维）、POM＋GF（玻璃纤维）、PA（尼龙）、FRPA66（玻纤增强尼龙）、PBT（聚对苯二甲酸丁二醇酯）、PC（聚碳酸酯）等工程塑料[16-18]。

（2）注射成型设备的高精密化

精密注射成型机在注射设备方面主要有两个方面的体现：注射系统的高速化和合模系统的高精度化。

① 注射系统的高速化　在薄壁制品的成型过程中，聚合物熔体进入型腔的黏流阻力和冷却速率随着制品壁厚的减小而不断增大，制品容易出现欠注、熔接痕、应力集中等缺陷，为保证制品的精度，提高机筒模具温度以及注射速度是行之有效的方法，提高模具温度能够让聚合物熔体具有较好的流动性能，有利于充模，但需要延长冷却时间，进而延长了制品的成型周期，不利于提高生产效率，而注射速度的提高带来的优势则更为显著。聚合物熔体在高速注射时受到的剪切应力增大，熔体的黏度下降，发生了剪切变稀，流动性能增强，缩短了填充时间，从而提高生产效率。此外制品在高速注射成型时压力及温度分布均匀，能够有

效减轻翘曲变形。

高速注射成型设备早在 20 世纪 80 年代就有了相关报道，至今已经发展了 30 余年，如今发展的形式也多种多样，通常我们所说的高速注射是指注射速度在 300mm/s 以上，而超高速更是高达 800mm/s。根据驱动方式的不同，高速注射机又可以分为液压式和全电动式。

液压高速注射机是通过在液压系统中配备储能器来实现高速注射。储能器内部有一个橡胶气囊，气囊的内部存储高压气体，气囊的外部是高压油，与液压油路连通。注射动作开始前，液压油路与蓄能器内部空间产生压差，蓄能器内压低于油路压力，使得液压油充入蓄能器中，压缩气囊蓄能。注射时，气囊内气压高于液压油路气压，气囊将存储在储能器中的液压油挤压到油路中，此时油路中液压油的流量瞬间增大，驱动螺杆完成高速注射[6]。

与液压高速注射机不同，全电动高速注射机不再由液压马达及油缸提供动力，而是用伺服电机、同步带和滚珠丝杠进行传动，如图 4-58 所示。由于伺服电机、编码器和驱动器的动态响应时间只有几毫秒，滚珠丝杠的传动精度一般能达到微米级，其传动效率能达到 90%，使得全电动注射机具有响应快，精度高，节能环保等优点。

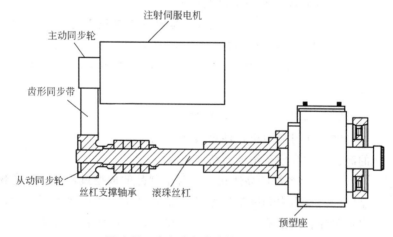

图 4-58　全电动高速注射机驱动原理

在全电动高速注射领域，日本一直处于领先水平，发展十分迅速。据统计，日本国内注射机 80% 为全电动式[19]，图 4-59 为日本 FANUC 公司生产的 α-S250iA 型全电动注射机，其最高注射速度可达 1200mm/s，对导光板等超薄塑料制品有很好的成型性能。一般全电动高速注射机采用伺服电机通过同步带轮和滚珠丝杠驱动螺杆完成注射过程，此机型跳过同步带轮，采用电机直连滚珠丝杠进行驱动，能降低注射系统的转动惯量，从而提高响应性能。该公司另一款型号为 SUPERSHOT 100i 的超高速注射机，采用 4 个大功率直线电机驱动，最高注射速度和注射加速度分别达 2000mm/s 和 17g。

图 4-59　α-S250iA 全电动注塑机

尽管全电动形式在高速场合也存在一些问题，例如，注射速度太高时，全电动式的滚珠丝杠磨损发热严重、磨损较快等。但总的来说，电动式在高速化、高精度化、快响应时间等方面优于液压式，此外，采用电动注射、液压保压的电液复合驱动注射也是未来的一个发展趋势，更有可能用直线电机取代现有伺服电机加滚珠丝杠的组合用于直线注射。

② 合模系统的高精度化　合模精度是成型微型薄壁产品的一个最主要技术难点，合模精度差会导致厚壁不均，这在厚壁产品中影响可能不太明显，但当产品的壁厚只有 0.1～0.2mm 时，壁厚相差 0.02～0.03mm 也会严重影响制品的成型。如有些地方缺料、有些地方飞边等。此种情况在一模多腔的情况下会更加严重。操作者经常只看到飞边现象而不了解飞边的实质是设备的锁模力不平衡，所以往往简单地加大锁模力来解决。锁模力的增加对肘杆式合模机构而言就意味着机绞销轴在加速磨损，会导致锁模力的下降和锁模精度的进一步下降，严重者会导致断销轴、断拉杆、裂模板等。此外，传统肘杆式注塑机的肘杆装置在低压合模区（见图 4-60）刚好是肘杆的力的放大区，其移模力经过放大后远超设定值，且不稳定，所以很不可靠。低压护模不可靠，将极有可能出现个别制品顶不出的问题，留在模具上的产品在高压锁模下会使模具损坏。种种原因使得传统的三板肘杆式注塑机难以满足高精密的合模要求，因此为了提高注塑机的合模精度，出现了结构更加紧凑的二板式注塑机。[20,21]

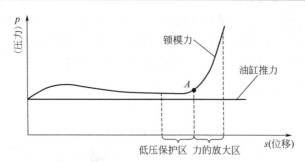

图 4-60　肘杆机构合模时的压力-位移曲线

二板式注塑机可以分为二板复合式与二板直压式。二板复合式由于增加了机械动作，使开合模周期延长，因此不太适合在中小型注塑机中应用，是大型塑料件生产的发展方向。而二板直压式由于在高压锁模前不需要增加机械动作，因此效率比较高，适合小型制品的生产。图 4-61是一种直压式的二板式合模机构，该合模装置采用四缸直锁形式，在一组对角设置的锁模油缸的活塞杆（即拉杆）里设置移模油缸；而另一组对角的锁模油缸为内循环油缸，4 个锁模油缸的锁模侧彼此相通。移模时，通过对角设置的移模油缸来实现移模动作，锁模油缸活塞两侧的液压油通过内循环锁模油缸及 4 个锁模油缸的连通通道实现锁模系统液压油的内部大循环。锁模时，通过阀控油路控制内循环锁模油缸阀芯关闭，4 个锁模油缸同时作用实现额定锁模力。

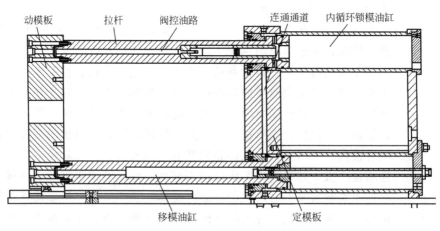

图 4-61　二板直压式合模机构

　　图 4-62 为二板复合式合模机构的合模过程。从图中可以看出，与肘杆式合模相比，二板式合模时在模具 4 个角的 8 个点的力几乎是相等的，另外，二板式的合模平行度误差几乎为零，在高压锁模时可以根据模具的精度自适应，因此在成型微型薄壁制品时，其精度效率要比肘杆式高得多。但是相对于三板机，二板机依靠 4 个锁模油缸进行锁模，能耗增加，且合模速度慢；动模板的结构设计及运动导向等要求较高，设计、制造、安装、维护要求较高；液压系统要完成开模、合模、高压锁模等动作，较肘杆式更加复杂。这些都增加了注塑机的成本，使得二板机的性价比不高，因此在小型机中的应用较少，主要往"大型机"方向发展[22,23]。

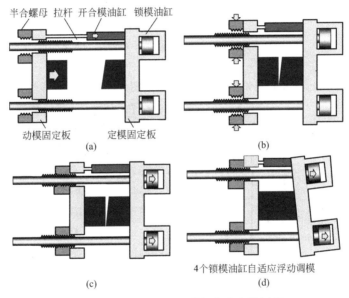

图 4-62　二板复合式合模机构的合模过程

　　综合考虑肘杆式三板机的优劣势以及二板机性价比低的劣势，笔者团队开发了新一代精密三板式注塑机（Generation 2.0，G2.0），既保留了传统三板机的优点，又弥补了其合模精度低的不足，能够实现自适应"零间隙"合模；无需调模，避免了传统三板机模板平行度调节困难的问题；受力均衡，能有效地保护拉杆、模具等，提高拉杆、模具等的使用寿命。

　　该机的合模装置仍然为双肘杆机构，保留肘杆式合模机构的优势。与传统三板机的不同之处在于，在动模板处设置动模板平行度自动调节装置，如图 4-63 所示，可以有效地消除在运行过程中合模时动模板与静模板之间的间隙，实现自适应"零间隙"合模。调模主要分为上下方向自适应调模和左右方向自适应调模。

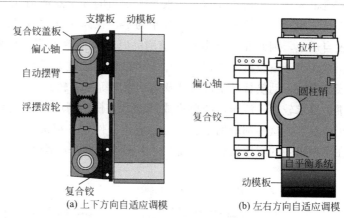

(a) 上下方向自适应调模　　(b) 左右方向自适应调模

图 4-63　动模板平行度自动调节装置

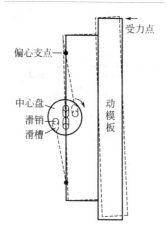

图 4-64　自适应调模机构原理

上下方向自适应调模的原理如图 4-64 所示。当动模板或静模板因倾斜而存在间隙时，在合模时动模板接触点受力，通过复合铰传递给偏心轴，自动摆臂在杠杆原理的作用下发生摆动，进而带动浮摆齿轮旋转，从而使得另一侧的自动摆臂摆动，最终导致模板发生偏斜。左右方向自适应调模主要依靠圆柱销与自平衡系统的配合动作，当模板左右方向发生偏斜时，动模板会绕着圆柱销旋转以适应模板的偏斜。

图 4-65 所示为传统三板机与新型三板机上下方向调模方式的对比图。当动静模板之间出现间隙时，传统三板机主要通过旋转静模板的 4 个调模螺母使得 4 个拉杆发生变形，以调节模板平行度。这样不仅调模结构复杂、调模难度大、模板平行度难以保证，而且拉杆及模板易发生断裂、合模精度较低。新型三板机则通过动模板的机械浮动自适应调模，模板受力均匀，合模精度高，能够有效地保护模具，特别是对于模具成本高于生产母机的情况。上下方向调模组件的核心结构是偏心轴，而实现杠杆的结构形式多样。图 4-66 所示为上下方向自适应调模的两种形式，一种为中心齿轮式，通过大小齿轮啮合传动进行偏心轴扭矩的传递及限位；另一种为齿轮齿条式，通过齿轮齿条啮合进行变心轴扭矩的传递及限位[24,25]。

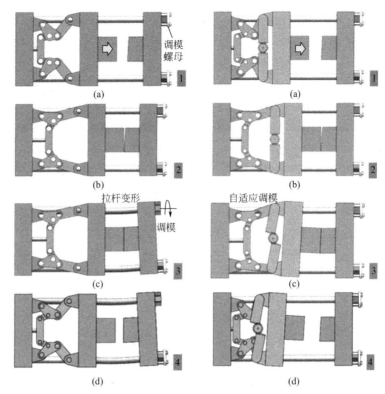

图 4-65 传统三板机（左图）与新型三板机（右图）调模方式对比

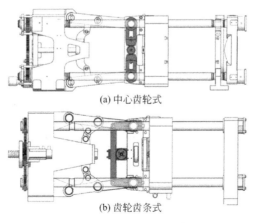

(a) 中心齿轮式

(b) 齿轮齿条式

图 4-66 上下方向自适应调模方式

(3) 注射成型工艺的精确控制

影响精密注射制品质量的工艺条件可分为压力、温度、时间 3 大类，包括注射压力、背压、螺杆转速、注射速度、料筒温度、保压压力及时间、多级控制、冷却时间、制件顶出等。为获得高性能、高精度的注塑制品，对于模具型腔内材料参数（PVT 参数）的直接测控成为研究的热点，有关 PVT 的相关内容本章第 6 节已有介绍。

在"工业 4.0"和"中国制造 2025"国家战略的背景下，以智能传感为基础，以大数据为承载，通过模塑成型装备与智能制造和云终端相融合，将进一步提升"3D 复印"的智能化应用水平。其智能化水平主要体现在：自动化程度，如自动换模、自动供料、自动取件、自动修边等；集中控制和集中管理，如中央集中供料、集中供水供电、多台设备共用换模车、无人注塑车间等；大数据及信息化平台，如注塑机群与厂商及客户间信息交流、自动诊断与控制、远程诊断与控制、产品信息追溯系统等。

在聚合物 PVT 特性[26,27] 曲线图上定义制品质量标准工艺路径，如图 4-67 所示，通过实时在线监测模具型腔内熔体温度（T）、压力（p）、比容（V）的变化，自动识别因环境条件变化或黏性变化引发的工艺波动，并与制品质量标准成型工艺路径进行对比，如果发生偏离，程序将会自动根据该聚合物熔体的 PVT 特性进行调整，采取相应的应对措施，可以显著提高制品的重复率，降低废品率，真正意义上实现注塑制品缺陷的在线诊断和自愈调控。

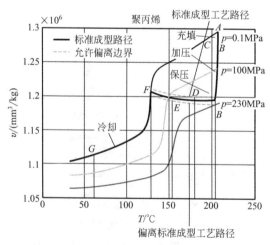

图 4-67　注塑缺陷在线诊断及自愈调控

很多注塑机厂商也在设备中加入产品信息追溯系统，记录所有与质量有关的加工数据，比如加热曲线、注塑压力、模腔压力曲线等，生成相应的二维码，然后通过3D打印或者激光雕刻等方式印制在每一个制品上，为每一个制品设置"身份ID"，如图4-68所示。客户则可通过手机、平板电脑或台式机，在全球范围内查询、跟踪每个部件的加工数据。

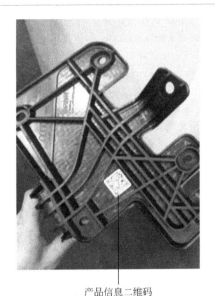

产品信息二维码

图4-68　制品质量身份ID

参考文献

[1] 黄步明. 世纪之争——全液压式与全电动式注塑机的比较 [J] . 中国塑料, 2001, (03): 3-6.

[2] 胡海青. 热固性塑料注塑成型综论[J]. 塑料科技, 2001, (03): 41-46 + 50.

[3] 热固性塑料注射成型工艺[J]. 低压电器技术情报, 1974, (02): 36-40 + 35.

[4] 刘庆志, 王立平, 徐娜. 热固性塑料注射成型技术[J]. 电气制造, 2010, (08): 66-68 + 77.

[5] 蔡康雄. 注塑机超高速注射液压系统与控制研究[D]. 广州: 华南理工大学, 2011.

[6] 邱扬法. 全电动超高速注射成型关键技术研究[D]. 北京: 北京化工大学, 2015.

[7] 王兴天. 注塑技术与注塑机[M]. 北京: 化学工

业出版社，2005.

[8] 王兴天. 塑料机械设计与选用手册[M]. 北京：化学工业出版社，2015.

[9] 马懿卿. 通用型螺杆与分离型螺杆对注射用PVC-U复合粉料塑化效果的比较[J]. 聚氯乙烯，2007，（03）：25-27.

[10] Ch Hopmann, T Fischer. New plasticising process for increased precision and reduced residence times in injection moulding of micro parts[J]. CIRP Journal of Manufacturing Science and Technology, 2015, 9: 51-56.

[11] 尹辉，陆国栋，王进，等. 注塑机合模机构分析及其发展趋势[J]. 中国塑料，2009，（11）：1-6.

[12] 杨卫民. 塑料精密注射成型原理及设备[M]. 北京：科学出版社，2015.

[13] 李丁来. 精密注塑应注意的几个环节[J]. 塑料制造，2006，（04）：55-57.

[14] 黄步明. 精密注塑机的最新技术进展及发展趋势[J]. 中国医疗器械信息，2012，（03）：23-26.

[15] 王攀. 精密注塑成型技术探究[J]. 机电信息，2013，（24）：106-107.

[16] 张友根. 精密注塑成型加工设备全套方案研发理念（下）[J]. 橡塑技术与装备，2012，（11）：10-16.

[17] 张友根. 精密注塑成型加工设备全套方案研发理念（上）[J]. 橡塑技术与装备，2012，

（10）：29-34.

[18] 张友根. 精密注塑设备全套方案研发的理念[J]. 塑料工业，2012，（03）：39-45.

[19] 黄泽雄. 日本以全电动注射机抢市场[J]. 国外塑料，2004，（11）：89.

[20] 焦志伟，安瑛，谢鹏程，等. 新型注塑机合模机构内循环节能机理[J]. 机械工程学报，2012，（10）：153-159.

[21] 焦志伟，谢鹏程，严志云，等. 全液压内循环二板式注塑机[J]. 橡塑技术与装备，2010，（01）：38-41.

[22] 冯刚，江平. 二板式注塑机的特点研究及发展新动向[J]. 塑料工业，2011，（01）：9-13.

[23] 章胜亮. 二板式注塑机的技术探讨及发展前景[J]. 轻工机械，2002，（01）：15-18.

[24] 张忠信. 用于压铸机或注塑机的自动万向合模机构[P]. 中国：201610150736.6，2016-03-16.

[25] 张忠信. 用于压铸机或注塑机的万向合模机构[P]. 中国：201510937339.9，2015-12-15.

[26] 鉴冉冉，杨卫民，王建，等. 聚合物PVT特性在线测试技术及在模具设计中的应用[J]. 中国塑料，2016，（07）：57-61.

[27] 鉴冉冉，杨卫民，谢鹏程. 塑料精密注射模塑成型PVT特性测控方法研究[J]. 中国塑料，2016，（02）：94-98.

第5章

聚合物3D复印用材料及缺陷分析

5.1 3D复印材料

5.1.1 3D复印材料分类

注射成型是生产外形复杂、尺寸精确、带嵌件的塑料制品的重要加工方法。注射成型产业的三大基本要素是塑料原材料、加工助剂和塑料加工机械。可用于注射成型的原材料最主要的是塑料（聚合物），且注射成型用塑料量约占整个塑料产业量的30%。聚合物是一种以合成或天然的高分子化合物为主要成分，在一定的温度和压力条件下，可塑制成一定形状，当外力解除后，在常温下仍能保持其形状不变的材料。聚合物的特点是具有巨大的分子量、奇特的性能和多种形式的加工方法。与传统材料（如金属材料），相比，聚合物密度较低，可在较低温下成型模塑，易于加工成型。这些都使得聚合物在今天得到了广泛应用。

（1）注射用热塑性塑料

注射用热塑性塑料有以下几种。

① 聚烯烃聚合物：一般是指乙烯、丙烯、丁烯的均聚物与共聚物，主要品种包括各种不同密度的聚乙烯（LDPE、HDPE、MDPE、LLDPE）以及聚丙烯（PP）等。在汽车部件、工业零件等应用领域，改性聚丙烯注射制品的使用日益增多。

② 苯乙烯类聚合物：如聚苯乙烯（PS）、苯乙烯-丙烯腈共聚物（AS）、丙烯腈-丁二烯-苯乙烯共聚物（ABS）等。

③ 用于工业零件的尼龙（PA），70%以上是注射成型制品。

④ 其他热塑性塑料：用注射方法加工的还有聚氯乙烯（PVC）、聚甲基丙烯酸甲酯（PMMA）、纤维素酯和醚类塑料、聚碳酸酯（PC）等。

⑤ 新型注射用特种工程塑料：随着高科技事业的发展，对塑料制品的耐热、耐高温性要求更为苛刻，从而促使某些特种工程塑料——耐高温树脂的注射制品的发展，其中如聚酰亚胺（PI）、聚砜（PSF）、聚苯醚（PPO）、聚苯硫醚（PPS）、聚醚醚酮（PEEK）、热致液晶聚合物（LCP）、聚乙烯亚胺（PEI）、聚甲醛树脂（POM）等。这些材料由于熔点高、黏度大，在注射工艺与模具结构上都有特殊的要求。特种工程塑料占热塑工程塑料总量的5%左右。

（2）注射用热固性塑料

热固性塑料的特点是在受热过程中不仅有物理状态的变化，还有化学变化进行，并且这种变化是不可逆的。到目前为止，几乎所有的热固性塑料都可采用注射成型，但用量最多的是酚醛塑料。除此之外，用于注射成型的热固性树脂还包括脲醛树脂、三聚氰胺甲醛树脂、苯二甲酸二丙烯树脂、醇酸树脂以及环氧树脂等。在注射成型过程中，带有反应基团的预聚物或反应物质在热的作用下发生交联反应，其结构由线型转变成体型。因此，热固性塑料的注射成型工艺及设备与热塑性有较大的区别。

传统的热固性塑料成型主要是压缩模塑压塑法和传递模塑法。压塑成型工艺操作复杂，成型周期长，生产效率低，模具易损坏，易出废品，质量不稳定，是强体力的手工操作，成本高。20世纪60年代后，美国针对压塑工艺所存在的问题，首创了热固性塑料注塑工艺，1963年即投入实用化生产，在此基础上发展的热固性塑料无流道注塑工艺及无流道注压工艺的应用，更促进了热固性塑料成型的发展。热固性塑料注射成型的发展与完善推动了热固性塑料的发展，大量用于电器电子、仪器仪表、化工、纺织、汽车、建筑、机械、轻工、军工、航空航天等部门。

（3）注射用弹性体

热塑性弹性体兼具塑料与橡胶的双重特性，即在常温下它表现出类似硫化橡胶的弹性，而在高温下又具有类似热塑性塑料的塑性，因此可以采用注射的方法对其进行加工。常用注射成型方法进行加工的热塑性塑料弹性体有聚烯烃热塑性弹性体（TPR），如丙烯-乙丙橡胶共聚物、乙烯-丁基橡胶接枝共聚物等；苯乙烯类热塑性弹性体，如苯乙烯-丁二烯-苯乙烯嵌段共聚物（SBS）、丙烯腈-丁二烯-苯乙烯接枝共聚物（ABS）等；此外，还有聚酯类热塑性弹性体、聚氨酯热塑性弹性体等。

目前，用于注射成型的橡胶制品主要有密封圈、减振垫、空气弹簧和鞋类等，也有用于注射轮胎制品的。注射橡胶要经过塑化注射和热压硫化两个阶段，所以其注射工艺过程、设备及模具结构与塑料有很大的不同。注射用橡胶有天然橡胶、顺丁橡胶、甲基丁苯橡胶、氯丁橡胶、丁腈橡胶等。

（4）注射用复合材料

对于注射成型的材料来说，它可以是纯的聚合物，也可以是以聚合物为主料、各种添加剂为辅料的混合物。加入辅料的目的是为了提高聚合物的力学性能，改善其加工性能，或是为了节约原材料，以提高经济效益。

塑料改性是高分子材料改性的一方面,包括化学改性和物理改性两种。化学改性是指通过共聚、接枝、嵌段、交联或降解等化学方法,使塑料制品具有更好的性能或新的功能;而物理改性是在塑料加工过程中实施的改性,通常有填充、增强和共混 3 种方法。填充改性是在塑料成型加工过程中加入无机填料或有机填料,使塑料制品的成本下降,达到增量的目的。增强改性是在塑料中添加云母片、玻璃纤维、碳纤维、金属纤维、硼纤维等增强集,可以大大提高塑料制品的力学性能和热性能。共混改性是将两种或两种以上性质不同的塑料按照适当的比例在一定温度和剪切应力下进行共混,形成兼有各塑料之长的塑料。

注射用的改性复合材料有改性通用塑料、改性通用工程塑料和改性特种工程塑料。

① 改性通用塑料　如热塑性塑料 PP、PE、PS 和 PVC 通过填充、增强和发泡等手段,其力学性能和耐热性能已大幅度提高,正向取代工程热塑性塑料的方向发展。PP 不仅可通过玻璃纤维、碳纤维等增强改性,还可采用嵌段共聚、复合技术及合金化技术来改性;工程级聚苯乙烯(PS)具有极好的耐冲击性,其制品冲击强度接近中级 ABS,并且保持良好的韧性和外观质量;玻纤增强 PVC 具有高强度、阻燃和易加工等特点,用它制造的空调器格栅在强度、美观和硬度方面均满足使用要求。

② 改性通用工程塑料　通过改性赋予通用工程塑料功能特性,以满足不同的需求,如利用高回弹性的弹性体来提高通用工程塑料的耐冲击性;用无定形塑料与通用塑料共混以改进材料的加工性和耐化学性能;此外,通用工程塑料相互共混实现合金化,也可发挥各组分的性能优势。比如,PC/ABS 合金,解决了 PC 熔体黏度大的缺陷,降低了 PC 的成本,大大改善了 PC 的冲击强度、应力开裂性、缺口敏感性和耐疲劳性;PA66/改性聚烯烃弹性体合金,克服了尼龙冲击强度不高的弊病,保持了尼龙耐化学腐蚀、耐磨和不易翘曲等性能;POM/聚氨酯弹性体合金,克服 POM 成型加工温度范围窄、耐热稳定性不好的缺点,保持 POM 原有的耐磨性、耐熔剂性和耐疲劳性;PC/PBTP/聚氨酯弹性体合金,克服了 PC 在汽油化学介质环境中产生应力开裂和溶剂开裂的缺点;PPO/PS 合金,克服了 PPO 熔体黏性太高等的弊病,价格也明显下降;PPS/PTFE 合金,解决了 PPS 熔体流动速率高,难以直接模塑成型的问题,在 300℃以上仍能保持很高的力学性能。

③ 改性特种工程塑料　如 PTFE、PI、PPS、PSF、PAR、PEEK、LCP 等,通常都具有突出的耐热性,优越的力学性能,良好的耐化学性

和耐磨性，但综合性能较差。这类材料通常利用填充和共混技术改性。如 RTP 公司采用玻璃纤维或碳纤维对热塑性聚酰亚胺（TPI）进行增强改性，其改性产品的耐热性优异；LNP 工程塑料欧洲公司采用 60% 玻璃纤维改性 PES，不仅提高了刚性，而且简化成本，这种材料耐化学性、电绝缘性和力学性能均优良，且自身具有阻燃性；德国 HOECHST 公司采用 30% 或 40% 玻璃纤维增强 LCP，价格比普通 LCP 要低 15%～40%，且其物理性能基本不变，该材料耐热性和尺寸稳定性好。

（5）其他注射成型材料

用于注射成型的材料，不仅仅局限于聚合物，也包括了一些金属材料（包括磁性材料）等。金属粉末注射成型法（MIM）是用金属微细粉末与树脂或石蜡（粘接剂）混合物作原料注射成型后经脱脂（将粘接剂分解）和烧结来制造金属制品的技术，是将粉末冶金与塑料注射成型法综合成一体的一种复合制造工艺。对比粉末冶金法，它能够利用更微细的金属粉末，因而能促进烧结，制得高密度材料，产品性能大为提高，同时还能制造形状复杂的、精度更高的小型金属制件。

磁性材料，尤其是永磁材料，作为信息社会高技术产业赖以存在的重要物质基础之一，向人们展示了其广阔的应用前景。电子技术的飞速发展对磁性材料提出了新要求，磁性元件要求形状复杂、小型化、尺寸精度高、能批量生产、成品率高、成本低等。但是，磁铁硬而脆，形状受限。然而通过 MIM 技术可以满足其要求，并制造出高性能磁性元件。磁性材料注射成型包括粘接永磁注射成型和烧结磁体注射成型两方面。用于注射成型的永磁材料主要有钕铁硼系、钐钴系、铁氧体，软磁材料主要有钝铁、铝硅铁、锰锌铁、镍锌铁。从磁性材料使用要求出发，应严格控制其杂质含量。从注射成型工艺要求出发，磁粒平均尺寸应大于 $10\mu m$，形状应为球形。因为小尺寸的球形磁粒容易与塑料黏合剂混合均匀，有利于熔融塑料的流动和满模腔。

（6）注射塑料助剂

塑料助剂，亦称塑料添加剂，是与塑料行业密切相关的产业。塑料助剂的分类方式有多种，比较通行的方法是按照助剂的功能和作用进行分类。在功能相同的类别中，往往还要根据作用机理或者化学结构类型进一步细分。

① 增塑剂　增塑剂是一类增加聚合物树脂的塑性，赋予制品柔软性的助剂，也是迄今为止产耗量最大的塑料助剂类别。增塑剂主要用于 PVC 软制品，同时在纤维素等极性塑料中亦有广泛的应用。

② 热稳定剂　如果不加说明，热稳定剂专指聚氯乙烯及氯乙烯共聚物加工所使用的稳定剂。聚氯乙烯及氯乙烯共聚物属热敏性树脂，它们在受热加工时极易释放氯化氢，进而引发热老化降解反应。热稳定剂一般通过吸收氯化氢，取代活泼氯和双键加成等方式达到热稳定化的目的。

③ 加工改性剂　传统意义上的加工改性剂几乎特指硬质PVC加工过程中所使用的旨在改善塑化性能、提高树脂熔体黏弹性和促进树脂熔融流动的改性助剂，此类助剂以丙烯酸酯类共聚物（ACR）为主，在硬质PVC制品加工中具有突出的作用。现代意义上的加工改性剂概念已经延展到聚烯烃（如线性低密度聚乙烯LLDPE）、工程热塑性树脂等领域，预计未来几年茂金属树脂付诸使用后还会出现更新更广的加工改性剂品种。

④ 抗冲击改性剂　广义地讲，凡能提高硬质聚合物制品抗冲击性能的助剂统称为抗冲击改性剂。传统意义上的抗冲击改性剂基本建立在弹性增韧理论的基础上，所涉及的化合物也几乎无一例外地属于各种具有弹性增韧作用的共聚物和其他的聚合物。

⑤ 阻燃剂　塑料制品多数具有易燃性，这对其制品的应用安全带来了诸多隐患。准确地讲，阻燃剂称作难燃剂更为恰当，因为"难燃"包含着阻燃和抑烟两层含义，较阻燃剂的概念更为广泛。然而，长期以来，人们已经习惯使用阻燃剂这一概念，所以目前文献中所指的阻燃剂实际上是阻燃作用和抑烟功能助剂的总称。阻燃剂依其使用方式可以分为添加型阻燃剂和反应型阻燃剂。按照化学组成的不同，阻燃剂还可分为无机阻燃剂和有机阻燃剂。

⑥ 抗氧剂　以抑制聚合物树脂热氧化降解为主要功能的助剂，属于抗氧剂的范畴。抗氧剂是塑料稳定化助剂最主要的类型，几乎所有的聚合物树脂都涉及抗氧剂的应用。按照作用机理，传统的抗氧剂体系一般包括主抗氧剂、辅助抗氧剂和重金属离子钝化剂等。

⑦ 光稳定剂　光稳定剂也称紫外线稳定剂，是一类用来抑制聚合物树脂的光氧降解，提高塑料制品耐候性的稳定化助剂。根据稳定机理的不同，光稳定剂可以分为光屏蔽剂、紫外线吸收剂、激发态猝灭剂和自由基捕获剂。

⑧ 填充增强体系助剂　填充和增强是提高塑料制品力学性能、降低配合成本的重要途径。塑料工业中所涉及的增强材料一般包括玻璃纤维、碳纤维、金属晶须等纤维状材料。填充剂是一种增量材料，具有较低的配合成本。事实上，增强剂和填充剂之间很难区分清楚，因为几乎所有的填充剂都有增强作用。

⑨ 抗静电剂 抗静电剂的功能在于降低聚合物制品的表面电阻，消除静电积累可能导致的静电危害。按照使用方式的不同，抗静电剂可以分为内加型和涂敷型两种类型。

⑩ 润滑剂和脱模剂 润滑剂是配合在聚合物树脂中，旨在降低树脂粒子、树脂熔体与加工设备之间以及树脂熔体内分子间摩擦，改善其成型时的流动性和脱模性的加工改性助剂，多用于热塑性塑料的加工成型过程，包括烃类（如聚乙烯蜡、石蜡等）、脂肪酸类、脂肪醇类、脂肪酸皂类、脂肪酸酯类和脂肪酰胺类等。脱模剂可涂敷于模具或加工机械的表面，亦可添加于基础树脂中，使模型制品易于脱模，并改善其表面光洁性，前者称为涂敷型脱模剂，是脱模剂的主体，后者为内脱模剂，具有操作简便等特点。硅油类物质是工业上应用最为广泛的脱模剂类型。

⑪ 分散剂 塑料制品实际上是基础树脂与各种颜料、填料和助剂的混合体，颜料、填料和助剂在树脂中的分散程度对塑料制品性能的优劣至关重要。分散剂是一种促进各种辅助材料在树脂中均匀分散的助剂，多用于母料、着色制品和高填充制品。

⑫ 交联剂 塑料的交联与橡胶的硫化本质上没有太大的差别，但在交联助剂的使用上却不完全相同。树脂的交联方式主要有辐射交联和化学交联两种方式。有机过氧化物是工业上应用最广泛的交联剂类型。有时为了提高交联度和交联速度，常常需要并用一些助交联剂和交联促进剂。助交联剂是用来抑制有机过氧化物交联剂在交联过程中对聚合物树脂主链可能产生的自由基断裂反应，提高交联效果，改善交联制品的性能，其作用在于稳定聚合物自由基。交联促进剂则以加快交联速度，缩短交联时间为主要功能。

⑬ 发泡剂 用于聚合物配合体系，旨在通过释放气体获得具有微孔结构聚合物制品，达到降低制品表观密度之目的的助剂称之为发泡剂。根据发泡过程产生气体的方式不同，发泡剂可以分为物理发泡剂和化学发泡剂两种主要类型。物理发泡剂一般依靠自身物理状态的变化释放气体。化学发泡剂则是基于化学分解释放出来的气体进行发泡的，按照结构的不同分为无机类化学发泡剂和有机类化学发泡剂。

⑭ 防霉剂 防霉剂又称微生物抑制剂，是一类抑制霉菌等微生物生长，防止聚合物树脂被微生物侵蚀而降解的稳定化助剂。绝大多数聚合物材料对霉菌并不敏感，但由于其制品在加工中添加了增塑剂、润滑剂、脂肪酸皂类等可以滋生霉菌类的物质而具有霉菌感受性。

⑮ 偶联剂 偶联剂是无机和天然填充与增强材料的表面改性剂。由

于塑料工业中的增强和填充材料多为无机材料，配合量又大，与有机树脂直接配合时往往导致塑料配合物加工性能和应用性能的下降。偶联剂作为表面改性剂能够通过化学作用或物理作用使无机材料的表面有机化，进而增加配合量并改善配合物的加工和应用性能。

（7）注射成型材料应用

就发展趋势来说，注射成型的原材料，在今后相当长时期内，仍将以石油为主。过去对高分子的研究，着重于全新品种的发掘、单体的新合成路线和新的聚合技术的探索。目前，则以节能为目标，采用高效催化剂开发新工艺，同时从生产过程中工程因素考虑，围绕强化生产工艺（装置的大型化，工序的高速化、连续化）、产品的薄型化和轻型化以及对成型加工技术的革新等方面进行工作。利用现有原料单体或聚合物，通过复合或共混可以制取一系列具有不同特点的高性能产品（见高分子共混物、高分子复合材料）。近年来，从事这一方面的开发研究日益增多，新的复合或共混产品不断涌现。在功能材料方面，特别是在分离膜、感光材料、光导纤维、变色材料（光致变色、电致变色、热致变色等）、液晶、超电导材料、光电导材料、压电材料、热电材料、磁体、医用材料、医药以及仿生材料等方面的应用和研究工作十分活跃。以下简单介绍注射塑料的一些应用领域。

① 汽车材料　塑料因其具有质轻、性能优良、耐腐蚀和易成形加工等优点，使其在汽车材料中的应用比例不断增加。塑料部件的大量应用，显著减轻了汽车的自重，降低了油耗，减少了环境污染，提高了汽车造型美观与设计的灵活性。如今，汽车塑料化已是一个国家汽车工业技术水平的重要标志之一。塑料在汽车上的应用包括保险杠、翼子板、装饰件、散热器面罩、油管、燃油箱和仪表板等。汽车用塑料零部件主要有 3 类：内饰件、外饰件和其他结构功能件。塑料生产商还在设法更多地用塑料来制造车厢地板、车窗、转向轴、弹簧、车轮、轴承和其他功能件。汽车塑料品种有聚乙烯、聚丙烯、ABS、聚酰胺、聚碳酸酯、聚甲醛、聚苯醚、聚甲基丙烯酸甲酯、聚氯乙烯、SAN 及聚氨酯等，一般使用的都是它们的改性材料和复合材料。

② 磁性材料　磁性塑料可记录声、光、电等信息，并具有重放功能，是用于现代科学研究的重要基础材料之一。因其兼有塑料与磁性材料的双重功能，从而在电气、仪表、通信、玩具、文体及常用品等诸多领域得到了广泛应用。磁性材料的传统制造工艺是铸造和粉末冶金，其缺点是生产效率低、生产成本高；而注射成型是磁性塑料的一种新的成型工艺，它能很好地克服由传统制造工艺所带来的上述缺点。在磁性塑

料注射成型的研究中，各向异性磁性材料的成型加工是一个重要的研究和应用领域。

③ 医用塑料　医用塑料是生物医学工程产业的一个重要领域，它是随着现代医学发展起来的新兴产业。医用塑料制品具有技术含量高、附加值高的特点，而且其发展极具潜力。医用塑料主要是有机材料，它是一种具有一定生物相容性的合成材料。医用塑料制品最常用的材料有橡胶聚氨酯及其嵌段共聚物、聚对苯二甲酸乙二醇酯、尼龙、聚丙烯腈、聚烯烃、聚碳酸酯、聚醚、聚砜、聚氯乙烯、聚丙烯酸酯等。

④ 塑料光纤　塑料光纤（POF）是一种低成本、重量轻、便于安装使用、柔软的数据传输介质，它特别适合用于短距离、中小容量、使用连接器多的系统。一般使用的塑料光纤是PMMA基的POF。

5.1.2 材料的熔体特点

（1）流变特性[1,2]

材料的流变特性主要是确定聚合物的黏度与熔体压力、温度、剪切速率之间的定量关系，它表征了塑料熔体基本的流动性能，是注射成型分析中一个非常重要的参量。

① 流变模型　绝大多数塑料熔体属于非牛顿流体，其主要特征是剪切黏度随剪切速率的增大而减小，表现出"剪切变稀"的流变特性。虽然目前尚无确切反映非牛顿塑料熔体本质的流变学公式，但可用一些包括加工条件的加工模型来表征。下面是两个具有代表性的加工模型：

a. 幂律模型

$$\eta_a = K \dot{\gamma}^{n-1} (n < 1) \tag{5-1}$$

式中　η_a——表观黏度，Pa·s；

K——塑料熔体稠度；

$\dot{\gamma}$——剪切速率，s^{-1}；

n——牛顿指数。

b. Cross-Arrhenius模型或Cross-WLF模型

黏度的数学模型如下：

$$\eta = \frac{\eta_0(T, P)}{1 + \left(\eta_0 \dfrac{\dot{\gamma}}{\tau^*}\right)^{1-n}} \tag{5-2}$$

式中，τ^*为材料常数；η_0为零剪切黏度，一般采用Arrhenius型表达式(5-3)或WLF型表达式(5-4)表示。

$$\eta_0(T,P)=B\,\mathrm{e}^{T_\mathrm{b}/T}\,\mathrm{e}^{\beta P} \tag{5-3}$$

$$\eta_0=D_1\exp\frac{-A_1[T-(D_2+D_3P)]}{A_2+T-D_2} \tag{5-4}$$

式(5-2)和式(5-3)构成五参数(n，τ^*，B，T_b，β)黏度模型，式(5-2)和式(5-4)构成七参数(n，τ^*，D_1，D_2，D_3，A_1，A_2)黏度模型。

② 振动对流变特性的影响[3,4]　　近年来，振动成型技术作为一种新兴的聚合物成型加工方法，国内外学者进行了大量深入细致的研究，取得了许多令人欣喜的成果。振动场的引入能够引起聚合物流变性能的改变。

振动场对聚合物熔体的表观黏度、剪切应力、剪切速率有影响。振动场对聚合物熔体流动性能的作用与温度和压力有关。按照高分子缠结学说，聚合物中的高分子链是采取无规线团构象，且分子线团之间是无规缠结的。在聚合物熔体中，高分子链之间的这种缠结是不断发生，又不断消失，分子链之间的"缠结"和"解缠"是共存的一对矛盾，在一定的条件下处于动态的热平衡状态。在振动场中，聚合物熔体振动的作用有利于阻碍缠结的形成和增强解缠的能力。振动的这种作用通过聚合物熔体的流变特性表现出来就是表观黏度下降，流动性能增强。当然，聚合物熔体黏度的下降也不是无限的。当黏度随频率的增加下降到一定程度时，其下降的速率就变得缓慢，形成了黏度-频率曲线的平坦区，如图5-1所示。振动对聚合物熔体的影响因温度和压力的不同而不同，在温度较低时，聚合物熔体黏度较大，表观黏度随振动频率增加而下降的量较大；温度较高，表观黏度随振动频率增加下降的幅度

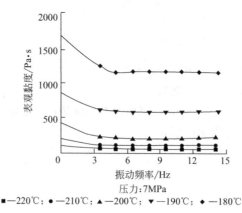

图 5-1　PS 熔体表观黏度与振动频率之间的关系

就较小。不同的平均压力条件，振动对聚合物黏度的影响不一样，见图 5-2 所示。由于振动作用的强弱与振动的频率和振幅有关，因而，振动的频率和振幅对聚合物熔体的表观黏度就有影响。振动对聚合物熔体流变性的影响大小因聚合物材料而定，例如，振动对 PS 熔体流变性的影响比对 HDPE 熔体的影响大。

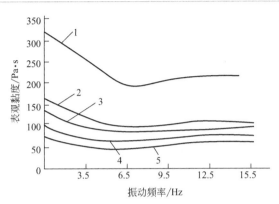

图 5-2　PS 熔体在不同压力下表观黏度与振动频率之间的关系

1—7MPa；2—8MPa；3—9MPa；4—10MPa；5—11MPa

③ 流变性能在注塑加工中的应用

a. 使用流动曲线指导注塑。从某种塑料的流动曲线（μ-$\dot{\gamma}$ 关系曲线）上可知，黏度对剪切速率虽然有依赖性，但是在低剪切速率区和高剪切速率区，黏度变化的梯度是不同的。剪切速率的微小变化就能引起很大的黏度波动，这种情况会使注射困难，造成注射工艺的不稳定性，使充模料流不稳定、密度不均、内应力过高及线收缩不对称等。因此加工注塑制品时，根据流动曲线，应选择对黏度影响较小的剪切速率区，对稳定加工条件有力。为此，在注塑机上需设定合适的注射速度，并选择适当的浇口，实现充模过程。

b. 利用"剪切变稀"原理指导注塑工艺。低温充模有利于提高制品质量、减少成型周期，所以近年来注塑工艺提倡低温充模。低温充模是利用提高剪切速率、降低温度而维持黏度不变的等效办法来实现的。例如，对一个要求在黏度 0.0488Pa·s 下充模的聚丙烯注塑制品可做如下分析：当剪切速率为 $10^2 s^{-1}$ 时，欲达到上述黏度，熔体温度需加热到245.8℃，但如果剪切速率增至 $10^3 s^{-1}$ 时，则只需加热到 204℃。若采用后一工艺方案可使熔体温度降低 41.8℃，这样，不仅缩短了冷却周期，提高了生产率，还减少了能耗。加大剪切速率的办法，可用提高注射速度的方法来实现，也可通过改变浇口截面尺寸的办法来实现。

④ 流变特性在 CAE 中的应用　CAE（computer aided engineering）技术即计算机辅助工程技术，它的出现是计算机辅助设计/计算机辅助制造（CAD/CAM）技术向纵深方向发展的结果。注射模计算机辅助工程技术使模具在制造前就可以形象、直观地在计算机屏幕上模拟出实际成型过程，预测模具设计和成型条件对产品的影响，发现可能出现的缺陷，为判断模具设计和成型条件是否合理提供科学的依据。然而，热塑性材料注塑模拟分析过程中经常要用到大量的数据资料，如塑料材料（流变学性能/熔体黏度）、模具材料、冷却介质材料的物性以及具体的工艺条件和计算过程的控制参数等数据。其中，塑料熔体的黏度是一个非常重要的参数。但是，注射成型是一个相当复杂的物理过程，非牛顿高温塑料熔体在压力的作用下通过浇口、流道向较低温度的模具型腔充填，在此其间经历了不同的压力、温度和剪切速率变化过程，要完全描述加工条件对熔体流动性质的影响，就必须知道在各种条件下（压力、温度和剪切速率）熔体的黏性。虽然能够通过实验测量一定条件下的黏度，但无法测量所有条件下的黏度，解决的途径是建立能够描述一般条件下材料流变特性的黏度数学模型。一旦这类模型建立起来，便能够以有限的实验值为基础，采用一定的拟合方法来确定模型参数，从而以相当的精度计算出复杂条件下的黏度，并将它运用到其他条件中。

（2）温度特性[5,6]

注塑成型加工过程中，在模具和制品确定之后，注塑工艺参数的选择和调整对制品的质量将产生直接的影响。而在这些工艺条件当中，最重要的是温度、压力和速度，尤其是熔体温度，它是这些加工变量当中最重要的变量之一。它直接影响熔体的性质，例如，黏度、密度和退化程度；并且熔体温度也决定了其他的加工变量，如熔体流动率、喷嘴口的压力、型腔的压力、充模时模腔压力的建立、充模时间、冷却过程（包括注射周期、生产效率、收缩变形等）；熔体温度也严重影响注塑件的质量特性，如零件的重量、密度、尺寸及其他物理性能和形态。

① 熔限和熔点　物质由结晶状态变为液态的过程称为熔融。高分子晶体的熔融与低分子晶体的熔融本质上是相同的，都属于热力学一级相转变过程。但是，两者的熔融过程是有差异的。低分子晶体的熔融温度范围很窄，只有 0.2K 左右，整个过程中，体系的温度基本保持不变。而高聚物晶体却边熔融边升温，整个熔融过程发生在一个较宽的温度范围内，这一温度范围称为熔限。晶体全部融化的温度定义为该高聚物的熔

点（T_m）。而对于非结晶型高聚物，从达到玻璃化转变温度时开始软化，但从高弹态转变为黏流态的液相时，却没有明显的熔点，而是有一个向黏流态转变的熔化温度范围 T_f，如图 5-3 所示。

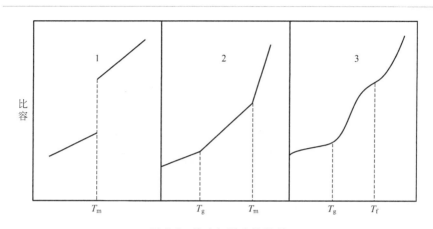

图 5-3　比容与温度的关系
1—低分子物料；2—结晶型高聚物；3—非结晶型高聚物

常用的测量熔点的方法有偏光显微镜法、体膨胀法和热分析法。

② 玻璃化转变温度　聚合物的玻璃化转变温度（T_g）是指线性非结晶型聚合物由玻璃态（硬脆状态）向高弹态（弹性态）或者由后者向前者的转变温度。从分子的角度看，随着温度的升高，分子热运动能量增加，虽然整个分子还不能运动，但是链段的运动被激发，聚合物达到玻璃化转变区。该区内聚合物的形变增大，其他物性如比容、膨胀系数、模量、折光系数等也发生突变。不同品种的聚合物的玻璃化转变温度不同，即使对于同一种高聚物，由于链段长度是一个统计平均值，不同链段所处的环境也有所不同，所以材料的玻璃化转变温度往往不是一个精确的温度点，而是一个波动的温度范围。一般情况下，塑料的 T_g 高于室温，所以塑料在常温下是处于脆性的玻璃态。

聚合物的玻璃化转变过程是一个体积松弛过程。当高聚物由高弹态向玻璃态转变时，随温度降低，自由体积减小，分子链调整构象趋于紧密堆积，宏观表现为高聚物体积逐渐收缩。经过一个相当长的时间后，其体积可以达到与某一温度相对应的平衡体积，这就是体积松弛现象。这一现象表现在高聚物发生玻璃化转变时，与冷却（加热）速度密切相关，如图 5-4 所示。如果冷却速度快，体系的黏度增加也快，链段过早的被冻结在还没来得及逸出的自由体积中，所以体积在高比容下出现拐

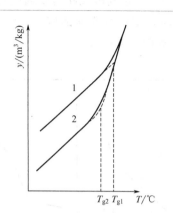

图 5-4　非晶高聚物的温度-比容曲线图
1—快速冷却；2—慢速冷却

点，T_g 就高。相反，冷却速度过慢，自由体积逸出量大，分子链紧密堆积，曲线在低比容下出现拐点，T_g 就低。这个问题对于塑料制品的成型工艺及性能有很大影响，若成型时冷却速度过快，制品中不仅残存较大的应力，而且存在较多的自由体积，存放过程中自由体积不断逸出，导致制品变形。

（3）物理性质

① 热导率　傅里叶定律是导热的基本定律，表示传导的热流量和温度梯度以及垂直于热流方向的截面积成正比，即：

$$Q = -\lambda A \frac{dT}{dx} \tag{5-5}$$

式中　Q——传导的热流量，即单位时间内所传导的热量，W；

A——导热面积，即垂直于热流方向的截面积，m^2；

$\frac{dT}{dx}$——温度梯度，K/m；

λ——热导率，是指在稳定传热条件下，1m 厚的材料，两侧表面的温差为 1 度（K,℃），在 1h 内，通过 $1m^2$ 面积传递的热量，单位是 $W/(m \cdot K)$。热导率反映了热量在材料中传递的速度。热导率越高，材料内热传递越快。热导率与材料的组成结构、密度、含水率、温度等因素有关。

聚合物的热导率很小，所以无论物料是在机筒中加热还是在模具中冷却，都需要一定的时间。通常把热导率较低的材料称为保温材料，而把热导率在 0.05W/(m·K) 以下的材料称为高效保温材料。图 5-5 是低密度聚乙烯的热导率-温度曲线（样品 B，见表 5-1）。物料的热导率受物料的松散状态（见图 5-6）、密度和结晶度（见图 5-7）以及热历程（见图 5-8）的影响。

表 5-1　图 5-5 和图 5-7 中样品的有关数据

试样名称	110℃条件下的结晶时间/min	23℃时的密度/(g/cm³)	结晶度/%
A	0	0.911	34.0

续表

试样名称	110℃条件下的结晶时间/min	23℃时的密度/(g/cm³)	结晶度/%
B	120	0.918	42.0
C	240	0.925	44.0
D	360	0.929	46.9

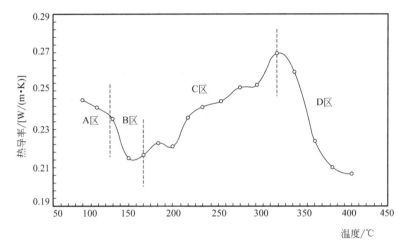

图 5-5　低密度聚乙烯的热导率-温度曲线

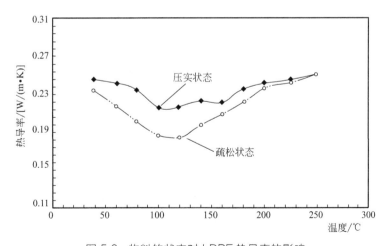

图 5-6　物料的状态对 LDPE 热导率的影响

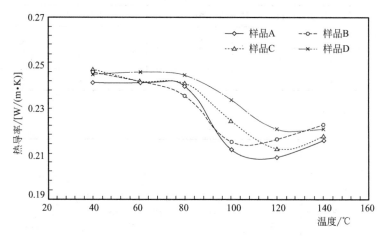

图 5-7　密度和结晶度对 LDPE 热导率的影响

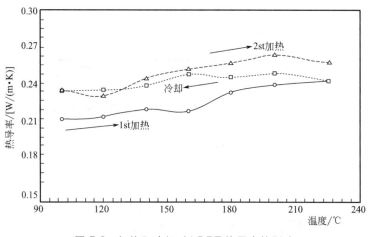

图 5-8　加热和冷却对 LDPE 热导率的影响

另外，定义

$$\alpha = \frac{\lambda}{c_p \rho} \tag{5-6}$$

式中　α——导温系数，cm^2/h；

　　　λ——热导率，$W/(m \cdot K)$；

　　　c_p——定压比热容，$J/(kg \cdot K)$；

　　　ρ——密度，kg/m^3。

导温系数又称热扩散系数，表示物料在加热或冷却时，内部温度趋于一致的能力。导温系数越大，物料内部温差越小；反之，物料内部温差越大。

② 热膨胀系数　比容在恒压的条件下随温度的变化而产生的变化为热膨胀系数。热膨胀系数有体积热膨胀系数和线热膨胀系数之分。

a. 体积热膨胀系数 β，简称体胀系数：

$$\beta = \frac{1}{V}\left(\frac{\partial V}{\partial T}\right)_p = \frac{V_T - V_0}{V_0(T - T_0)} = \frac{\Delta V}{V_0 \Delta T} \tag{5-7}$$

b. 线热膨胀系数 α，简称线胀系数：

$$\alpha = \frac{1}{L}\left(\frac{\partial L}{\partial T}\right)_p = \frac{L_T - L_0}{L_0(T - T_0)} = \frac{\Delta L}{L_0 \Delta T} \tag{5-8}$$

式中　V_0——初始温度 T_0 时的比容；

　　　V_T——终止温度 T 时的比容；

　　　L_0——初始温度 T_0 时的长度；

　　　L_T——终止温度 T 时的长度。

对于各向同性的固体，体膨胀系数是线膨胀系数的 3 倍，固体、液体、气体中，以气体的体膨胀系数为最大，固体最小。

（4）PVT 特性[7]

高聚物及其共混体系的压力-体积-温度（PVT）作为高聚物的基本性质在高聚物的生产、加工以及应用等方面有着十分重要的作用。从PVT 数据出发，通过热力学计算方法可以获得很多热力学量及状态方程（EOS）参量，进而研究高聚物及其共混物的相分离行为及共混相容性等问题，从而指导高聚物的加工制备。

5.1.3　材料的加工特性

（1）可塑化特性

注射过程中，塑料经历了由固态-半熔融状态-熔融态的转变。固态物料的传输性能对成型加工的可塑化特性影响很大，其中重要的参数有固体物料颗粒的大小及形状、体积密度和摩擦因数。

① 固体颗粒的大小及形状　用于注射成型的聚合物粒子的范围很广，从 $1\mu m \sim 1mm$。图 5-9 所示为通常用以描述一定粒度范围的粒状固体的术语。

粒子的形状主要有任意形、角形、柱形和球形。粒状固体的传输特性对粒子的形状十分敏感。即使在粒度保持不变的情况下，内、外摩擦因数都能随粒子形状的改变而发生本质上的变化。切粒过程的微小差异，会造成塑化过程的波动。

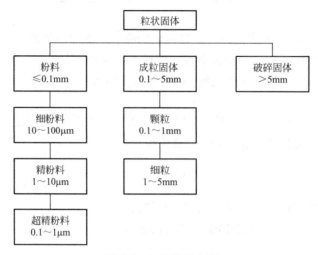

图 5-9　粒状物料术语

固体传输的难易程度常由粒度决定。颗粒料通常是自由流动的，并且不会夹带空气。细粒有自由流动的，也有半自由流动的，它有可能夹带空气。半自由流动的细粒需要特殊喂料装置，以保证稳定塑化。粉料易于内聚，也易夹带空气，其塑化的难度随粒度减小而增大。破碎固体通常形状不规则，且体积密度一般较低，喂料难度较大。

② 体积密度　固体颗粒形成的松散物料的体积密度是指在不施加压力或在轻拍之下将松散物装入一定体积的容器中，以物料质量除以体积求得的密度。

松散物料的可压缩性在很大程度上决定固体输送行为。聚合物粒料的压缩率可表示为：

压缩率=(松散物料体积密度-压实物料体积密度)/松散物料体积密度

(5-9)

当压缩率低于 20％时，聚合物颗粒是自由流动物料；当压缩率高于 20％时，聚合物粒料是非自由流动物料；当压缩率高于 40％时，物料在供料料斗中有非常强的压紧倾向，此时可能会出现喂料困难现象。

将物料堆成堆，锥形物料堆的侧边与水平面形成夹角，该角称作休止角，如图 5-10 所示。研究表明，45°的休止角可大致作为自由流动物料与非自由流动物料之间的界线，非自由流动物料的休止角大于 45°，自由流动物料的休止角小于 45°。

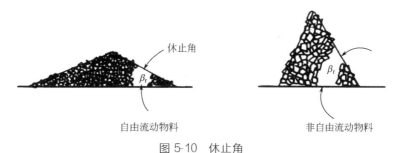

图 5-10　休止角

物料的形状与密度、休止角、塑化量的关系如表 5-2 所示。

表 5-2　物料的形状与密度、休止角、塑化量的关系（LDPE）

形状	密度/(g/cm³)	休止角/(°)	塑化量/(kg/h)
任意形	0.29～0.30	42.5	22.7
角形	0.40～0.48	40	41.3
柱形	0.50～0.50	32.5	43.1
球形	0.54	22	45.4

　　将压缩率和休止角作为自由流动和非自由流动的判断依据，只是一个很粗略的指标。其实聚合物粒料的压实是一个十分复杂的过程，受许多因素影响。在压实过程中，物料应力的分布比较复杂，并且很多取决于料斗的几何形状和表面状况，以及松散物料的自身特征。

　　③ 摩擦因数　松散物料的摩擦因数是另一个十分重要的性能，可将其分为内摩擦因数和外摩擦因数。内摩擦因数是相同物料的粒子层滑过另一粒子层时产生的阻力的量度。外摩擦因数是聚合物粒子与不同的结构材料壁间界面上存在的阻力的量度。

　　影响摩擦变量的因素非常多，温度、滑动速度、接触压力、金属表面状态、聚合物粒子大小、压实程度、时间、相对湿度和聚合物的硬度等都将会对摩擦因数产生影响。例如，摩擦因数对金属表面状态就非常敏感。某聚合物粒料对完全清洁的金属表面的摩擦因数开始很低，在 0.05 以下。但是当聚合物在表面上滑过若干时间后，摩擦因数将大幅增加。采用图 5-11 所示的装置测得的部分塑料摩擦因数与温度的关系，如图 5-12 所示。测试条件：摩擦速度为 87mm/s，压力为 0.53MPa。由图 5-12 可以看出，各种材料之间的差别是很大的。

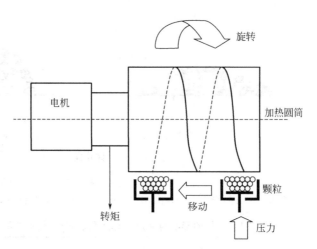

图 5-11 塑料与金属表面摩擦因数测定装置

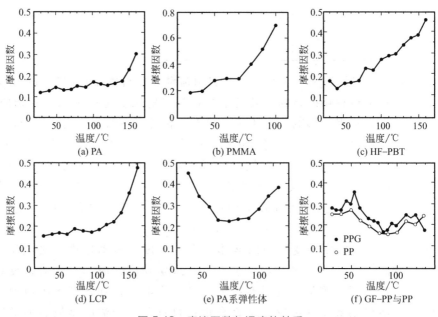

图 5-12 摩擦因数与温度的关系

Bartenev 和 Lavrenl 模拟在螺杆中摩擦过程的条件下，测定了多种聚合物的摩擦性能，列举了温度、滑动速度和法向应力与摩擦因数的关系。例如，图 5-13 所示，物料为聚乙烯，滑动速度为 0.6m/s，不同压力下外摩擦因数与温度的关系。在低压下，摩擦因数随温度增加而增大，在熔点时达到峰值，然后开始迅速下降。在高压下摩擦因数单调地随温度的升高而下降。

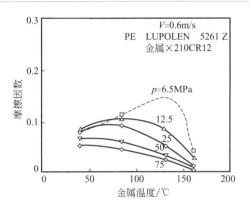

图 5-13　外摩擦因数与温度的关系

粒状物料的流动性由其剪切性能决定。内剪切形变刚发生时的局部剪切应力称为剪切强度。剪切强度是法向应力的函数，可用 Jenike 开发的剪切皿来测定粒子固体的剪切性能，如图 5-14 所示。聚合物与机筒和螺杆的摩擦因数分别为 μ_c 和 μ_s，加工能够正常进行的必要条件是：$F_c > F_s$，即 $\mu_c S_c > \mu_s S_s$。

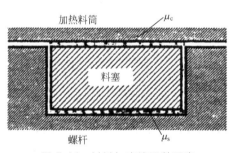

图 5-14　材料与摩擦因数示意

$\mu_s > \mu_c$：料筒附着在螺杆上旋转不往前输送；　$\mu_s < \mu_c$：料塞往前输送。

（2）热稳定性[8-11]

热稳定性是指聚合物在加工温度下能经受的最大停留时间。如图 5-15 所示 POM 的停留时间与熔体温度的关系，图中曲线即为停留时间界限。如果 POM 在某一温度下停留时间超过界限值，材料就会发生分解。图 5-16 显示热分解带来的不良影响。

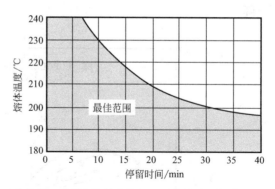

图 5-15　POM 注射成型加工最大停留时间推荐值

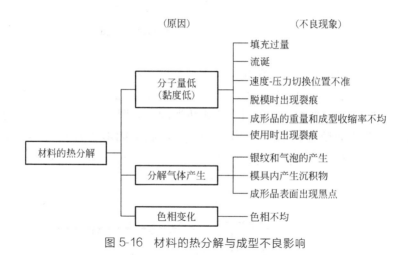

图 5-16　材料的热分解与成型不良影响

① 热分解原因

a. 分子量降低。塑料由大分子链组成，分子链不是均匀的。塑料的分子量是指其平均值，平均分子量及分子量分布对材料的性能影响很大。分子量增加，材料的黏度也增加。当温度升高时，热能将引起分子链的断裂，因此带来分子量的降低，熔体黏度也降低。分子量降低，材料的物理性能也会发生变化，例如，冲击强度下降（材料变"脆"）。

b. 氧化。同样对于 POM，在加工温度下（超过 160℃，由固态向熔融态转变），POM 与空气接触被氧化，分子链发生断链。如果塑化装置采用排气结构，就会观察到此现象。排气塑化装置中螺杆的长径比大（超过 32），熔体在机筒内的停留时间延长，也会导致分解的发生。所以，对于有些原料，要慎重选择排气结构，防止发生氧化反应。

c.水解。在水分的参与下，某些材料比纯粹受热分解更快。复合材料含水量超过0.05％就会发生水解，加工所得制品发生脆裂。因此在加工前，吸水性强、易水解的材料要采取干燥，尤其对于回收料，更应如此。

d.添加剂分解。由于单一树脂性能的局限性，为达到综合性能的要求，多种树脂复合或树脂与多种添加剂复合成为必然选择。添加剂的种类很多，下述几种添加剂易发生热分解：低分子聚合物、树脂合成时的残留物、填充剂、表面处理剂等。若要克服此类缺陷，要根据加工条件合理选择添加剂。

② 热稳定性的评价　比较常用的方法有分析法和注射成型法。

a.分析法。一般有热重分析法和差示扫描量热法。

热重分析法（TG，TGA）是在升温、恒温或降温过程中，观察样品的质量随温度或时间变化的函数。图5-17为PC的热重分析结果。从图中可以看到，在525℃时样品的重量开始减少，即开始分解，到560℃重量不再减少，分解结束。

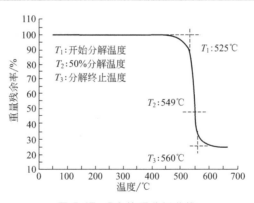

图5-17　PC热重分析曲线

差示扫描量热法（DSC）为使样品处于程序控制的温度下，观察样品和参照物之间的热流差随温度或时间变化的函数。图5-18为POM的DSC分析曲线。从图中可以看出，在163.4℃时，开始吸热，说明材料开始融化，到330℃又出现吸热现象，此时为开始分解。

b.注射成型法。本方法是利用注塑机，通过实验获得滞留时间与成型温度的曲线，根据曲线来设定加工温度。以加工聚丙烯为例，首先设定的注射温度为260℃（以料筒加热温度为准），注射时间为5s，冷却时

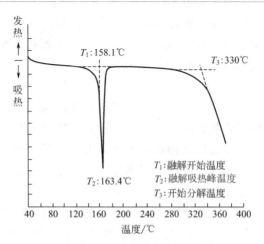

图 5-18　POM 的 DSC 分析曲线

间为 10s，模具温度为 60℃，注射起始压力 70MPa，连续在此工艺条件下成型三次，然后每次加压 300kPa，每加一次压力都注射三次，每次注射都记录下充满模腔的时间，加压到不仅能很快充满模腔且出现溢料的情况时的压力即可看作最大极限压力。在设定的起始压力点上按上述方法向下降压力，以同样的方法找到不能将料充满模具时的压力——最小极限注射压力。再将压力、温度固定在某一可保证正常注射的条件下，逐级加温，每次升温 10℃，成型三次，找到因温度过高而不能正常定型冷却、不能成型完好制品的温度——最高注射温度。然后回到起始设定温度，按每次 10℃降低温度，成型三次，一直降到制品出现各种缺陷或不能正常注射位置，此时的温度为最小注射温度。用同样的方法，在固定注射温度和压力的情况下，确定最小注射成型周期。

（3）流动性

同一种塑料，由于产地、规格、牌号不同，其分子量、黏度、挥发物含量、含水率、熔体流动性等也有差异。这些指标直接影响到注射速率、充模情况等。熔体流动性不同的塑料在注射加工时可通过调整注射压力、注射速度、保压时间、注射温度来达到最佳值。熔体流动性差的原料可加入增塑剂、润滑剂提高流动性，最终通过改变注射工艺条件得到最佳产品。但要注意，熔体流动性过高会导致喷嘴流涎。

表征材料流动性的最常用的参数是熔体流动速率（MFR）。材料的熔体流动速率是采用柱塞式挤出机或挤出速度计进行点测量法得到的，其原理如图 5-19 所示。先将物料加入到料筒中进行加热，在活塞上安装标准砝码作为动力，熔体从一个短的圆孔模具中被挤出，10min内挤出物的克数即为该材料的熔体流动速率。熔体流动速率的数值越大，材料的流动性越好。

另外，还可以通过测试熔体在模腔内的流动长度来评价材料的流动性。图5-20所示是测试模具，在模腔内设置压力传感器，在测试熔体流动长度的同时还可以监测熔体流过某些点（例如，图5-20中的 A、B、C 点）的压力情况。

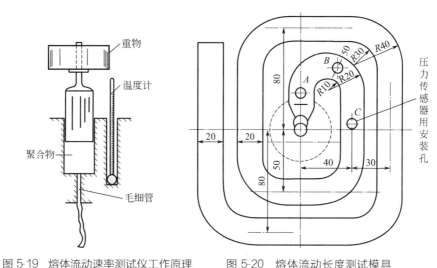

图 5-19　熔体流动速率测试仪工作原理　　图 5-20　熔体流动长度测试模具

（4）材料的准备

为使注射过程能顺利进行并保证塑料制品的质量，在成型前应进行一些必要的准备工作，包括确定原料性能、原料的染色及对粉料的造粒、塑料的预热和干燥等。由于注射原料的种类、形态，塑料制品的结构、有无嵌件以及使用要求的不同，各种塑件成型前的准备工作也不完全一样。

① 原料性能确认　塑料的性能与质量将直接影响塑料制品的质量。近年来，由于塑料工业发展突飞猛进，新的塑料品种不断涌现。同种塑料出现了多种牌号的选择可能，不同产地的同种类型塑料的性能和质量也不尽相同，含有不同比例的各种添加剂的塑料也层出不穷，其工艺性能也各不相同。因此在进行批量生产之前，应该对所用塑料的各种性能与质量进行全面确认。其主要内容有原料外观（如色泽、颗粒大小及均

匀性等)的检验和工艺性能(熔体流动速率MFR、流动性、热性能及收缩率)的测定。对外观的要求是色泽均匀、颗粒大小均匀、无杂质。

MFR是重要的工艺性能之一,MFR用于判定热塑性塑料在熔融状态下的流动性,可用于塑料成型加工温度和压力的选择。对某一塑料原料来说,MFR大,则表示其平均分子量小、流动性好,成型时可选择较低的温度和较小的压力,但平均分子量低,制品的力学性能也相对偏低;反之,则表示平均分子量大、流动性差,成型加工较困难。

注射用塑料材料的MFR通常为$1\sim10g/10min$,形状简单或强度要求较高的制品选较小的MFR值;而形状复杂、薄壁长流程的制品则需选较大的数值。

塑料的性能参数一般可以从材料供应商处得到,如果所需的参数未知,则需要按照相应的测试标准进行检测。

② 塑料的预热和干燥　在塑料成型加工过程中,塑料原料中残存的水分会气化成水蒸气,留存在制品的内部或表面,形成银丝、斑纹、气泡、麻点等缺陷,即使程度轻微,也将令制品表面失去原有的光泽而显得暗淡、色调不均匀,电镀件、喷漆件会出现局部暗斑,水分及其他易挥发的低分子化合物的存在,也会在高热、高压的加工环境下起催化作用,使某些敏感性大的塑料,如聚碳酸酯、尼龙、部分ABS料发生交联或降解,不但影响表现质量,而且会使性能严重下降。因此,在塑料成型加工前,必须用预干燥手段排除水分和其他易气化物质,这个过程称为干燥。部分常用塑料允许的水汽量及热风干燥工艺参见表5-3,超过这个标准,注塑出来的制品便会因水汽作用而变得质量低劣。

表 5-3　部分塑料允许的水汽量及热风干燥工艺

塑料品种	缩写符号	注塑允许水汽量分数/%	干燥温度/℃	时间/h
聚乙烯	PE	<0.1	90～100	<0.5
聚丙烯	PP	<0.1	100～120	<0.5
聚苯乙烯	PS	0.05～0.1	71～79	1～3
	ABS	<0.3	<70	4
聚氯乙烯	PVC	<0.08	60～93	
聚碳酸酯	PC	<0.2	110～120	8
热塑性聚酯	PET	<0.1	80～95	2～12
聚丁烯酸	PBT			
聚酰胺	PA	0.4～0.9	80～100	16
聚醚酰亚胺	PEI		120～150	2～7
聚酰胺-酰亚胺	PAI		150～180	8～16
聚甲基丙烯酸甲酯	PMMA	0.1～0.2	100～120	1

续表

塑料品种	缩写符号	注塑允许水汽量分数/%	干燥温度/℃	时间/h
聚甲醛	POM		80～120	
聚砜	PSU	<0.05	110～120	3～4
聚苯醚	PPO		110～120	2
聚醚醚酮	PEEK		150	8
热塑性聚氨酯	TPU		100～110	1～2
热塑性弹性体	TPE		120	3～4
液晶聚合物	LCP		110～150	4～8
聚芳酯	PAR		120～150	4～8
聚苯硫醚	PPS		140～250	3～6
聚醚砜	PES			
聚芳砜	PASU		135～180	
乙烯-丁基丙烯酸酯共聚物	EBA		70～80	3
聚醚-酰胺嵌段共聚物	PEBA		70～80	2～4
乙酰丁酸纤维素	CAB		60～80	2～4
醋酸纤维素	CA			
丙酸纤维素	CP			
	SAN		70～90	1～4

塑料干燥方法有烘箱干燥、红外线干燥、板干燥和高频干燥等，塑料干燥设备有热风循环烘箱、静置或回转真空干燥箱、远红外线干燥箱、热风料斗干燥器、减湿料斗式干燥机组、沸腾干燥机等，热塑性塑料常用的干燥方法主要有热风循环干燥、红外线干燥。

a.热风循环干燥。干燥原理是利用热空气通过塑料表面带走水分及挥发物。其中热风循环烘箱要求所烘塑料摊平，厚度不超过2.5mm。干燥时间通常要根据塑料的含水量及烘箱温度来决定。利用热风循环原理干燥的设备主要有热风循环烘箱、热风料斗干燥器、沸腾干燥机等。

热风料斗干燥器直接从加料斗的底部通入热空气对塑料进行干燥，这种结构避免了烘箱操作所带来的很多麻烦，有利于实现加料的连续化和自动化，同时缩短了干燥时间。利用它来进行干燥时的时间要比烘箱所用时间短得多，所以一般要用较高温度，但要注意的是不能使塑料表面发黏，否则将影响塑料从料斗落下。另外，对于混有各种助剂的塑料，应考虑混合料是否会在热空气作用下分离，若分离，则不能用热风料斗干燥器。

b.红外线干燥。红外线干燥利用红外线辐射对塑料进行干燥。红外线加热时，先是塑料表面受热，然后通过热传导将热传至内部，塑料层的厚度以不超过6mm为宜。一般采用以传送带装载塑料通过红外灯下的形式。烘干塑料的温度与功率、灯数、塑料与灯之间的距离、塑料受热面积和受热时间有关，一般辐射源温度设置在 $400\sim600℃$ 之间。烘干过程中配以送风装置以带走水分及挥发物，有利于提高效率。

③ 着色　热塑性塑料原料大部分是透明的或呈乳白色，而随着人们生活水平的提高和对制品性能要求的提高，人们常常对制品颜色提出各种要求，所以在塑料制品的加工之前需要进行着色，即在塑料中施以不同分量的着色剂进行混合，使之具有特定的色彩或特定的光学性能。

着色工艺不仅与选用的色料有关，而且与塑料本身的性能、添加剂、加工手段、使用方法有关，在选择着色剂时要参照着色剂的性能进行选择。

塑料原料的着色常用两种方法，即干混法（也称浮染法）和色母料着色法。

a. 干混法着色。干混法着色是将热塑性塑料颗粒与分散剂、颜料均匀混合成着色颗粒后直接注塑。干混法着色的分散剂一般用白油，根据需要也可用松节油、酒精及某些酯类。具体的操作过程为：在高速捏合机中加入塑料颗粒和分散剂，混合搅拌后加入颜料；借助搅拌浆的高速旋转，使颗粒间相互摩擦而产生热量；利用分散剂使颜料粉末牢固地黏附在塑料粒子的表面。干混法着色工艺简单、成本低，但有一定的污染并需要混合设备；如果采用手工混合，则不仅增加劳动强度，而且混合也不均匀，影响着色质量。

b. 色母料法着色。色母料着色法是将热塑性塑料颗粒与色母料颗粒按一定比例混合均匀后用于注塑。色母料着色法操作简单、方便，着色均匀，无污染，成本比干混法着色高一些。目前，该法已被广泛使用。

④ 嵌件预热　注塑前，金属嵌件先放入模具内的预定位置上，成型后与塑料成为一个整体。由于金属嵌件与塑料的热性能差异很大，导致两者的收缩率不同，因此，有嵌件的塑料制品，在嵌件周围易产生裂纹，既影响制品的表面质量，也使制品的强度降低。解决此问题的办法除了在设计制品时应加大嵌件周围塑料的厚度外，对金属嵌件的预热也是一个有效措施。嵌件的预热必须根据塑料的性质以及嵌件的种类、大小决定。对具有刚性分子链的塑料（如 PC、PS、聚砜和聚苯醚等），由于这些塑料本身就容易产生开裂，因此，当制品中有嵌件时，嵌件必须预热；对具有柔性分子链的塑料（如 PE、PP 等）且嵌件又较小时，嵌件易被熔融塑料在模内加热，嵌件可不预热。

嵌件的预热温度一般为 $110\sim130℃$，预热温度的选定以不损坏嵌件表面的镀层为限。对表面无镀层的铝合金或铜嵌件，预热温度可提高至 $150℃$ 左右。预热时间一般几分钟即可。

⑤ 料筒的清洗　在注塑过程中，遇有需要更换原用料时，以随后要用的塑料或另一种可以混容的清机物料加入机筒中，以清除机筒内残留旧料的操作，称为料筒的清洗。生产中，当需要更换原料、调换颜色或发现塑料有分解现象时，都需对注塑机的料筒进行清洗。换料清洗法有两种：直接换料法和间接换料法。

a.直接换料法。若欲换原料和料筒内存留料有共同的熔融温度时，可直接用欲生产料替代残留料。若欲换原料的成型温度比料筒内存留料的温度高时，则应先将机筒和喷嘴温度升高到欲换原料的最低加工温度，然后加入欲换料，进行连续的对空注射，直至料筒内的存留料清洗完毕后，再调整温度进行正常生产。若欲换料的成型温度低于料筒内存留料的温度时，则应先将机筒和喷嘴温度升到使存留料处于最好的流动状态，然后切断料筒和喷嘴的加热电源，用欲换料在降温下进行清洗，待温度降至欲换料加工温度时，即可转入生产。

b.间接换料法。若欲换原料和料筒内存留料没有共同的熔融温度时，可采用间接换料法。若欲换料的成型温度高，而料筒内的存留料又是热敏性的，如 PVC、POM 等，为防止塑料降解，应采用二步法换料清洗，即先用热稳定性好的 PS 或 LDPE 塑料或这类塑料的回料作为过渡清洗料，进行过渡换料清洗，然后用欲换料置换出过渡清洗料。

由于直接换料清洗要浪费大量的清洗料，因此，目前已广泛采用料筒清洗剂来清洗料筒。料筒清洗剂的使用方法为：首先将料筒温度升至比正常生产温度高 10～20℃，注净料筒内的存留料，然后加入清洗剂（用量为 50～200g）；最后加入欲换料，用预塑的方式连续对空注射一段时间即可。若一次清洗不理想，可重复清洗。

（5）脱模性

在注射过程的最后阶段，模具开启，制品离开模具。制品从模具上脱离的难易称为脱模性。对脱模的要求是制品顺利地脱离型腔或型芯，整个顶出过程不会给制品造成任何损害和变形。影响脱模性的主要因素有斜度或锥度、表面粗糙度、倒角和孔洞、分型线的位置等。几乎所有与特定几何形状相关的特点都会影响制品的顶出脱模特性，如果制品设计时不考虑脱模，即使是十分简单的制品，其顶出脱模系统也可能很昂贵。

① 斜度或锥度　斜度或锥度通常用来方便那些成型深度较大的制品的顶出。如果使用标准的型腔和型芯生产制品时，型腔与固定模板连接，而型芯与动模板相连。在型腔的侧壁上设置斜度是为了在开模时制品从型腔脱离，降低启模时对型腔侧表面造成的擦伤或磨耗。设置型腔斜度

有助于空气流动，从而消除启模时的真空作用。典型的型腔斜度在零点几度到几度范围内变化，它随模塑成型深度、材料刚性、表面润滑性、模具表面粗糙度和材料收缩性等参数的变化影响。一旦模具打开，制品从型腔中移开，就必须把它尽快地从型芯上剥离下来。塑料制品易夹紧在型芯上，因此顶出制品需要的力很大。型芯斜度为零的制品很难顶出，而且顶出周期中有很高的顶出力。因此，型芯通常采用斜度，斜度范围在 $0.25°\sim2°$。在大多数情况下，型芯斜度等于型腔斜度。这种平行结构较好，因为它使制品壁厚保持均匀。

　　② 表面粗糙度　型腔和型芯表面粗糙度对塑料制品的脱模性能影响很大。模具钢或表面镀层的类型、表面粗糙度和抛光的方向都是很重要的影响因素。通常，表面越光滑、抛光程度越高越有利于制品的脱模。那些脆性、硬质或玻璃态聚合物尤其如此。在另外一些情况下，表面轻度纹理或者喷砂处理也可降低顶出力，这种情况适用于某些弹性体或韧性材料。实践证明，抛光方向对制品的顶出有很大的影响，型芯和型腔抛光的方向应与开模的方向一致，特别是对于成型深度较大而斜度很小或无斜度的制品尤为重要。带有无规纹理的型腔根据经验其纹理深度应为 0.025mm，每边斜度应为 $1°\sim5°$。因为材料收缩，型芯上的纹理会使制品紧紧抱在型芯上，使脱模特别困难，所以，如果型芯上必须有纹理，则需要较大的斜度。

　　在顶出过程中，可通过使用润滑剂或改变模具表面涂层的方法来降低塑料制品与模具间的摩擦力。润滑剂通常加入到塑料材料中，润滑剂一般分为内用和外用两种。内用的润滑剂是一些与聚合物有强亲和力的添加剂，可用来降低熔融聚合物的黏度。外用的润滑剂则相反，在聚合物中的溶解度很低，在加工过程中倾向于从聚合物本体迁移到加工设备的金属接触面上，产生一个润滑面层，外用润滑剂是替代喷涂脱模剂的好方法，它能克服喷涂脱模剂带来的周期延长、加工过程不连贯、表面修整及组装不便等问题。降低脱模力的另一个方法是在模具上电镀低摩擦因数的材料或进行表面处理，例如，无电镀镍、电解电镀铬、二硫化钼镀层、二硫化钨镀层、无定形碳化硼涂层、浸渍聚四氟乙烯的五电镀镍的镀层等。

　　常见的脱模剂主要有 3 种，即硬脂酸锌、白油及硅油。硬脂酸锌除 PA 外，一般塑料都可使用；白油作为 PA 的脱模剂效果较好；硅油虽然脱模效果好，但使用不方便，使用时需要配成甲苯溶液，涂在模具表面，经干燥后才能显出优良的效果。

　　脱模剂使用时采用两种方法：手涂和喷涂。手涂法成本低，但难以在模具表面形成均匀的膜层，脱模后影响制品的表观质量，尤其是透明制品，会产生表面混浊现象；喷涂法是将液体脱模剂雾化后喷洒均匀，涂层薄、脱模效果好、脱模次数多（喷涂一次可脱十几模），实际生产中，应尽量选用喷涂法。应当注意，凡要电镀或表面涂层的塑料制品，尽量不用脱模剂。

③ 倒角和孔洞　设计塑料注射制品时通常应尽量避开一些特殊的模具活动方式，如侧向移动、侧位抽芯、斜芯杆折叠型芯和退扣模具等。这些特殊的模具功能使模具造价昂贵，增加模具保养费用，并会妨碍模具冷却系统的设计，最终可能会导致制品生产周期的延长。即使是特殊的模具活动方式非用不可，也要尽量限制其应用，如果必须使用侧向活动模具，则最好使活动方向与模具开启方向垂直，斜向活动则尽量避免。

④ 分型线位置　可以通过改变制品在模具中的放置方法来避免倒角，按图 5-21(a) 所示的制品方位就需要安装活动型芯或者回程杆，以利于顶出。如果制品按照 5-21(b) 所示的角度放入模具中，则制品就会很容易顶出。

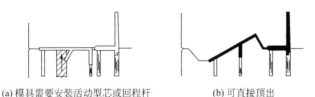

(a) 模具需要安装活动型芯或回程杆　　　　　(b) 可直接顶出

图 5-21　改变制品在模具内的方位可以消除内倒角从而简化制品的顶出

（6）残留应力特性

注射成型中残余应力的形成主要归因于两个因素：冷却和流动应力。最主要的是制品在模腔中迅速冷却或淬火形成的残余应力。典型的残余应力分布如图 5-22 所示。图 5-22 中给出了 PMMA 和 PS 片材在不同条件下冷却的实验结果。3mm 厚的 PMMA 片材从 170℃ 或 130℃ 冷却到 0℃，2.6mm 厚的 PS 片材从 150℃ 或 130℃ 冷却到 23℃。

在充模和保压阶段，模腔内高分子熔体流动时的剪切应力和法向应力也可形成注塑制品的残余应力。这些流动诱导产生的拉伸应力通常比冷却过程形成的应力小得多。但是，在低温注射时，这些应力可能会很大，而在制品表面形成拉伸残余应力。

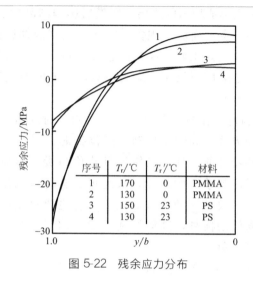

图 5-22 残余应力分布

为了改进模具和模拟预测塑料制品加工过程中的收缩和翘曲，必须控制材料在加工过程中经历的复杂热力学行为。收缩和翘曲源自于物料的不均匀性和各向异性，这些又是因充模、分子或纤维取向、交联或固化行为、不合适的热模布置和不合理的加工条件等产生。收缩和翘曲与残余应力有直接的关系。短暂的热行为或固化行为，还有材料的各向异性都能导致加工中残余应力的发展。这类由加工过程诱导的残余应力严重地影响了制品的力学性，造成翘曲或引发复合制品的裂纹和分层。

塑料熔体充模时，固化过程就开始了；但是在后充模或保压阶段，流动仍在继续。这便产生了冻结流动应力，它和热应力同一数量级。注塑制品的残余应力，包括了高分子的黏弹行为、流动应力和热应力。流动诱导的应力相当一部分来源于注塑过程的后充模阶段。

5.1.4 材料的微观特性

注塑成型过程实际上是伴随有相变的可压缩黏弹性聚合物熔体在复杂流道内的非等温、非稳态流动，期间，由于材料受热和力作用的历史不同，所形成制品的微观结构（结晶、取向、残余应力）和原材料会有很大差别。由于注塑成型过程不仅赋予材料一定的形状，还赋予其特定的微观结构，并最终决定着制品的性能。

（1）结晶[12,13]

聚合物按其聚集态结构可以分为结晶型和非结晶型，结晶型的聚合物呈有规则的排列，而非结晶型的聚合物分子链却呈不规则的无定形排列。评定聚合物结晶形态的标准是晶体形状、大小、等规度及结晶度，它们对注塑制品的物理-力学性能起重要的作用。

① 结晶对制品性能的影响 注射成型制品的性能与微观结构密切相关。从微观结构上来说，注射制品具有不均匀性，其宏观性能是每一微观结构性能的复杂组合。

a. 密度。结晶度高，分子链排列有序而紧密，分子间作用力强，所以密度随结晶度的提高而增大。如70%结晶度聚丙烯的密度为0.896g/cm³；当结晶度增至95%时，密度增加到0.903g/cm³。

b. 拉伸强度。拉伸强度随着结晶度的升高而提高，如结晶度为70%时，聚丙烯拉伸强度为27.5MPa；当结晶度增至95%时，拉伸强度可提高到42MPa。

c. 弹性模量。弹性模量随结晶度的增加而增大，如聚四氟乙烯，当结晶度从60%增至80%时，其弹性模量从560MPa增至1120MPa。

d. 冲击强度。冲击强度随结晶度的提高而减小，如聚丙烯，结晶度由70%增至95%时，其缺口冲击强度由1520J/m² 下降为486J/m²。

e. 热性能。结晶度增加有利于提高软化温度和热变形温度。如聚丙烯，结晶度由70%增至95%时，热变形温度由124.9℃增至为151.1℃。

f. 翘曲。结晶度提高会使体积变小，收缩率加大。结晶型材料比非结晶型材料更易翘曲，主要原因是制品在模内冷却时，由于温度的差异引起结晶度的差异，致使密度不均，收缩不等，从而产生较大的内应力而引起翘曲。

g. 光泽度。结晶度提高会增加制品的致密性，使制品表面光泽度提高，但由于球晶的存在会引起光波的散射，而使透明度降低。以尼龙为例，采用低温模具冷却时，制品在模腔内急速冷却，由于结晶度低而变得透明；若采用高温模具成型，则由于进一步结晶而变得半透明或呈乳白色。

② 注射成型条件对结晶的影响[14-16]

a. 熔体温度。结晶是一个热历程。当聚合物熔体温度高于熔融温度时（$T > T_m$），大分子链的热运动显著增加，当大于分子的内聚力时，分子就难以形成有序排列而不易结晶；当温度过低时，大分子链段的运动能很低，甚至处于冻结状态，也不容易结晶。所以结晶的温度范围是在 T_g 和 T_m 之间，在高温区（接近 T_m）晶核不稳定，单位时间成核数量少；而在低温区（接近 T_g），自由能低，结晶时间长，结晶速度慢，不能为成核创造条件。这样，在 T_g 和 T_m 之间存在较高的结晶速度

（V_{max}）和相应的结晶温度（T_{max}），如图 5-23 所示。

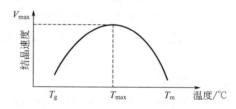

图 5-23　结晶速度与温度的关系

　　b.冷却速度。注塑成型时，聚合物从 T_m 以上降至 T_g 以下这一过程的速度称为冷却速度，它是决定晶核存在或产生的条件。冷却速度取决于熔体温度（T）和模具温度（T_M）之差，称过冷度。过冷度分为以下3个区。

　　• 等温冷却区。当 T_M 接近最大结晶温度时，这时 ΔT 小，过冷度小，冷却速度慢，结晶几乎在静态等温条件下进行，这时分子链自由能大，晶核不易生成，结晶缓慢，冷却周期加长，形成较大的球晶。

　　• 快速冷却区。当 T_M 低于结晶温度时，过冷度增大，冷却速度很快，结晶在非等温条件下进行，大分子链段来不及折叠形成晶片，这时大分子链松弛滞后于温度变化的速度，于是分子链在骤冷下形成体积松散的来不及结晶的无定形区。

　　• 中速冷却区。当模具温度 T_M 被控制在熔体最大结晶速度温度与玻璃化转变温度之间时，接近模具表层的区域最早生成结晶，由于温度 T_M 太高，有利于制品内部晶核生长和球晶长大，结晶也较为规整。因此，模具温度一般控制在此区域内，其优点是结晶速率大，制品易脱模，且注射时间短。如聚丙烯的模温实际控制在 $60\sim80℃$ 之间，即在 $T_g\sim T_{vmax}$ 之间。

　　总之，冷却速度决定于熔体温度与模具温度的温差。冷却速度快，结晶时间短，结晶度低，制品密度也会降低。

　　c.保压压力。提高保压压力有助于提高 PP 制件的密度和尺寸稳定性。但对多级保压系统来说，级与级之间过大的压力梯度会引起模腔压力突降，对 PP 结晶过程造成不利影响，会导致结晶度和力学性能下降。

　　d.注射压力。实验表明：熔体压力的提高及剪切作用的增强都会加速结晶过程，这是由于应力作用使链段沿受力方向而取向，形成有序区，容易诱导出许多晶胚，使晶核数量增加，结晶时间缩短，从而加速了结晶作用。因此，对于结晶性高聚物而言，在注塑过程中，可通过提高注塑压力和注射速率获得较高的结晶度，当然，提高的程度应以不发生熔体破裂为限。

在保压压力不变时，注射压力明显地低于或高于保压压力的情况对PP制件性能均不利，在注射压力稍大于或等于保压压力时，注射PP的结晶度最高，力学性能也最理想。

e. 取向。对结晶聚合物而言，结晶和取向作用密切相关。根据聚合物取向可以提高结晶的道理，在注塑实践中可以采用提高注射压力和注射速率来降低熔体黏度的方法为结晶创造条件。

f. 振动。当考虑振动时，必须区分低频振动和超声波振动。在熔体过冷温度范围内，超声波振动可以将在生长中的晶粒细化，这些细化的晶粒可以充当成核点，进一步地生长。经过超声波作用的注射成型制品，具有更高的冲击强度、应力开裂强度和透明度。

对于低频振动（振动频率小于100Hz）而言，局部纳米级的自由孔洞集成微腔能够产生高频率的声子（晶体点阵振动能的量子），微腔能起到成核剂的作用，因为微腔是液体中的细小的孔洞，它开放于负压区域。当微腔塌陷时，能产生局部的高压。根据Clapeyron方程，这种高压可以改变熔体温度，温度的改变反过来促进均匀的成核与结晶。

综上，结晶型聚合物结晶度的高低主要取决于注塑工艺参数的设置，而聚合物结晶度的高低对制品的性能又产生重要的影响，对于同一种聚合物而言，结晶度提高，除冲击强度外，其他所有的物理-力学性能都有提高。所以，在实际生产中，可根据制品的使用要求，调整工艺参数，从而控制制品结晶度的高低，达到理想的物理-力学性能。

③ 结晶性塑料对注塑机和模具的要求

a. 结晶性塑料熔解时需要较多的能量来摧毁晶格，由固体转化为熔融的熔体时需要输入较多的热量，所以注塑机的塑化能力要大，最大注射量也要相应提高。

b. 结晶性塑料熔点范围窄，为防止喷嘴温度降低时胶料结晶堵塞喷嘴，喷嘴孔径应适当加大，并安装能单独控制喷嘴温度的加热圈。

c. 由于模具温度对结晶度有重要影响，所以模具水路应尽可能多，保证成型时模具温度均匀。

d. 结晶性塑料在结晶过程中发生较大的体积收缩，引起较大的成型收缩率，因此在模具设计中要认真考虑其成型收缩率。

e. 由于各向异性显著，内应力大，在模具设计中要注意浇口的位置和大小、加强筋的位置与大小，否则容易发生翘曲变形，而后要靠成型工艺去改善是相当困难的。

f.结晶度与塑件壁厚有关，壁厚冷却慢结晶度高，收缩大，易发生缩孔、气孔，因此模具设计中要注意塑件壁厚的控制。

（2）取向[17-19]

① 分子取向　注射成型的成型过程分为充模、保压和冷却三个阶段。注射成型充模、保压阶段熔体非等温流动产生的剪切应力、法向应力及弹性变形在冷却阶段不能完全松弛而被"冻结"在制品中形成取向。

充模时，聚合物熔体是在模腔之间流动的，壁温一般都低于聚合物的玻璃化转变温度或熔化温度。聚合物从它开始进入模腔的时刻起便开始冷却，与模壁接触的一层聚合物迅速冷却，成为剪切速度几乎等于零的不流动的冷却皮层。该皮层有绝热作用，使贴近皮层的聚合物不立即凝固，在剪应力作用下继续向前流动。这样在模腔内形成速度梯度，致使高分子链的两端处于不同的速度层中，从而使高分子链取向。保压时间越长，分子链取向程度越大。在冷却阶段中，这种取向被冻结下来，形成了贴近表皮层取向大，中心处取向小的结构。在注塑过程中，分子的取向作用对制品的物理-力学性能有重要的影响，沿取向方向力学性能大大提高。

熔体温度高、模具温度高、注塑压力低、注射速率慢，注塑制品的取向程度小；反之，取向程度大。取向引起制品性能各向异性，在取向方向的力学性能显著提高，而垂直于取向方向的力学性能则显著下降。提高料流中心处的分子取向，对提高制品的力学性能有利。"推-拉"注塑、剪切控制取向注射等成型工艺就是依据此原理发明的。

② 纤维取向　以特定方向（如纤维轴向）为基准的纤维大分子作有序的排列状态，称为纤维取向。同分子取向一样，纤维取向会改变材料的机械特性，纤维取向会使所成型的制品呈现明显的各向异性。

注射速度对纤维取向有较大的影响，在熔体温度和模具温度不变的情况下，注射速度大的制品纤维取向程度反而不如注射速度低的制品的纤维取向程度。注射工艺参数对纤维取向的影响归根结底是对熔体黏度和在成型过程中剪切应力的影响。熔体黏度太低或者太高都不利于纤维取向。剪切力增大有利于纤维取向。纤维取向是这两者综合作用的结果。

（3）残余应力[20,21]

如前所述，注射成型充模、保压阶段熔体非等温流动产生的剪切应力、法向应力及弹性变形在冷却阶段不能完全松弛而产生取向的同时也会产生流动残余应力；另外，冷却过程中，由于制品厚度方向较大温度梯度的存在使其在不同时刻固化，从而产生不同的收缩形成热残余应力。

一般来说，热残余应力比流动残余应力大一个数量级，从热残余应力可以预测制品的翘曲变形程度，但流动残余应力对引起制品力学、热学和光学各向异性的分子取向的贡献占主导作用，也就是说，流动残余应力对分子取向的贡献占主导作用。

残余应力是注塑件形状尺寸不稳定的重要原因，而且对制件的使用性能也有显著的影响，所以近20年来一直是研究的重点。从残余应力的来源可以发现影响残余应力的因素，同时也为工程中尽量减少制品的残余应力提供指导。

从流动残余应力的产生过程可知，如果熔体在被"冻结"分子取向之前，由于流动引起的分子取向能够达到新的平衡状态，就不会产生流动应力，因此，对于注塑成型工艺而言，熔体的注射温度、模壁温度、熔体充填时间和充填速度、保压压力以及流道的长短都会对流动应力产生影响。

从热残余应力的产生过程可知，模腔内注塑件各部分如果能够达到均匀的冷却过程，则就不会产生热应力。在实际注塑成型加工过程中，由于制品的形状复杂性，模具设计制造中的工艺限制，完全避免热应力的产生是不可能的。科学合理的设计保压压力和保压时间，冷却管道的布置尽量使制件表面各部分以均匀的冷却速率固化，模腔厚度均匀，避免出现大的变化，这些对于减小热残余应力都是一些有效的措施。

5.2　模具型腔可视化

聚合物加工是一门复杂的科学，过去塑料成型属于暗箱操作，长期以来大量学者利用数学方法进行相关理论的研究，并得到了丰富的学术成果。但是，由于数值模拟过程中对于物理、热学或其他性质的简化使得相关研究结果同实际结果存在一定的出入。于是，可视化技术因其能够如实反映具体过程而成为研究聚合物加工成型过程的重要手段[22]。采用潜望式光反射成像模具，利用超高速摄像机剖析瞬间充填行为以及可视化光源，创建模塑成型可视化试验台，观测偏振光分析成型过程的应力变化，研究者可以清楚地看到成型过程的具体变化情况，研究转为明箱操作。可视化的新技术将大大推动塑料成型技术的发展。

所谓可视化技术，是指对于聚合物的实际成型过程，由固体到熔融态、混炼和分散、熔体冷却成型等全过程都可直接观察的一项研究方法。目前可视化技术在挤出、注射和中空成型工艺中都已得到实际应用。

可视化方法是研究聚合物加工成型过程的重要手段。近 20 年来它与 CAE 相辅相成，推动着聚合物加工成型科学与技术的快速发展。可视化方法对于发现加工成型过程中的某些未知现象，揭示成型缺陷的产生机理等方面有着不可替代的重要作用。

注射成型可视化技术主要有静态和动态两类[23]。

（1）静态可视化

静态可视化是在注射前对物料进行处理，成型以后再分析制品。静态可视化技术以得到的成型制品作为研究对象，一般采用以下两种方法：利用双料筒双色注射成型的着色静态可视化和在物料中混入磁性材料的着磁静态可视化方法（见图 5-24）。

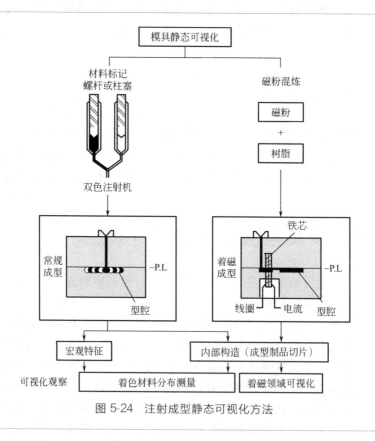

图 5-24　注射成型静态可视化方法

着色静态可视化方法是在一成型周期中，通过入口切换装置顺次或交替将两种不同颜色的树脂注射到型腔中，利用成型结果中不同颜色的物料分布可直观反映出整个成型过程。

脉冲着磁显影方式是将磁带记录的原理应用到可视化研究中[24,25]。

树脂原料中首先混入一定比例的磁粉，注射过程中通过浇口位置铁芯产生的脉冲磁场使一部分磁粉着磁，再将制品切片放入磁场检测液中显影实现可视化研究。该方法可对夹层、型腔内阶梯处流动、补偿流动、低速或高速充模过程、纤维取向和流动间的关系、流动前锋的流动状态、半导体封装过程等进行可视化实验分析。但磁粉的加入对树脂性能有所改变，并且实验条件要求苛刻，影响其应用效果。

（2）动态可视化

动态可视化技术是利用高速摄影机直接拍摄模具内熔体流动，通过专门设计的可视化模具，使光线能够进入到模具型腔中，再通过高速摄影机拍摄熔体充模过程影像。工作原理如图 5-25 所示。

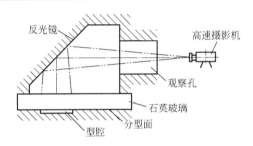

图 5-25　动态可视化工作原理

动态可视化技术改进了静态可视化技术只能通过加工前对材料的处理来追踪加工后物料去处的弊端，并使得对物料加工过程的观察从传统意义上的静态化、过程不可知化转变成了可记录化、过程可知化。通过实时观察整个注射充模过程可以在一定程度上验证以往的实际加工经验是否和真实情况相符合，同时，还能通过对真实充模过程的观察验证各种模拟软件，如 MoldFlow、Moldex3D 等对树脂流动情况模拟的可靠性以及评估模拟中所采用的模型的合理性。

注射成型可视化技术的核心部件是注射成型可视化模具[22,26-29]。已有的可视化注射模具主要分为以透射光方式观察与以反射光方式观察两大类。

① 以透射光方式观察的可视化模具　以透射光方式观察的可视化模具如图 5-26 所示，型腔的上、下表面都设置透明玻璃窗口。

图 5-26 中，定模侧与动模侧都设置了石英棱镜窗口，照明装置与图像采集装置将分别位于型腔的上、下两侧。当观察窗口采用石英棱镜时，可视化注塑模具的加工难度与制造成本都将大幅度提高，因为在塑料熔体的高压冲击下石英玻璃窗口容易发生碎裂，所以难以避免多次更换石

英玻璃窗口的问题。该模具只适于小尺寸的观察窗口。

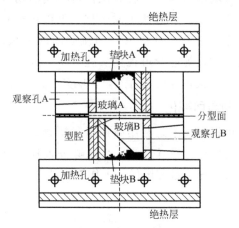

图 5-26　以透射光方式观察的可视化模具

② 以反射光方式观察的可视化模具　可视化注射模多用来观察注射成型的充模过程，因此多采用只需要型腔一侧为透明玻璃窗口的反射光观察方式。如图 5-27 所示为日本东京大学产学共同研究所设计的一副以反射光方式观察的可视化模具。光线通过石英棱镜进入型腔观察窗口，照亮型腔。照射光线经塑料熔体与金属模腔反射后返回，被摄像装置收集，形成型腔区域内充填情况的图像。

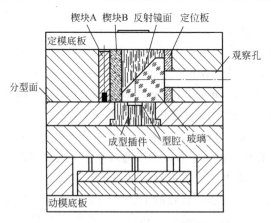

图 5-27　以反射光方式观察的可视化模具

图 5-27 的可视化模具采用了梯形剖面的玻璃作为观察视窗，形状比

较复杂，且玻璃各接触面尺寸精度要求很高，从而使玻璃的加工难度大大增加。同时模具一侧的观察孔尺寸较小，限制了观察区域的大小。

本章中采用的可视化模具在保证可视化功能不受影响的前提下，对原始设计方案作了改进和简化。模具实物如图 5-28 所示，其结构如图 5-29 所示。

图 5-28　可视化模具实物

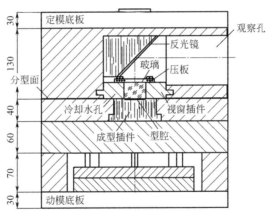

图 5-29　可视化模具结构

与原始模具比较，玻璃形状改为长方体结构，降低了玻璃视窗的复杂程度，易于加工，同时观察区域更加开阔，由观察孔进入的照明光源更加充足，原始模具采用在金属表面涂抹反光涂料的方式来实现光线的反射，现行模具中反射座作为单独的一个部件不受其他部件的影响，采用在反射座上固定反光镜的方式，改善了光线反射效果，使收集到的影像更加清晰，最重要的是改进后的可视化模具结构大大简化，成本大大降低。

5.3　3D 复印缺陷产生机理及解决办法

注射成型是一项涉及模具设计制造、原材料特性、预处理方法、成型工艺和操作技术的系统工程。成型制品质量的好坏不但取决于注塑机的注射计量精度和模具的设计加工技术，还和加工环境、制品冷却时间、后处理工艺等息息相关。因此成型制品难免出现各种缺陷。通过分析各种缺陷的形成机理，可以看出塑料的材料特性、模具的结构及其加工精度、注射成型工艺和成型设备的精密程度是导致缺陷产生的主要因素。

5.3.1　制品的常见缺陷 [30]

一般来说，根据聚合物注射成型制品的外观质量、尺寸精度、力、光、化学性能等，可以将注射制品的常见缺陷分为三大类。

① 外观类　主要包括熔接痕、凹痕、暗斑、分层剥离、喷射、气泡、流痕等。

② 工艺类　主要包括充填不足、飞边、异常顶出、流道黏膜等。

③ 性能类　主要包括应力不均匀（残余应力）、脆化、翘曲变形、密度不均匀等。

注射制品常见缺陷如图 5-30 所示。

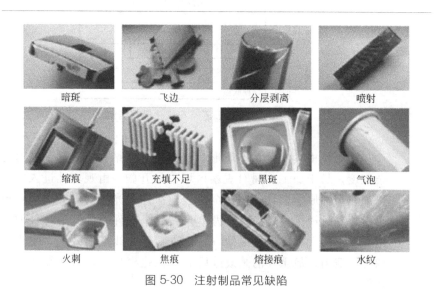

暗斑	飞边	分层剥离	喷射
缩痕	充填不足	黑斑	气泡
火刺	焦痕	熔接痕	水纹

图 5-30　注射制品常见缺陷

虽然注射制品缺陷可以分为上述三大类，但是这些成型缺陷都是相互关联的。例如，熔接痕、气泡等的出现往往伴随着残余应力的存在。

常见成型缺陷的可视化结果如图 5-31 所示。

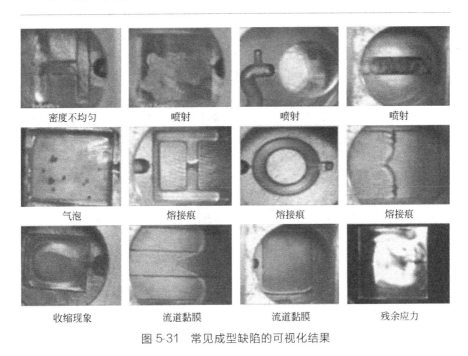

密度不均匀　　　　喷射　　　　　　喷射　　　　　　喷射

气泡　　　　　熔接痕　　　　　熔接痕　　　　　熔接痕

收缩现象　　　流道黏膜　　　　流道黏膜　　　　残余应力

图 5-31　常见成型缺陷的可视化结果

5.3.2　典型缺陷产生机理[30, 31]

在塑料制品注射成型过程中，制品的缺陷是由多方面原因造成的。为了方便讨论缺陷的形成原因，本节将从材料、工艺、模具三方面进行讨论。

① 材料方面　选材不当、原料中混入挥发气体或其他杂质、材料未进行烘干、颗粒不均匀等。

② 工艺方面　工艺方面主要包括压力、温度、时间、速度。其中压力方面主要是注射压力、保压压力、背压三个方面影响着成型质量。温度主要是模具的温度、喷嘴的温度、料筒的温度、背压螺杆转速引起的摩擦生热。时间主要包括保压时间、开合模时间、材料的塑化时间这三方面。速度则主要包括螺杆的转速和注射速度。

③ 模具方面　主要包括浇注方式、浇口的位置和大小、排气性、加工精度等。

本章所采用的注射成型充模过程可视化实验装置是在上述可视化模具的基础上，配备德国阿博格精密注射成型机（Arburg Allrounder 270S 500-60）、美国 GigaView 高速摄像机（最短曝光时间 21μs，最大帧速 17000fps）、影像采集电脑及专业数据分析测试软件系统 IMAGE PRO PLUS 建立的精密注射成型充模过程可视化系统，其中可视化模具可方便地更换型腔成型插件，如图 5-32 所示，并以注射成型中的波流痕缺陷为例介绍注射成型可视化技术的应用。

图 5-32　精密注射充模过程可视化系统

流痕一般分为波流痕和喷射流痕，流痕又称流纹、波纹、震纹，是注射制品上呈波浪状的表面缺陷。通过精密注射成型充模过程可视化系统研究波流痕产生的现象和解决措施，制品缺陷如图 5-33 所示。实验材料为日本出光 PC 料，牌号 LCl500，NATURALED76366，实验设备为 Arburg Allrounder 270S500-60，工艺参数设定如表 5-4 和表 5-5 所示。波流痕可视化实验结果如图 5-34 所示。

图 5-33　波流痕缺陷

表 5-4　矩形型腔料筒温度设定　　　　　　　　　　　　　　　℃

料筒加料段	料筒后段	料筒中段	料筒前段	喷嘴
45	260	280	290	300

表 5-5 矩形型腔注射保压参数设定

预塑位置/mm	35	保压一段时间/s	0.1
注射速度/(mm/s)	30	保压一段压力/bar	200
注射压力/bar	500	保压二段时间/s	0.1
转压位置/mm	9	保压二段压力/bar	100

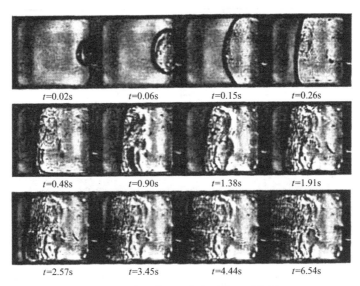

图 5-34 波流痕可视化实验结果（PC）

从图 5-34 中可以看出，熔体流动前锋进入型腔流动相对较快，然后流动逐渐缓慢，注射速度不平稳导致流动不平稳，由于熔体充模时温度高的熔体遇到温度低的模具型腔壁而形成很硬的壳，壳层受到熔体流动力的作用，时而脱离型腔表面而造成冷却不一致，最终在制品上形成波纹状的痕迹。波流痕形成原因示意图如图 5-35 所示。

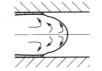

(a) 熔体前沿在模壁附近冷却下来

(b) 冷凝的外层前沿阻止熔体前沿直接卷至模壁

(c) 熔体前沿再度接触模壁，如此反复，形成波纹

图 5-35 波流痕形成原因示意图

图 5-35(b) 中 PP 制品末端有一道很明显的流痕，其可视化实验结果如图 5-36 所示，料筒温度设定如表 5-6 所示，注射保压参数设定如表 5-7 所示。

表 5-6　机筒温度设定　　　　　　　　　　　　　℃

料筒加料段	料筒后段	料筒中段	料筒前段	喷嘴
45	190	200	210	220

表 5-7　矩形型腔注射保压参数设定

预塑位置/mm	46	保压一段时间/s	0.1
注射速度/(mm/s)	50	保压一段压力/bar	300
注射压力/bar	500	保压二段时间/s	0
转压位置/mm	8	保压二段压力/bar	25

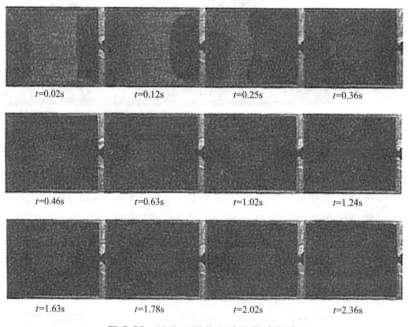

图 5-36　流痕可视化实验结果（PP）

从图 5-36 中可以看出，熔体在速度压力切换后流动缓慢，保压不足，熔体在速度压力切换位置停留时间长，形成固化层，最终形成波纹。因此速度压力切换不当、保压不足、注射速度过低或者不平稳都有可能导致波流痕。

5.3.3 3D复印制品缺陷产生原因及解决方案

（1）欠注（short shot）

欠注又称短射、充填不足，是指料流末端出现部分不完整现象或成型制品整体有塌瘪现象或一模多腔中一部分填充不满（图5-37）。

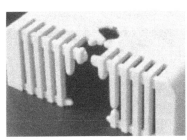

图5-37 欠注

① 产生原因

材料：塑料流动性差、熔体流程过长、润滑剂过多或材料中有异物。

模具：流道尺寸过小造成流动阻力增大；流道或浇口太大或被堵塞；无冷料井或冷料井太小；多型腔模具流道与浇口的分配不均衡；模具排气不良；制品结构复杂，局部横截面过薄。

成型工艺：注射速度过慢；注射压力太低，注射时间短，螺杆退回太早；进料调节不当，缺料或多料；模具温度过低；料温过低，包括机筒前端，机筒后段，喷嘴温度过低。

注塑机：注塑机塑化量小；喷嘴冷料进入型腔；喷嘴内孔直径太大或太小；塑料熔块堵塞加料通道；温控系统故障，实际料温过低。

② 解决方案

材料：通过选择流动性好的树脂；对于流动性差的材料，加入润滑剂，既提高塑料的流动性，又提高稳定性，减少气态物质的气阻。

模具：调整浇注系统设计。如改变浇口位置，浇口尺寸加大、变短，流道尺寸加宽、变短，加大冷料井；喷嘴与模具口配合完好，改善模具的排气。

成型工艺：改变成型条件。如提高注射温度、注射压力、注射速率、保压压力、模具温度、延长保压切换时间等；提高背压可以增加熔体分子间的阻力和剪切热，有利于更好的塑化物料。

注塑机：检查注塑设备。设备的故障和螺杆料筒间磨损都有可能造成欠注现象的发生。

(2) 飞边 (flashes)

飞边又称溢料、溢边、披锋等，大多发生在模具分合位置，如模具的分型面、滑动机构、排气孔、排气顶针、镶件的缝隙、顶杆的孔隙等处 (图 5-38)。

图 5-38　飞边

① 产生原因

材料：材料黏度过低，吸水性强或水敏性塑料会大幅度地降低流动黏度，从而增加飞边的可能性；材料黏度过高，由此造成流动阻力增大，产生较大背压使型腔压力提高，造成锁模力不足而产生飞边。

模具：分型面异物或模板周边有突出毛刺；模具分型面精度差，活动模板翘曲变形；模具刚度不足；模具设计不合理，模具型腔的开设位置过偏，会令注射时模具单边产生张力，引起飞边。

成型工艺：注射量过大；注射压力过高或注射速度过快；锁模力设定过低；保压压力过高，速度压力切换过迟；熔体或模具温度过高。

注塑机：注塑机锁模力不足；合模装置调节不佳，合模力施加不均匀；止回环磨损严重，或料筒、螺杆磨损过大；模具平行度不佳，安装不平行，或拉杆受力及变形分布不均。

② 解决方案　在设备方面，选择具有合模机构刚性好、合模力符合标准的注塑机，最好选用有多级注射或反馈控制系统的注塑机。而在成型条件上，可从降低流动性方面着手。

a. 如在填充阶段出现的飞边现象，可能的解决办法如下：模具发生损坏或者分型面配合有误差，需修改模具；适当降低注射速度或者塑料的温度；通过在模板中心加入垫片等方法减小模具的受热变形。

b. 如在补缩阶段出现的飞边现象，可能的解决办法如下：降低补缩压力或者降低补缩速率，检查锁模力是否合适；注射速度太慢，物料具有较大有效黏度导致模腔内压力损失加大。检查和分析物料有效黏度变化的原因，并根据具体产生原因，调整注射工艺；检测模具的变形情况，解决模具的变形。

（3）充填不平衡（filling unbalance）

对于注塑成型中，一模多腔常会发生充填不平衡现象（图5-39），在多模腔模具设计中必须考虑充填平衡。在多模腔注射成型模具中，通常将流道系统设计成"H"形结构。由于流道在几何上完全对称，因此也被称为"几何平衡"或"自然平衡"流道系统设计。

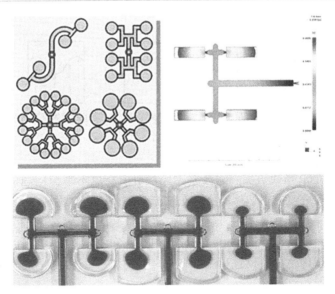

图5-39 流道充填不平衡

① 产生原因　由于剪切生热对于流道中熔体温度分布产生了明显的影响，不均衡的温度分布是充填不平衡的根本原因。低速注射时，熔体流过流道的时间相对较长，树脂沿流道壁传导散失热量较多，因此相对高速注射情况其整体温度值较低，熔体温度分布呈现由芯部的高温区向流道壁逐渐降低的特点。低速充填时，熔体高温区偏向上模壁，因此上

模腔充填较快（图 5-40）。

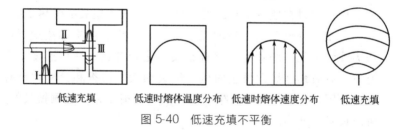

低速充填　　低速时熔体温度分布　低速时熔体速度分布　低速充填

图 5-40　低速充填不平衡

高速注射时，熔体流经流道的时间变短，沿流道壁传导散失热量减少且剪切生热效果明显，因此温度分布值整体较高，而且越靠近流道壁剪切速率越大，剪切生热也越显著（图 5-41）。使靠近流道壁面位置的温度值升高形成波峰形状，而芯部则是盆地形的相对低温区。高速充填时，熔体高温区偏向下模壁，因此下模腔充填较快。

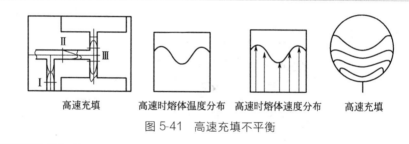

高速充填　　高速时熔体温度分布　高速时熔体速度分布　高速充填

图 5-41　高速充填不平衡

② 解决方案　对于多型腔注射模充填不平衡问题的根本在于改善或消除分流道中熔体温度分布在流动平面的不对称性。

a. 产品壁厚均匀，浇口位置尽量远离产品薄壁位置；

b. 所设计的流道，兼顾几何平衡和流变平衡，并通过 CAE 软件模拟分析优化浇口位置和流道布置。

（4）缩痕缩孔（sink marks）

缩痕为制品表面的局部塌陷，又称凹痕、缩坑、沉降斑。当塑件厚度不均时，在冷却过程中有些部分就会因收缩过大而产生缩痕。但如果在冷却过程中表面已足够硬，则发生在塑件内部的收缩往往会使塑件产生结构缺陷。缩痕容易出现在远离浇口位置以及制品厚壁、肋、凸台及内嵌件处（图 5-42）。

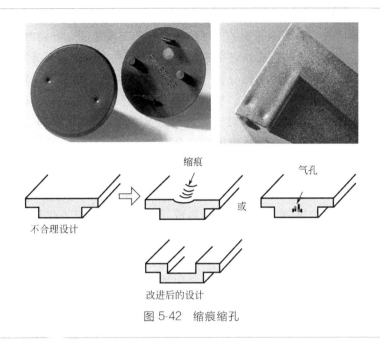

图 5-42　缩痕缩孔

① 产生原因　缩痕的发生主要是由于材料的收缩没有被补偿而引起的，而收缩性较大的结晶性塑料容易产生缩痕。保压压力、保压时间、熔体温度、冷却速率等都对缩痕有较大的影响，其中保压不充分是重要的原因。

材料：材料收缩率过大。

模具：制品设计不合理，壁厚过大或不均匀；浇口位置不合理，浇口太小或流道过窄或过浅，熔体充填过程过早冷却；多浇口模具应对称开设浇口；模具冷却不均匀，模具的关键部位应设置有效的冷却水道。

成型工艺：注射量不足且没有进行足够补缩；注射速度过快，注射时间或保压时间过短，保压结束时浇口仍未固化；注射压力或保压压力过低；熔体温度过高，则壁厚处、加强筋或凸起背面易出现缩痕。

注塑机：螺杆磨损严重，注射及保压时发生泄漏，降低了充模压力和料量，造成熔料不足；喷嘴孔尺寸太大或太小。太小易堵塞进料通道，太大则造成注射压力太小，充模困难。

② 解决方案

材料：改换收缩率较小的原料；在结晶型塑料中加入成核剂以加快结晶。

模具：设计时使壁厚均匀，尽量避免壁厚突变；设置有效的冷却水道，保证制品冷却效果；调整各浇口的充模速度，开设对称浇口。

成型工艺：提高注射速度使制品充满并消除大部分的收缩；调整注射量和速度压力切换位置；增加背压，螺杆前段保留一定的缓冲垫等均有利于减少收缩现象；提高注射压力、保压压力，调整优化保压压力曲线；增大注射和保压时间，延长制品在模内冷却停留时间，保持均匀的生产周期；降低熔体温度和模具温度。

(5) 熔接痕（weld line）

熔接痕又称熔接线、熔接缝（图 5-43），在充模过程中，两股相向或平行的熔体前沿相遇，就会形成熔接线。熔接痕不仅使塑件的外观质量受到影响，而且使塑件的力学性能如冲击强度、拉伸强度、断裂伸长率等受到不同程度的影响。通常两股汇合熔体前端的夹角（熔接角）越小，产生的熔接线就越显著，制品质量就越差。当熔接角达到 120°～150°时，熔接线消失。

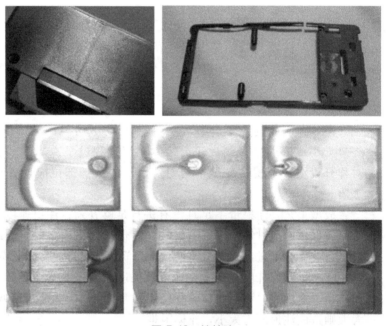

图 5-43　熔接痕

① 产生原因　熔接线是常见的塑件缺陷，其存在不仅影响制品的外观质量，而且对制品的力学性能影响也很大，特别是对纤维增强材料、

多相共混聚合物等的影响更为显著。

材料：塑料流动性差，熔体前锋经过较长时间后汇合产生明显熔接痕。

模具：流道过细，冷料井小；排气不良；制品壁厚过小或差异过大；浇口截面、位置不合理，造成波前汇合角过小；模具温度过低。

成型工艺：注射时间过短；注射压力和注射速度过低；背压设定不足；锁模力过大造成排气不良；料筒、喷嘴温度设定过低。

注塑机：塑化不良，熔体温度不均；注射及保压时熔体发生泄漏，降低了充模压力和料量。

② 解决方案　熔接痕实质上是两股塑料流动前沿结合没有完全熔接。要消除和解决熔接线，塑料的黏度必须足够低、温度足够高与足够的压力并保持足够的时间让塑料完全熔接。通常，在排气良好的情况下，加快填充和补缩速度，让两股塑料流动前沿结合后压力尽快升高，有助于解决熔接痕的问题。

材料：对流动性差或热敏性高的塑料适当添加润滑剂及稳定剂，必要时改用流动性好的或耐热性高的塑料；原料应干燥并尽量减少配方中的液体添加剂。

模具：模具温度过低，应适当提高模具温度或有目的地提高熔接缝处的局部温度；改变浇口位置、数目和尺寸，改变型腔壁厚以及流道系统设计等以改变熔接线的位置；开设、扩张或疏通排气通道，其中包括利用镶件、顶针缝隙排气。

成型工艺：提高注射压力、保压压力；设定合理注射速度，高速可使熔料来不及降温就到达汇合处，低速利于型腔内空气排出；降低合模力，以利排气；设定合理机筒和喷嘴的温度，温度高，塑料的黏度小，流态通畅，熔接痕变浅，温度低，减少气态物质的分解；提高螺杆转速，使塑料黏度下降；增加背压压力，使塑料密度提高。

（6）喷射痕（jetting）

喷射痕是流痕中的一种，是从浇口沿着流动方向，弯曲如蛇行一样的痕迹（图5-44）。主要是因为注射速率，塑料进入浇口后，在接触型腔之前，没有遇到障碍飞射较长距离并迅速冷却所致。

① 产生原因　当熔融物料高速流过喷嘴、流道或浇口等狭窄的区域后，突然进入开放的、相对较宽的区域。熔体沿着流动方向弯曲如蛇一样前进，与模具表面接触后迅速冷却。如果这部分材料不能与后续进入型腔的树脂很好地融合，就在制品上造成了明显的喷流纹。

图 5-44　喷射痕

材料：脆性材料会使喷射痕加剧；制品壁厚相差过大，熔体由薄处快速流入厚处产生的流动不稳定，可能产生喷射。

模具：浇口位置与类型设计不合理，尺寸过小；流道尺寸过小；浇口至型腔的截面积突然增大，流动不稳易产生喷流。

成型工艺：注射速度过大；注射压力过大；熔体温度、模具温度过低。

② 解决方案　扩大浇口横截面或调低注射速率都是可选择的措施。通常也可采用降低注射速度和塑料黏度的方法。另外，提高模具温度也能缓解与型腔表面接触的树脂的冷却速率，防止在填充初期形成表面硬化皮。彻底的解决办法还是通过修改浇口结构或在型腔中增加镶件，使塑料遇到障碍后形成典型的喷泉流动。

材料：选择合适的材料，脆性材料喷射痕更明显。

模具：设置合理的浇口位置避免喷射，尽量避免使其进入深、长、宽广区域，避免发生喷射；适当增加浇口尺寸以避免发生喷射；采用恰当的浇口类型避免喷射，如扇形浇口、膜状浇口、护耳浇口、搭接浇口等。

成型工艺：降低注射速度、注射压力；采用多段注射速度，使熔体前沿以低速通过浇口，等到熔体流过浇口以后再提高注射速度，可以一定程度上消除喷射现象；提高熔体温度、模具温度，以改善物料在充填过程中的流动性。

（7）波流痕（flow mark）

波流痕又称流纹、波纹、震纹，是注射制品上呈波浪状的表面缺陷（图5-45）。波流痕是由于塑料制品中心流动层与型腔表面的凝固层之间的阻力增加，导致型腔表面的凝固层起皱，通常是因为塑料流动速度太慢导致黏度增加所造成的。

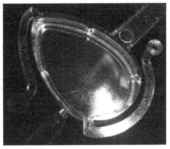

图 5-45　波流痕

① 产生原因　波流痕形成机理如图5-46所示。注射成型过程中，由于熔体前沿在模壁附近冷却下来，冷凝的外层前沿阻止熔体前沿直接翻转至模壁，此后熔体前沿再度接触模壁。经过如此反复后形成波纹。

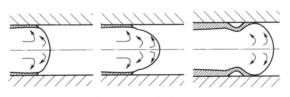

图 5-46　波流痕形成机理

材料：物料流动性不良、润滑剂选择不良。

模具：冷料井过小，温度过低的物料进入型腔；排气不良；型腔内阻力过大；流道或浇口过小，剪切速率和剪切应力大，熔体充填不稳定。

成型工艺：注射速度高时，熔体充填不稳定；注射速度低时，固化层延伸到前沿；注射速度过低，使得熔体在充填过程中温度下降过快；V/P 转压切换不当。

注塑机：注射及保压时，熔料产生泄漏，降低了充模压力和料量，造成供料不足；止逆环、螺杆磨损严重。

② 解决方案

材料：选择合适的材料，在条件允许的情况下，选用低黏度的树脂。

模具：调整优化冷料井，防止低温物料进入型腔；采用恰当的浇口截面，浇口及流道截面最好采用圆形，减少流料的流动阻力；采用恰当的浇口类型避免产生流纹，最好采用柄式、扇形或膜片式；改善模具的排气条件。

成型工艺：选择合适的注射速度、注射压力；提高熔体温度、模具温度，以改善物料在充填过程中的流动性。

年轮状波流痕：采取提高模具及喷嘴温度，提高注射速率和充模速度；增加注射压力及保压时间；适当扩大浇口和流道截面积（如果在塑件的薄弱区域设置浇口，应采用正方形截面）。

螺旋状波流痕：采用多段注射速度，注射速度采取慢、快、慢分级控制；适当扩大流道及浇口截面，减少流料的流动阻力；适当提高料筒及喷嘴温度，有利于改善熔料的流动性能。

云雾状波流痕：适当降低模具及机筒温度，改善模具的排气条件，降低料温及充模速率，适当扩大浇口截面，还应考虑更换润滑剂品种或减少数量。

(8) 浇口晕（clod flow lines）

浇口晕，也称太阳斑，雾斑，即在浇口附近产生的圆圈状色变（见图 5-47）。形状是椭圆或圆，通常由进浇方式以及浇口大小决定的，原因是熔体破裂（melt fracture）产生。

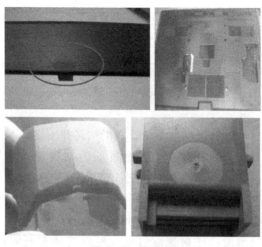

图 5-47　浇口晕

① 产生原因　产生浇口晕的原因是多样性的，其主要原因为注射压力太大、模温过低。模温过低会让塑胶降温过快，导致冷料过多，然后冲到产品表面，导致缺陷的产生；料筒、喷嘴及模具温度偏低；浇口设置不平衡；浇口太小或进浇处型腔过薄导致。胶流量大、截面积小（浇口、型腔肉厚）时，剪切速率大，剪切应力随之提高，并导致熔胶破裂而产生浇口晕现象。熔胶破裂还会导致流痕、色变、雾斑等其他缺陷。

② 解决方案

模具：调整浇口位置，使浇口尽量不影响制品的外观质量；采用恰当的浇口截面，浇口及流道截面最好采用圆形，减少流料的流动阻力；采用恰当的浇口类型，侧进浇和搭接式进浇效果比潜伏式进浇效果要好；合理的冷料井的布置。

成型工艺：降低注射速度、注射压力，采用多级注塑压力及位置交换；提高熔体温度、模具温度，以改善物料在充填过程中的流动性。

模拟分析：可通过数值模拟，预测熔胶通过上述狭隘区时的温度、剪切速率和剪切应力。可以根据分析结果作相应的调整，很快可以找出适当的浇口尺寸和进胶处型腔壁厚。

（9）焦痕（burn mark）

焦痕的出现多是由于物料过热分解而引起的。在充模时，模内空气被压缩后，温度升高而烧伤聚合物，发生焦烧而出现焦痕，多在融合缝处发生此类缺陷，并可以发现制品表面表现出银色和淡棕色暗条纹（见图5-48）。

图 5-48　焦痕

① 产生原因　烧焦暗纹是因为熔料过热分解而造成的。淡棕色的暗纹是因为熔料发生氧化或分解。这些降解的熔料，会导致制品的力学性能下降。

材料：物料中挥发物含量高；挥发性润滑剂、脱模剂用量过多；物料杂质过多或受污染，再生料过多；颗粒不均匀，且含有粉末。

模具：模具排气不良；浇口小或位置不当；排气不良，流道系统存在死角；型腔局部压力过大，料流汇合较慢造成排气困难。

成型工艺：注射压力或预塑背压太高；注射速度太快或注射周期太长；螺杆转速过快，产生过热；机筒喷嘴温度太高；料筒中熔融树脂停留时间过长造成分解。

注塑机：料筒未清洗干净；加热系统精度差导致物料过热分解；螺杆或料筒缺陷造成积料受热分解；喷嘴或螺杆、止逆阀等部位熔体滞留后分解。

② 解决方案

材料：选择合适的材料；适量使用挥发性润滑剂、脱模剂。

模具：改善注塑机与模具排气，保证注射过程中物料填充到模具内时所产生的气体顺利地排到模具外面。

成型工艺：熔料温度太高，降低料筒温度；热流道温度太高，检查热流道温度，降低热流道温度；熔料在料筒内残留时间太长，采用小直径料筒；注射速度太高，减小注射速度，采用多级注射；降低注射压力和螺杆预塑背压；降低注射速度并缩短注射周期。

注塑机：降低熔体温度并缩短物料在料筒中的停留时间，防止物料因过热分解；注射热敏性塑料后，要将料筒清洗干净；保证注射成型车间、注塑机、模具的清洁；调整到适当的螺杆转速，以适宜的背压最大限度地抑制气体的进入。

（10）气泡（bubble）

气泡，又称气穴、气痕、气孔，可分为水泡和气穴两种，气泡的产生是由于型腔存在气体，在熔体流动过程中会将气体聚集在型腔内的某些部分，若这些气体不能顺利排出，气体困在其中，则形成气泡，或者使型腔的这些部分无法得到填充而形成气穴（图 5-49）。

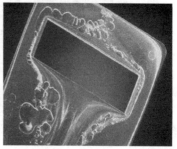

图 5-49　气泡

① 产生原因　气穴的形成是由于一些厚壁制品其表面冷却较快，中心冷却较慢，从而导致不均匀的体积收缩，进而在壁厚部分形成空洞。气泡的形成是由于塑料中的水分和气体在制品冷却过程中无法排除，从而在制品内部形成气泡。即使熔体能够充填这些区域，熔体也常因为周围气体温度过高产生焦痕，从而影响制品的表面质量。因此，通过调整浇注系统设计或注塑工艺消除气泡现象。

材料：物料流动性差、塑料干燥不充分。

模具：制品壁厚急剧变化，各部分冷却速率不一致，容易产生气泡；模具排气不良，或排气孔道不足、堵塞，位置不佳等；模具设计缺陷，如，浇口位置不佳、浇口太小、多浇口排布不对称、流道过细、模具冷却系统不合理。

成型工艺：注射速度过快，熔体受剪切作用分解；塑化过程过快；注射压力过小；熔体温度和模具温度过高。

制品：制品壁厚过大，表里冷却速度不同；制品截面壁厚差异大，薄壁处熔体迟滞流动，厚壁处熔体对型腔内气体进行包夹形成气穴。

② 解决方案　要消除气泡缺陷首先需确定塑料中气体的来源：水汽是因为塑料没有干燥好；空气则是由于背压不足或射退距离太大。

材料：选择合适的材料；对物料进行充分干燥；对于具有挥发性的塑料添加剂，需要改变熔胶温度或改变塑料添加剂。

模具：改善模具的排气；适当加大主流道、分流道及浇口的尺寸。

成型工艺：延长保压时间，提高模具温度；厚度变化较大的成型品，降低注射速度，提高注射压力；调整合理背压，防止空气进入物料中。

（11）银纹（silver mark）

银纹也称为银线、银丝，是由于塑料中的空气或湿气挥发，或者有异种塑料混入分解而烧焦，在制品表面形成的喷溅状的痕迹（图 5-50）。

图 5-50　银纹

在充模时，波前沿析出挥发性气体，这些气体往往是物料受热分解出来的或者是水蒸气，气体在前沿爆裂，分布在制品表面后被拉长成银色条纹状，形成制品表面条纹。这些银纹通常形成 V 字形，尖端背向浇口。

① 产生原因　当含湿量过大时，加热会产生水蒸气。在塑化时，由于螺杆工作不利，物料所挟带的空气不能排出，会产生银纹。在某些情况下，大气泡被拉长成扁气泡覆盖在制品表面上，使制品表面剥层。有时因为从料筒至喷嘴的温度梯度太大使剪切力过大，也会产生银纹。

材料：物料流动性差，黏度过高；原料干燥不良，混入水分或其他物料。

模具：模具排气不良；冷料井过小，注射时冷料被带入型腔，其中一部分迅速冷却固化成薄层；模温控制系统漏水；模具表面形成凝结水；浇口与流道过小或变形，注射速度过快后造成物料分解。

成型工艺：物料停留时间过长过热分解；注射速度过快，压力过高；熔体温度过高分解；保压时间过短；螺杆转速过快，剪切速率过大；注射时间过长；模具温度过低。

② 解决方案　在物料方面，选择吸湿性小的，或者采用好的干燥设备使物料充分干燥；在工艺方面，降低熔体温度，稳定喷嘴温度，增加塑化时的背压，选用较大压缩比的螺杆；模具开设排气槽，使气体容易从型腔中排出。

材料：检查原料是否被其他树脂污染并进行充分的干燥；换料时，把旧料从料筒中完全清除；选择流动性好的物料。

模具：改善注塑机与模具的排气；适当加大主流道、分流道及浇口的尺寸。

成型工艺：减小物料停留时间，降低熔体温度，防止因温度过高造成的物料分解；降低螺杆转速、注射速度和注射压力；提高背压，防止空气进入物料中；采用多级注射，中速注射充填流道→慢速填满浇口→快速注射→低压慢速将模注满，使模内气体能在各段及时排除干净；提高模具温度。

（12）色差（lusterless）

色差也称变色，光泽不良（图 5-51）。

① 产生原因　色差是注塑中常见的缺陷，色差影响因素众多，涉及原料树脂、色母、色母同原料的混合、注塑工艺、注塑机等。

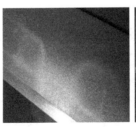

图 5-51　色差

材料：物料被污染；水分及挥发物含量高；着色剂、添加剂分解；颜色或色母不够或者分散不均；原料及色母不同批次颜色有色差。

模具：模具排气不良，物料烧灼；模具浇口太小；主流道及分流道尺寸太小；模具结构存在死角。

成型工艺：螺杆转速太高、预塑背压太大；机筒、喷嘴温度不均；注射压力太高、时间过长，注射速度太快使制品变色；模温过低，固化层被积压或者推拉产生雾痕，导致色差。

注塑机：设备上存在粉尘污染，使物料变色；设备加热系统失效；机筒内有障碍物，促使物料降解；机筒或螺槽内存有异物造成物料磨削后变色。

② 解决方案

材料：控制原材料，加强对不同批次的原料和色母进行检验，消除原料、色母的影响；挥发性润滑剂、脱模剂用量适量。

模具：通过相应部分模具的维修，来解决模具浇注系统、排气槽等造成色差的问题。

成型工艺：掌握料筒温度、色母量对产品颜色变化的影响，通过试色过程来确定其变化规律；避免物料局部过热和分解造成的色差，严格控制料筒各加热段温度，特别是喷嘴和紧靠喷嘴的加热部分；注射速度太高，减小注射速度；采用多级注射；降低注射压力和螺杆预塑背压，防止剪切过热。

注塑机：选择规格合适的注塑机，解决注塑机存在物料死角等问题；生产中需经常检查加热部分，及时对加热部分损坏或失控元件进行更换维修，减少色差产生概率；保证注射成型车间、注塑机、模具的清洁；调整适当螺杆塑化转速。

（13）白化（whitening）

白化现象产生的主要原因是由于外力作用在制品表面，导致应力发白，脱模效果不佳。白化现象最常发生在 ABS 树脂制品的顶出位置（见

图 5-52）。

图 5-52 白化

① 产生原因 多数情况下，产生白化的部位总是位于塑件的顶出部位。另外，如果模温过低，而且流经通道很窄，会导致熔体前沿温度下降很快，固化层较厚，该固化层一旦因制件结构发生较大转向，就会受到很大的剪切力，对高温态的固化层进行拉扯，也会导致应力发白。

② 解决方案 出现白化后，可采用降低注射压力，加大脱模斜度，增加推杆的数量或面积，减小模具表面粗糙度值等方法改善，特别是在加强筋和凸台附近应防止倒角。脱模机构的顶出装置要设置在塑件壁厚处或适当增加塑件顶出部位的厚度。此外，应提高型腔表面的光洁度，减小脱模应力。当然，喷脱模剂也是一种方法，但应注意不要对后续工序，如烫印、涂装等产生不良影响。

（14）龟裂（crack）

龟裂是塑料制品较常见的一种缺陷（图 5-53）。包括制件表面丝状裂纹、微裂、顶白、开裂及因制件粘模、流道粘模而造成创伤。按开裂时间分脱模开裂和应用开裂。主要原因是由于应力变形所致。

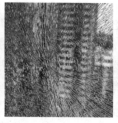

图 5-53 龟裂

① 产生原因　龟裂主要是由残余应力、外部应力和外部环境所产生的应力变形所致。有些塑料对应力作用很敏感，成型后不仅容易在制品中产生内应力，而且在较大外力作用下容易脆化断裂而产生裂缝。塑料熔体在模具中的充填过程受到了流动剪切应力和拉应力作用，使聚合物大分子发生取向，在冷凝过程中来不及松弛而形成内应力，从而降低塑件承受外载荷的能力。流动方向不一致往往产生非均匀取向，取向程度越大，产生的内应力就越大。

材料：物料湿度过大，塑料与水蒸气产生化学反应，降低强度而出现顶出开裂；混合材料相容性不佳；再生料含量过高，制件强度过低。

模具：顶出不平衡，从而导致顶出残余应力集中而开裂；制品设计不合理，导致局部应力集中；制件过薄，制品结构设计不合理；使用金属嵌件时，嵌件与制件收缩率不同造成内应力加大；成型过程中使用了过量的脱模剂。

成型工艺：调节开模速度与压力不合理对制品造成的拉伸作用，导致脱模开裂；模具温度低，使得制品脱模困难；料温过高造成分解或熔接痕；注射压力过大、速度过快，注射、保压时间过长，从而造成内应力过大。

② 解决方案

材料：适当使用脱模剂，注意经常消除模面附着的气雾等物质；成型加工前对物料进行充分的干燥处理；注意选用不会发生开裂的涂料和稀释剂。

成型工艺：避免塑化阶段因进料不良而卷入空气；提高熔体温度和模具温度，保证熔体流动的基础上，应尽量降低注射压力；降低螺杆转速、注射速度，减缓通过浇口初期的速度，采用多级注射；调节开模速度与压力，避免因快速强拉制品造成的脱模开裂；避免由于熔接痕，塑料降解造成机械强度变低而出现开裂；通过在成型后立即进行退火热处理来消除内应力而减少裂纹的生成。

如果塑件表面已经产生了龟裂，可以考虑采取退火的办法予以消除。退火处理是以低于塑件热变形温度5℃左右的温度充分加热塑件1h左右，然后将其缓慢冷却，最好是将产生龟裂的塑件成型后立即进行退火处理，这有利于消除龟裂。但龟裂裂痕中留有残余应力，涂料中的熔剂很容易使裂痕处发展成为裂纹。

（15）表面浮纤（glass fiber steaks）

浮纤是由于玻纤与树脂的流动性不一致及树脂与玻纤结合能力不强，

玻纤外露所导致的，白色的玻纤在塑料熔体充模流动过程中浮露于外表，待冷凝成型后便在塑料件表面形成放射状的白色痕迹（见图5-54）。当塑料件为黑色时会因色泽的差异加大而更加明显。

图 5-54　表面浮纤

① 产生原因　在塑料熔体流动过程中，由于玻纤与树脂的流动性有差异，而且密度也不同，使两者具有分离的趋势，密度小的玻纤浮向表面，密度大的树脂沉入内里，于是形成了玻纤外露现象。而塑料熔体在流动过程中受到螺杆、喷嘴、流道及浇口的摩擦剪切作用，会造成局部黏度差异，同时又会破坏玻纤表面的界面层，熔体黏度越小，界面层受损越严重，玻纤与树脂之间的黏结力也越小，当黏结力小到一定程度时，玻纤便会摆脱树脂基体的束缚，同样也会造成逐渐向表面累积而外露。此外，塑料熔体注入型腔时会形成喷泉效应，即玻纤会由内部向外表流动，与型腔表面接触。由于模具型腔表面温度较低，质量轻、冷凝快的玻纤被瞬间冻结，若不能及时被熔体充分包围，产生外露而形成浮纤。

材料：玻纤过长；材料黏度过大。

模具：浇口过小，流道过窄；浇口位置不当；制品的壁厚设计不均匀。

成型工艺：加料量不够；注射压力太低；注射速度太慢；料筒、喷嘴及模具温度偏低。

② 解决方案　浮纤是增强改性里的常见缺陷。如果能把玻纤长度控制在0.6~0.8mm之间的话，基本不会有浮纤的出现，但由于玻纤质量、树脂的黏度、改性所用的机器及工艺、模具及工艺等影响，还是难以避免不会出现浮纤。

材料：材料的黏度在力学性能许可的范围内尽量选低黏度材料；玻纤尽量用短纤或空心玻璃微珠，使其具有较好的流动性和分散性；黏度较高的材料，可以考虑加入一些低黏度的树脂和回料以增加流动性。

模具：合理模具结构设计，适当加大主流道、分流道及浇口的尺寸，缩短流道流程；浇口可以是薄片式、扇形及环形，亦可采用多浇口形式，以使料流混乱、玻纤扩散并减小取向性；良好的排气功能，以免造成熔接不良、缺料及烧伤等缺陷。

成型工艺：提高背压有助于改善浮纤现象；注射速度调高，螺杆速度可以调到70%～90%，采用较快的注射速度，可使玻纤增强塑料快速充满模腔，有利于增加玻纤的分散性，减小取向性；较高的注射压力有利于充填，提高玻纤分散性，降低制品收缩率；整个螺杆回退1～2mm，防止浇口浮纤；对于复杂制件采取分级注塑；提高料筒温度，可使熔体黏度降低，改善流动性，加大玻纤分散性和减小取向性；提高模具温度。目前有采用变模温技术实现高模温和快速冷却，可消除浮纤；降低螺杆转速，以避免摩擦剪切力过大而对玻纤造成伤害，破坏玻纤表面状态，降低玻纤与树脂之间的黏结强度。

（16）翘曲变形（warpage）

翘曲变形是由于不适合的成型条件和模具设计会使塑件在脱模后收缩不均匀，在制品内部产生内应力，这样的塑件在使用过程中常会产生翘曲变形，导致制品失效或引起尺寸误差和装配困难（图5-55）。

变形位置

图5-55 翘曲变形

① 产生原因

材料：物料收缩率大。

模具：模具冷却水路位置分配不均匀，没有对温度很好的控制；制品两侧，型腔与型芯间温度差异较大；设计的制品壁厚不均，突变或壁厚过小。

成型工艺：注射压力过高或者注射速度过大；料筒温度、熔体温度过高；保压时间过长或冷却时间过短；尚未充分冷却就顶出，由于顶杆对表面施压造成翘曲变形。

制品：制品壁厚不均匀；制品结构不对称导致不同收缩；长条形结构翘曲加剧；制品冷却设计不当，各部分冷却不均匀，薄壁部分的物料冷却较快引起翘曲。

② 解决方案　翘曲变形是塑件最严重的质量缺陷之一，主要应从制品和模具设计方面着手解决，而依靠成型工艺调整的效果是非常有限的。翘曲变形的解决方法如下。

材料：选择收缩率较小的材料。

模具：尽量使制品壁厚均匀；模具的冷却系统设计合理，使得制品能够冷却均匀平衡；控制模芯与模壁的温差；合理确定浇口位置及浇口类型，可以较大程度上减少制品的变形，一般情况下，可采用多点式浇口；模具设计合理，确定合理的拔模斜度，顶杆位置和数量，检查和校正模芯，提高模具的强度和定位精度；改善模具的排气功能。

成型工艺：降低注射压力、注射速度，采用多级注射，减小残余应力导致的变形；降低熔体温度和模具温度，熔体温度高，则制品收缩小，但翘曲大，反之则制品收缩大、翘曲小；模具温度高，制品收缩小，但翘曲大，反之制品收缩大、翘曲小。因此，必须视制品结构不同，采取不同的方案，对于细长塑件可采取模具固定后冷却的方法；调整冷却方法或延长冷却时间，保证塑件冷却均匀；设置螺杆回退来减小压缩应力梯度，使制品平整。

（17）脆化（embrittlement）

脆化通常是由于塑料降解后内应力产生造成的（图 5-56）。温度过高、时间过长或化学腐蚀使分子链断裂导致降解使得塑料制品变脆。其他如物料污染、模温过低、有熔接痕存在等均可能造成脆化。

图 5-56　脆化

① 产生原因

材料：原料中混入杂质，或掺杂不当或过量的其他添加剂；物料未干燥，加热产生的水汽发生反应；塑料本身质量不佳，再生次数过多或再生料含量过高。

模具：制品带有易出现应力开裂的尖角、缺口或厚度相差很大部位；制品设计不合理，存在过薄或镂空结构；分流道、浇口尺寸过小；制品使用金属嵌件，造成冷热比容大，材料脆性大；模具结构不良造成注塑周期反常。

成型工艺：注射速度、压力过小；模具温度设定不合理；温度过高造成脱模困难；温度过低造成制品过早冷却，均易造成开裂；料筒、喷嘴温度过低；螺杆预塑背压、转速过高造成物料降解；残余应力过大或熔接痕造成强度下降。

注塑机：机筒内存在死角或障碍物加剧熔料降解；机器塑化容量太小，塑料塑化不充分；顶出装置不平衡，顶杆截面积过小或分布不当。

② 解决方案　对于制品变脆，需要找出降解的根本原因，针对性解决问题。其改进措施如下。

材料：选用强度高、分子量大的材料，尽量不使用脆性物料，或使用共混改性材料；材料进行充分干燥。

模具：分流道安排平衡合理，增加分流道尺寸；模具的冷却系统设计合理，使得制品能够冷却均匀平衡；在制品上设加强筋；改进模具浇口位置、改进浇口设计或增设辅助浇口；模具设计合理，设置排气槽、在熔接部分设置护耳；改善模具的排气功能。

成型工艺：提高注射速度、注射压力，采用多级注射，减小残余应力导致的变形；调整模具温度到合适的值。模具温度过高，脱模困难；模温过低，则塑料过早冷却，熔接痕融合不良，容易开裂；减少或消除并合线，提高熔接线区域的质量；降低预塑背压、螺杆转速，以防止物料因剪切过热而降解；延长注射时间、保压时间。

（18）残余应力（residual stress）

残余应力是指出模后未松弛而残余在制品中的各种应力之和，是在聚合物加工，特别是注射成型过程中，注塑件在脱模后由于内部存在残余应力，发生表面翘曲变形的现象（图5-57）。注塑制品残余应力通常会导致翘曲变形，引起形状和尺寸误差；同时残余应力导致的银纹及其他缺陷都会使构件在使用过程中过早地失效，影响其使用性。所以，只有残余应力接近零时，脱模比较顺利，并能获得满意的制品。

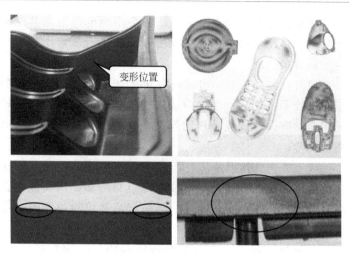

图 5-57　残余应力

　　一般认为在注塑成型过程中，薄壁塑料熔体在模腔中做非等温流动形成的剪切应力，由于快速冷却不能完全松弛是造成流动残余应力产生的主要原因。

　　注塑制品的残余应力有两个来源：一个是取向残余应力，一个是收缩残余应力。对于注塑成型工艺而言，熔体的注射温度、模壁温度、熔体充填时间和充填速度、保压压力以及流道的长短都会对流动应力产生影响。流动残余应力和热残余应力是相互作用的，热残余应力比流动残余应力大一个数量级，因此工程中主要考虑热残余应力对注塑件的影响。残余应力产生机理如图 5-58 所示。

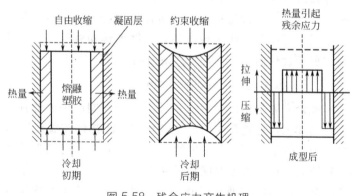

图 5-58　残余应力产生机理

a. 取向残余应力产生位置。

• 浇口位置：因射速快或保压时间长而容易产生挤压取向应力；

• 壁厚急剧变化处：会因壁薄位置剪切力强而产生挤压取向应力特别是由厚到薄处；

• 料流充填不平衡处：会因为过度充填造成局部挤压而产生挤压取向应力。

b. 收缩残余应力产生位置。主要发生在壁厚不均产品上，壁厚变化剧烈的位置，由于热量散发不均匀，所以容易产生不同的收缩取向。

① 产生原因

模具：浇口大小及位置设置不当也会导致料流填充不平衡，局部位置可能会过度充填，产生较大挤压剪切应力。

成型工艺：在确保注射速度的前提下，保证合理的注射压力可避免局部压力过大产生应力；保压压力与时间过长都会增大浇口处的分子取向而产生较大残余应力；模具温度太低会导致应力不能及时释放而残留；提高熔体成型温度会因降低黏度而降低分子链的取向应力，从而降低残余应力。

制品结构：壁厚分布不均匀。在壁厚变化区域，产生剪切速率的变化，导致应力的发生；尖角位置易产生应力集中。

② 解决方案　残余应力测定方法具体可分为有损测定法（机械测定法）和无损测定法（物理测定法）两大类。对注塑制品而言，典型的残余应力的方法有双折射法、剥层法、钻孔法和应力松弛法，它们具有不同的测试机理及其优缺点，其中双折射法属于无损测定法，而剥层法、钻孔法和应力松弛法属于有损测定法。在这些方法中，双折射法与剥层法得到了广泛的应用。

模具：分流道安排平衡合理，增加分流道尺寸；模具的冷却系统设计布置合理，尽量使制件表面各部分以均匀的冷却速率固化；模腔厚度均匀，避免出现大的变化；改进模具浇口位置、浇口设计，避免流程太长导致不同位置压力传递不同；合理的模具设计，避免尖角的存在而形成应力集中。

成型工艺：提高注射速度、注射压力，采用多级注射，减小残余应力导致的变形；调整模具温度到合适的值；提高熔体温度；适当减少保压压力、保压时间，避免浇口应力集中。

热处理：升高温度，使之达到可使塑件分子链活动的程度，让被冻结的分子链经升温后松弛产生乱序，从而达到消除残留应力的目的。方式包括烘箱热处理和远红外加热处理。

参考文献

[1] 王松杰. 注射成型过程中非牛顿塑料熔体的流变特性[J]. 上海塑料, 2003, 2: 12-16.

[2] 周华民, 燕立唐, 黄棱, 李德群. 塑料材料的流变实验与流变参数拟合[J]. 塑胶工业, 2004, 1: 39-42.

[3] 严正, 申开智, 宋大勇, 张杰. 聚合物熔体在振动场中的流变行为研究[J]. 2000, 14 (12): 63-67.

[4] 申开智, 李又兵, 高雪芹. 振动注射成型技术研究[J]. 2005, 19 (9): 6-12.

[5] 张海, 赵素合. 橡胶及塑料加工工艺[M]. 北京: 化学工业出版社, 1997.

[6] 王兴天. 注塑技术与注塑机[M]. 北京: 化学工业出版社, 2005.

[7] 陈锋. 高聚物及其共混物 p-V-T 特性的研究进展[J]. 轻工机械, 2000, 4: 4-9.

[8] 卢强华, 王志成, 高英俊. 固体比热测量的实验改进[J]. 广西大学学报 (自然科学版), 2006, 31 (增刊): 96-98.

[9] 梁基照. 应用 DSC 测量 HDPE 熔体的热性能参数 Ⅱ. 熔点与比热 [J]. 上海塑料, 1995 (2): 25-27.

[10] N. Sombatsompop, A. K. Wood. Measurement of Thermal Conductivity of Polymers using an Improved Lee's Disc Apparatus [J]. Polymer Testing, 16 (1997) 203-223.

[11] Wilson Nunes dos Santos. Thermal properties of polymers by non-steady-state techniques[J]. Polymer Testing, 26 (2007) 556-566.

[12] 戴文利, 薛良, 王鹏驹. 结晶性塑料在注射成型条件下的形态结构与性能[J]. 塑料. 1997, 1: 16-20.

[13] 王中任, 吴宏武. 塑料动态注射成型技术及其制品的结晶与取向研究[J]. 塑料科技. 2002, 4: 6-12.

[14] 吴维. 注射. 成型中压力对聚丙烯制品性能的影响[J]. 华东理工大学学报. 1994, 20 (4): 773-777.

[15] 王文生, 王旭霞. 聚合物结晶度对注塑制品性能影响的研究[J]. 科技研讨. 2002, 12 (3): 116-117.

[16] 谢刚, 唐瑞敏, 张新, 范雪蕾, 李泽文. 注射成型工艺参数对聚丙烯结晶度的影响[J]黑龙江大学自然科学学报. 2007, 24 (2): 155-158.

[17] 邱斌, 陈锋. 注射成型中的纤维取向[J]. 现代塑料加工应用. 2005, 17 (2): 50-52.

[18] 陈璞, 孙友松, 陈绮丽, 罗勇武, 黎勉, 彭玉. 动态注射成型方式探讨[J]. 广东工业大学学报. 1999, 16 (4): 1-4.

[19] 贾崇明, 贾颖. 剪切控制取向注射成型概述[J]. 现代塑料加工应用. 1997, 9 (6): 24-29.

[20] 陈静波, 申长雨, 刘春太, 王利霞. 聚合物注射成型流动残余应力的数值分析[J]. 力学学报. 2005, 37 (3): 272-279.

[21] 王松杰, 陈静波. 注塑件残余应力的分析研究[J]. 广东塑料. 2005. 5: 49-50.

[22] 谢鹏程. 精密注射成型若干关键问题的研究[D]. 北京: 北京化工大学, 2007.

[23] 横井秀俊. 射出成形金型における可视化・计测技术[J]. 精密工学会誌, 2007, 73 (2): 188-192.

[24] Takashi Ohta, Hidetoshi Yokoi. Visual

analysis of cavity filling and packing process in injection molding of thermoset phenolic resin by the gate-magnetization method [J]. Polymer Engineering & Science, 2004, 41（5）: 806-819.

[25] 宮内英和,今出政明,等. ツイン・ゲート着磁法による射出成形金型内樹脂流動パターンの可視化[A]. 電子情報通信学会総合大会講演論文集[C]. 东京: 情報・システム, 1998: 159.

[26] 张强. 注塑成型过程可视化实验装置的研制[D]. 大连: 大连理工大学, 2006.

[27] 谢鹏程, 杨卫民. 注射充模过程可视化实验

装置的研制[J]. 塑料, 2004, 33（2）: 87-89.

[28] 祝铁丽, 宋满仓, 张强, 等. 注塑制品模内收缩可视化模具设计[J]. 塑料工业, 2009, 37（4）: 39-42.

[29] 严志云, 谢鹏程, 丁玉梅, 杨卫民. 注射成型可视化研究[J]. 模具制造. 2010, 10（7）: 43-47.

[30] 杜彬. 光学级制品的动态内应力可视化实验研究[D]. 北京: 北京化工大学, 2011.

[31] 杜彬, 安瑛, 严志云, 杨卫民, 谢鹏程. 矩形型腔熔体充填规律的可视化实验[J]. 中国塑料. 2010, 39（6）: 1-4.

第6章

聚合物3D复印
技术的未来

聚合物 3D 复印技术（即模塑成型技术），在工业生产中广泛应用，包括注塑、吹塑、挤出、压铸或锻压成型、冶炼、冲压等加工方式，75％以上的金属制品（含半成品）、95％以上的塑料制品都是通过模具（包括压延辊筒）来成型的[1]。一个国家模具的生产能力直接决定 3D 复印技术的发展。3D 复印技术在硬件方面最重要的发展方向是模具的快速智能制造。

智能化一直是未来发展的重要趋势，随着智能物联网和工业 4.0 概念的提出和发展，3D 复印技术也必将发生智能化革命。

6.1 模具智能制造

3D 复印技术的本质是模塑成型，模具是 3D 复印技术的核心部件。传统的模具制造往往加工周期长、模具制造困难、价格昂贵，使其很难像 3D 打印机一样进入大众生活。所以模具快速制造显得尤为重要。一开始，人们称之为快速经济模具，这是传统意义上的快速模具技术，并且强调了其廉价性。

传统模具制造的方法很多，如数控铣削加工、成形磨削、电火花加工、线切割加工、铸造模具、电解加工、电铸加工、压力加工和照相腐蚀等。而传统的快速模具（如中低熔点合金模具、电铸模、喷涂模具等）又由于工艺较粗糙、精度低、寿命短，很难完全满足用户的要求，即使是传统的快速模具，也常常因为模具的设计与制造中出现的问题无法改正，而不能做到真正的"快速"。

随着科技的不断发展，模具制造的这些缺点正在不断被克服，例如，基于 3D 打印技术兴起的 3D 打印模具，以及由"活字印刷术"获得灵感的自适应模具。这些技术在不久的将来将不断发展和成熟。

6.1.1 3D 打印模具

模具行业是一个跨度非常大的行业，它与制造业的各个领域都有关联。在现代社会，制造和模具是高度依存的，无数产品的部件都要通过模制（注射、吹塑和硅胶）或铸模（熔模、翻砂和旋压）来制造。无论什么应用，制造模具都能在提高效率和利润的同时保证质量。

CNC 加工是在制造模具时最常用的技术，如图 6-1 所示。虽然它能够提供高度可靠的结果，但同时也非常昂贵和费时。所以很多模具制造企业也开始寻找更加有效的替代方式。而通过增材制造（ALM，即3D打印）制作模具就成了一个极具吸引力的方法，因为模具一般都属于小批量生产且形状都比较复杂，很适合用3D打印来完成。

图 6-1　CNC 数控加工模具

如今，3D打印和各种打印材料（塑料、橡胶、复合材料、金属、蜡、砂）已经给许多行业，如汽车、航空航天、医疗等带来了很大的便利，很多企业都在其供应链里集成了3D打印，这其中也包括模具制造（见图 6-2）。

图 6-2　离合器壳体的 3D 打印蜡模（左）以及精密铸造后得到的金属件（右）

（1）3D 打印制造模具的优点

① 模具生产周期缩短　3D打印模具缩短了整个产品开发周期，并成为驱动创新的源头。在以往，考虑到还需要投入大量资金制造新的模具，公司有时会选择推迟或放弃产品的设计更新。通过降低模具的生产准备时间，以及使现有的设计工具能够快速更新，3D打印使企业能够承受得

起模具更加频繁的更换和改善。它能够使模具设计周期跟得上产品设计周期的步伐。

此外，有的公司自己采购了3D打印设备以制造模具，这样就进一步加快了产品开发的速度，提高了灵活性、适应性。在战略上，它提升了供应链预防延长期限和开发停滞风险的能力，比如从供应商那里获得不合适的模具。

② 制造成本降低　如果说当下金属3D打印的成本要高于传统的金属制造工艺成本，那么成本的削减在塑料制品领域更容易实现。

金属3D打印的模具在一些小的、不连续的系列终端产品生产上具有经济优势（因为这些产品的固定费用很难摊销），或者针对某些特定的几何形状（专门为3D打印优化的）更有经济优势，尤其是当使用的材料非常昂贵，而传统的模具制造导致材料报废率很高的情况下，3D打印具有成本优势。

此外，3D打印在几个小时内就能制造出精确模具的能力也会对制造流程和利润产生积极的影响，尤其是当生产停机或模具库存十分昂贵的时候。

最后，有时经常会出现生产开始后还要修改模具的情况。3D打印的灵活性使工程师能够同时尝试无数次的迭代，并可以减少因模具设计修改引起的前期成本。

③ 模具设计的改进为终端产品增加了更多的功能性　通常，金属3D打印的特殊冶金方式能够改善金属微观结构并能产生完全致密的打印部件，与那些锻造或铸造的材料（取决于热处理和测试方向）相比，其机械和物理性能一样或更好。增材制造为工程师带来了更多的选择以改进模具的设计。当目标部件由几个子部件组成时，3D打印具有整合设计，并减少零部件数量的能力。这样就简化了产品组装过程，并减少了公差。

此外，它能够整合复杂的产品功能，使高功能性的终端产品制造速度更快、产品缺陷更少。例如，注塑件的总体质量要受到注入材料和流经工装夹具的冷却流体之间热传递状况的影响。如果用传统技术来制造的话，引导冷却材料的通道通常是直的，从而在模制部件中产生较慢的和不均匀的冷却效果。而3D打印可以实现任意形状的冷却通道，以确保实现随形的冷却，更加优化且均匀，最终导致更高质量的零件和较低的废品率（见图6-3）。此外，更快的除热显著减少了注塑的周期，因为一般来说冷却时间最高可占整个注塑周期的70%。

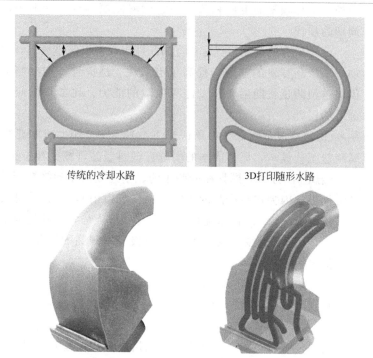

传统的冷却水路　　　　　3D打印随形水路

图6-3　3D打印金属随形、异型水路模具

④ 优化工具、提升最低性能　3D打印降低了验证新工具（它能够解决在制造过程中未能满足的需求）的门槛，从而能够在制造中投入更多移动夹具和固定夹具。传统上，由于重新设计和制造它们需要相当的费用和精力，所以工具的设计和相应的装置总是尽可能地使用更长的时间。随着3D打印技术的应用，企业可以随时对任何工具进行翻新，而不仅限于那些已经报废和不符合要求的工具。

由于需要很小的时间和初始成本，3D打印使得对工具进行优化以获得更好的边际性能变得更加经济。于是技术人员可以在设计的时候更多地考虑人体工学，以提高其操作舒适性、减少处理时间，以及更加方便易用、易于储存。虽然这样做有可能只是减少了几秒钟的装配操作时间，但是架不住积少成多。此外优化工具设计，也可以减少零件的废品率。

⑤ 定制模具帮助实现最终产品的定制化　更短的生产周期、制造更为复杂的几何形状，以及降低最终制造成本的能力，使得企业能够制造大量的个性化工具来支持定制部件的制造。3D打印模具非常利于定制化生产，如医疗设备和医疗行业。它能够为外科医生提供3D打印的个性化器械，如外科手术导板和工具，使他们能够改善手术效果，减少手术

时间。

下面介绍几种基于 3D 打印的快速模具制造技术[2]。

（2）高性能金属模具直接 3D 制造技术

高性能金属模具直接 3D 制造技术由于其技术的先进性，一直是人们关注的重点。应用最广泛的是金属粉末激光选区烧结（SLS）工艺。它借助于计算机辅助设计与制造，利用高能激光束的热效应使一层层材料软化或熔化而黏接成形并逐层叠加，获得三维实体零件。早在 1998 年，德国 EOS 公司就推出了直接利用 SLS 工艺形成任意复杂的高精度钢模制造技术，不再需要二次烧结成型、金属渗透等烦琐工艺，其成型件可直接用做注塑等模具，进行批量生产。

美国发展的激光近净成形（LENS）技术是其重要代表。LENS 工艺是一种直接由 CAD 实体模型直接制造金属模具的工艺。此工艺将 Nd：YAG 激光束聚焦于由金属粉末注射形成的熔池表面，而整个装置处于惰性气体保护之下。通过激光束的扫描运动，使金属粉末材料逐层堆积，最终形成复杂形状的模具。北京航空航天大学最近在钛合金的大型金属件的直接制造方面取得了突破性的进展，是我国 3D 打印技术发展的标志性成果，目前研究团队将注意力集中到高强钢金属件的制造上，它亦有望应用于高性能金属模具直接 3D 制造。

随着 3D 打印和快速模具技术自身的不断成熟和应用，我们必须关注以下 3 个问题：

① 材料的加工制备装备直接关系到成品的质量，大功率激光器等部件是材料制备的关键装备，目前还基本上依靠进口，这也是我们今后要着重解决的技术难点。

② 基于 3D 打印的高性能金属粉末的制备对于 3D 打印金属模具制造技术而言是至关重要的，是行业关注的新热点。

③ 成品的材料性能是考量高性能金属构件直接制造技术先进程度的最终标准，抗疲劳强度、疲劳裂纹扩散速率等性能需要达到应用标准，这也是我们需要今后进一步突破的关键点。

其他类似技术还有以下几种。

采用形状沉积制造（SDM）工艺直接制造出含复杂内流道的多组元材料金属注射模，经过一定的后处理之后，模具的尺寸精度与表面光洁度均达到要求。这种注射模由于包含其他方法所不能做到的内流道，注射时的冷却效果非常好，因此受到人们的重视。

与高速铣削（HSM）技术相结合的金属沉积快速模具制造，是另一个例子。虽然由于高速铣削装备与工艺的发展对 3D 打印快速模具技术形成了竞争，这在 20 世纪末尤为明显，HSM 不可能完成更复杂的形状（如具有冷却内流道的模具），也不可能制造具有功能梯度、材料梯度的模具，只能是同种材料的切削加工。其实高新技术都是可以相辅相成的，最近提出的组装模，人们将不同组件采用不同的快速制造方式，产生了合力的效果。许多快速模具公司同时采用 3D 打印和 HSM 两种技术，正是利用了它们之间相辅相成的特点。从制造科学发展的根本方向来说，离散/堆积成形必然会在许多方面取代去除成形，3D 打印必会占据它的一席之地。

（3）无焙烧陶瓷型精密铸造快速模具技术

此技术属于间接 3D 打印快速模具技术，关键是精密陶瓷型的制造。

精密陶瓷型制造的基本原理是以耐火度高、热膨胀系数小的耐火材料作为骨料，水解液作为粘接剂，配制成陶瓷浆料，在催化剂的作用下，经过灌浆、结胶、硬化、起模、喷烧、焙烧等一系列工序制成表面光洁、尺寸精度高的陶瓷型，用以浇铸各种精密铸件，非常适合生产各种金属快速模具。

将精密陶瓷型制造技术应用于金属模具制造具有下列显著优点：无需特殊设备，投资少；生产周期短，一般有了母模后 2~3 天内即可得到成品；节约机加工和材料消耗；精密陶瓷型铸造模具与机加工模具相比，其成本可降低几倍到几十倍；材料耐火度高，可以用来铸造各种合金、铸铁及碳钢等铸件；极好的复印性：铸件的尺寸精度和表面光洁度高；可以铸造大型的精密铸件等。

对陶瓷型进行高温焙烧会产生裂纹、形变等影响陶瓷型铸件精度的问题；对于大型陶瓷型，其焙烧炉的规模及炉内温度场的均匀性也是较难解决的问题。无焙烧精密陶瓷型制造技术是针对陶瓷型在进行焙烧的过程中出现的各种问题，在精密陶瓷型制造工艺基础上研究开发的。无焙烧精密陶瓷型制造技术能够较好地克服对陶瓷型进行高温焙烧所产生的裂纹、形变等问题，可以大幅度提高铸件的精度；同时由于采用无焙烧技术，无须修建焙烧炉，对于大型铸件来说意义尤为重大，这样不仅可以省去修建大型焙烧炉的费用，而且还可以节约大量的电力资源，从而大大降低铸件成本。

无焙烧精密陶瓷型制造技术在大型金属模具的制造领域具有广阔的应用前景。无焙烧法虽然原理简单，但是实际操作比较困难，工艺参数可变化的范围窄，从而影响了技术的推广，应当引起充分注意。

（4）铸造用蜡模和砂型的 SLS 成形制造

激光选区烧结技术（SLS）获得三维实体金属零件可用于金属模具的

快速直接制造，如果采用其他材料，则可以用于金属模具的快速间接制造。

SLS 技术成形材料广泛，适用于多种粉末材料，除金属外，如高分子、陶瓷及覆膜砂粉末等均可采用。与传统工艺相比，SLS 技术制造铸造用熔模或砂型（芯），可以在更短的制造周期内成形较高复杂度和强度的铸造用熔模或砂型（芯），缩短新产品开发周期，降低开发成本。

基于 SLS 的快速铸造技术，其工艺特征是简捷、准确、可靠和具有延展性，可有效地应用于发动机设计开发阶段中样机的快速制造；其适合单件、小批量试制和生产的特点，可迅速响应市场和提供小批量产品进行检测和试验，有助于保证产品开发速度；其成形工艺过程的可控性，可在设计开发阶段低成本地即时修改，以便检验设计或提供装配模型，有助于提高产品的开发质量；其原材料的多元性，为产品开发阶段提供了不同的工艺组合；由于 SLS 原材料的国产化和成形工艺可与传统工艺有机结合，有助于降低开发成本；其组合工艺的快捷性，支持产品更新换代频次的提高，有助于推动产品早日进入市场。

类似的技术是用各种 3D 打印成形机先制作出产品样件再翻制模具，是一种既省时又节省费用的方法。在航空等领域，许多关键零部件用传统机加工方法很难加工，必须通过模具成形。例如，某泵体部件，传统开模时间要 8 个月，费用至少 30 万。如果产品设计有误，整套模具就全部报废。而用 SLS 为该产品制作了聚合物样件，作为模具母模用于翻制硅胶模。将该母模固定于铝标准模框中，浇入配好的硅橡胶，静置 12～20h，硅橡胶完全固化，打开框，取出硅橡胶，用刀沿预定分型线划开，将母模取出，用于浇铸泵壳蜡型的硅胶模即翻制成功。通过该模制出蜡型，经过涂壳、焙烧、失蜡、加压浇铸、喷砂，一件合格的泵壳铸件在短短的两个月内制造出来，经过必要的机加工，即可装机运行，使整个试制周期比传统方法缩短了 2/3，费用节省了 3/4。

（5）基于 3D 打印的中硬模具和软模具的快速制造

以 3D 打印的原型作母模，浇注蜡、硅橡胶、环氧树脂、聚氨酯等软材料，构成软模具，这些软模具可用作试制、小批量生产用注塑模，或制造硬模具的中间过渡模、低熔点合金铸造模。这些软模具具有很好的弹性、复印性和一定的强度，在浇注成形复杂工模具时，可以大大简化模具的结构设计，并便于脱模。如 TEK 高温硫化硅橡胶的抗压强度可达12.4～62.1MPa，承受工作温度 150～500℃，模具寿命一般为 200～500件；一般室温固化硅橡胶构成的软模具寿命为 1025 件，环氧树脂合成材料构成的软模具寿命为 300 件。又如，美国杜邦公司开发出一种高温下工作的光固化树脂，用光固化（SL）工艺直接成形模具，用于注塑工艺其寿命可达22件以上。

采用SLS工艺、狭义的三维打印（3D-P）工艺可直接烧结涂敷有粘接剂的金属粉末或采用LOM工艺直接切割涂敷有粘接剂的金属薄片，当模型制造完成后，加热去除粘接剂，对模型进行低熔点金属浸渗，制造获得具有中等硬度金属复合材料模具，可用于大批量生产中。现已制造出形状很复杂的金属复合材料模具。另外，锌基合金是一种中熔点合金，它也具有中等硬度。而低熔点合金（Bi-Sn合金），虽然硬度更低，但是相比较而言，亦可归为中等硬度。它们可以采用传统的成熟的快速模具技术。近年来，也有人将它们与3D打印技术相结合，推出了一些复合工艺，既提高了模具的精度，也进一步加快了模具设计制造周期。

此外，传统的喷涂模（包括电弧喷涂、等离子喷涂等）、电铸模、硅胶模、电解加工模等，在母模或原型的制造上，更加广泛地采用了3D打印技术，它们也不再是传统意义上的快速模具了，也应当归类为基于3D打印的快速模具技术。

（6）基于因特网快速模具的网络制造技术

主要利用以因特网为标志的信息高速公路，灵活迅速地组织制造资源，把分散在不同地区的现有3D打印设备资源、智力资源和各种核心能力，迅速地组合成一种没有围墙、超越空间约束、靠电子手段联系、统一指挥的经营实体-网络联盟企业，以迅速推出高质量、低成本的3D打印原型、模具和新产品，是现代制造业所急需的。

例如，汽车覆盖件模具制造对于其快速性有极高的要求。我国已经开始组织面向覆盖件模具的网络化制造联盟，这是分布于各地的企业或组织为共同的目标形成相互协作的网络。覆盖件及其模具的相关信息是整个网络化制造联盟协作的基础。信息建模的目的在于建立计算机可以理解和处理的统一的产品模型，用于组织、管理、控制网络化联盟中产品设计、制造的过程，实现信息的有效共享。这对于新车型的适时推出意义重大。当前，各种基于3D打印的快速模具技术正在许多大中型汽车企业中得到应用，相关的网络化制造也已经提到议事日程上了。

根据3D打印成形制造技术的特点可知，该技术非常适合制造形状结构复杂、材料组成复杂的机械零部件，包括大中型零部件乃至精微零部件，因此，可以与快速模具制造技术相得益彰。目前，3D打印技术发展到一个新的阶段，不仅能直接制造金属零部件，成形精度可以达到要求，而且在尺寸非常大的成形件、微纳尺寸的成形件制造上也能发挥很大的作用，这对于尺寸范围分布广、精度要求十分苛刻、设计制造周期短的快速模具，也具有极大的吸引力。3D 打印可在很多领域发挥着传统加工难以替代的作用，并得到了越来越广泛的应用，基于 3D 打印的快速模具技术应当受到更大的重视。

　　总之，在产品、模具的设计和制造领域，特别是快速模具技术中更加充分地应用 3D 打印技术，能显著地缩短产品投放市场的周期、降低成本、提高质量、增强企业的竞争能力。加速这一技术的研究，真正为我国的经济建设服务，必将取得良好的社会效益和经济效益。

　　图 6-4 所示为 BOY 公司在 K2016 展出的 3D 打印塑料注塑模具。对于注塑制品来讲，制造商往往需要在产品正式投入大批量注塑生产之前，生产小批量的注塑件做进一步的产品验证。在这种情况下，如果通过金属注塑模具来生产小批量注塑件，则会产生高昂的成本，以及等待较长的金属模具制造周期。但是随着 3D 打印技术的不断成熟，用 3D 打印的塑料模具进行小批量注塑可以解决这些问题。

图 6-4　BOY 公司在 K2016 展出的 3D 打印塑料注塑模具

　　尽管 3D 打印的塑料注塑模具比制造金属模具节约了时间和成本，但是在注塑过程中，聚合物熔体的温度较高，只有在注射之后均匀迅速的冷却，才能保证塑料制品的质量。这就要求模具具有良好的导热性能，而我们不难想象塑料的导热性能无法与金属相比。塑料模具的导热性能弱，注塑周期变长。因此，3D 打印的塑料模具更适合用于生产处于研发阶段的少量新产品，或者少量急用的产品以及中小型的注塑制品。

6.1.2 自适应模具

对于模具的快速制造，笔者由"活字印刷术"获得灵感，提出自适应组装模具的概念，包括自适应注射模具、自适应吸塑模具、自适应吹塑模具等。

传统的模具往往一个模具只能成型一种制品，就像雕版印刷术一样，每一本著作印制都要雕刻成版。而自适应模具的概念就是指将模具设计成一种可以随着成型制品形状不同而变化的单元柱组合模。模具单元化，根据成型制品的轮廓进行再组装，得到相应的成型模具，以适应不同制品的需要。

（1）自适应注射模具

专利"一种3D复印技术方法及设备"提到一种自适应注射模具。通过注塑机模具的微分单元化，再分配组合，形成适合所成型制品的模具，实现模具对三维实体的自适应匹配。具体方法为，对三维实体进行三维扫描或使用三维软件直接建模，然后通过计算机程序语言对三维模型进行单元化处理，进而控制模具各微分单元模块组合成所对应制品的模具型腔，然后通过注射成型的方式实现3D实体的快速高效复印。

其核心装置是单元组合模具装置，如图6-5所示，由动模底板、动模电磁铁系统、动模四周固定板、动模单元模块、定模四周固定板、定模单元模块、定模电磁铁系统、定模底板等组成。动模单元模块和定模单元模块可分别在动模电磁铁系统和定模电磁铁系统作用下线性移动。

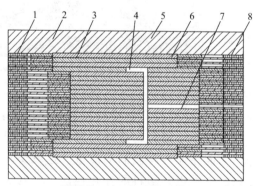

图6-5 单元组合模具装置

1—动模电磁铁系统；2—动模四周固定板；3—动模单元模块；4—模具型腔；
5—定模四周固定板；6—定模单元模块；7—浇口；8—定模电磁铁系统

动模单元模块和定模单元模块结构一致，均由单元杆、永磁铁杆、石墨烯镀层组成，单元杆与永磁铁杆上下连接，单元杆外围覆盖石墨烯镀层。通过改变电磁铁中电流的方向可以实现与永磁铁杆的相吸与相斥，通过改变电磁铁中电流的大小可以实现与永磁铁杆末端距离的调节。单元组合模具装置通过计算机程序控制电磁铁中电流的大小与方向，使单元杆和永磁铁杆做精确移动，通过动模单元模块和定模单元模块的位置配合形成模具型腔与浇口，进而注射成型得到三维制品。

该专利中还提到一种方法，通过改变磁流体内部磁场以控制磁流体的形状来形成模具型腔，如图6-6所示。

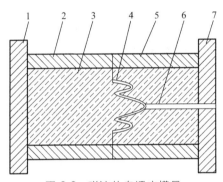

图6-6　磁流体自适应模具

1—动模底板；2—动模四周固定板；3—磁流体；4—模具型腔；
5—定模四周固定板；6—浇口；7—定模底板

磁流体又称磁性液体、铁磁流体或磁液，是一种新型的功能材料，它既具有液体的流动性又具有固体磁性材料的磁性，是由直径为纳米级（10纳米以下）的磁性固体颗粒、基载液（也叫媒体）以及界面活性剂三者混合而成的一种稳定的胶状液体。该流体在静态时无磁性吸引力，当外加磁场作用时，才表现出磁性，并且做出反应，外形随磁场而变化。

该方法可形成复杂型腔，成型复杂制品，适用于型腔压力较小的情况。

（2）自适应吸塑模具

专利"个性化口罩快速制造3D打印复印一体机"[3]提到一种自适应吸塑模具，如图6-7所示。其核心在于数字化控制3D吸塑模具。数字化控制3D吸塑模具包括单元柱、单元柱支撑板、复位弹簧、电磁位移发生器、真空通道和模具箱体；复位弹簧套在单元柱下部分以实现自动复位功能；每个单元柱下端存在磁铁，磁铁的极性与其下方的电磁发生器产生的磁场的极性相同，同性磁极相互排斥以实现单元柱上下移动，电磁位移发生器设置在单元柱的正下方从而使得单元柱受力比较均匀稳定，真空通道开设在模具箱体底部正中央，单元柱中心有气孔或单元柱间有通气的通道，单元柱支撑板为单元柱的安装板，单元柱支撑板上开孔的个数与单元柱的个数相同，单元柱支撑板为单元柱导向，单元柱的上部分截面直径大于单元柱支撑板上单元柱安装孔的截面直径，复位弹簧顶在单元柱支撑板下方，单元柱支撑板位于模具箱体内的高度接近中间位置，单元柱在弹簧和电磁力的作用下在单元柱支撑板的空中可上下自由移动。

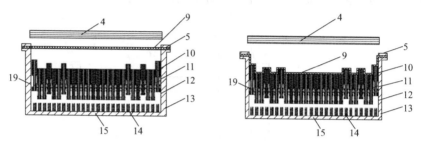

图 6-7　自适应吸塑模具（左：成型前；右：成型后）

4—预热及冷却装置；5—夹持装置；9—片材；10—通气孔；11—单元柱；12—复位弹簧；
13—模具箱体；14—真空通道；15—电磁位移发生器；19—单元柱支撑板

该发明中的数字化控制 3D 吸塑模具的工作原理是通过计算机控制系统控制，使电磁位移发生器中的线圈产生不同的电流值，从而形成不同大小的电磁力，再根据磁场同极相斥的原理使单元柱向上移动，单元柱通过上下移动达到不同的位移，组合形成不同的模具表面，实现模具的可变性。

自适应吹塑模具与自适应吸塑模具基本一致，不同之处在于吸气还是吹气。

虽然自适应模具目前还只是一个概念，仅见于专利中。但是随着制造业的不断发展，它不失为模具快速制造与制品个性化定制 3D 复印成型提供了一种可能性。

6.2　3D 印制技术

针对于发泡板材、纤维预浸料片材等板件的成型，笔者提出了"3D印制成型"的概念。聚合物 3D 印制技术，又可称作聚合物 3D 压熨技术，本质上也属于 3D 复印的范畴。它是指对聚合物板材进行一点或多点热压成型的技术，从而实现板件制品的快速高效复制。

专利"热力磁多场耦合电控磁流体压塑 3D 打印成型装置及方法"[4]提出一种对发泡材料进行 3D 印制浮雕壁纸的方法，如图 6-8 所示。其工作原理为利用特定磁场控制磁流体的波峰，进而对发泡材料进行热塑雕刻。因为磁流体形状具有随着磁场的变化而变化的特性，因此可以通过控制系统发出特定的磁场以得到所需要的磁流体形状，对发泡材料进行多点压熨成型。

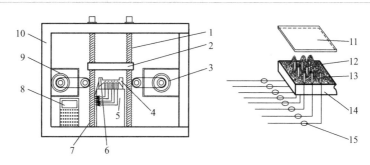

图 6-8 热力磁多场耦合电控磁流体 3D 印制成型装置（左）及其原理图（右）
1—滚珠丝杠；2—压板（固定板）；3—电动机；4—磁流体器皿；5—永磁铁；
6—可输送导轨；7—控制线；8—控制系统；9—输送带；10—机座；
11—发泡材料；12—磁流体；13—描绘计；
14—永磁铁；15—脉冲电极

主要包括以下步骤：第一步，输送系统通过输送带将发泡材料输送到磁流体正上方的导轨上，压板将其固定；第二步，控温系统控制电磁加热器对磁流体的加热通过温度传感器调节，达到发泡材料最优化的热塑成型温度；第三步，控制系统对图案花纹的立体模型进行分析，然后控制各个描绘计相对应的脉冲电极产生电压，以调节产生的磁流体波峰高度；第四步，打印系统因脉冲电极产生的电压，由描绘计所特有的磁化作用，磁流体形成以描绘计为中心的、持有波峰突起的状态，从而对发泡材料进行热塑成型；第五步，可输送导轨将热塑好的 3D 浮雕壁纸输送到传送带上。

专利"机械手操控磁流体压熨成型装置及方法"[5] 提到一种 3D 压熨成型的装置以用来实现纤维预浸料片材的成型，采用单模系统即可完成纤维预浸料材料的成型，如图 6-9 所示，左边为 3D 压熨成型的装置示意图，右边为压熨成型的人脸模型。

在加工成型开始时，送料预热装置的放卷辊将纤维预浸料展开放卷，输送电机带动输送辊对卷曲的纤维预浸料进行输送，纤维预浸料经预热辊预热后进入单模；此时输送停止，剪切压紧装置下移，剪切并压紧纤维预浸料；然后压熨装置对其进行压熨，成型结束后顶出机构顶出制品；最后取件机器手取出制品，进行下一个循环。

该发明中的核心部件为压熨装置。压熨装置的压熨头能在三自由度导轨上实现三轴向运动，并对物料进行充分压熨。压熨头内部有电磁铁，通电后能在磁流体内部产生磁场，并使磁流体形状随设定磁场的变化而变化。压熨头内部装有电加热棒，能对磁流体进行加热。

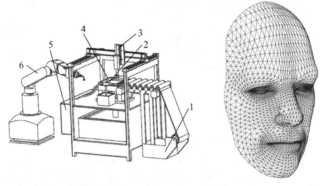

图 6-9　机械手操控磁流体压熨成型装置（左）及其成型制品（右）
1—送料预热装置；2—剪切压紧装置；3—压熨装置；
4—单模系统；5—模具加热装置；6—取件机器手

专利"浮雕壁画数字点阵热压 3D 打印成型方法及装置"[6] 提出一种利用加热的特制打印头击打发泡材料热塑成型立体花纹的方法，如图 6-10 所示。其基本方法是通过控制系统驱动多个打印头组成数字点阵以"面"为单位进行 3D 印制。

主要包括以下步骤：第一步，电磁加热器对特制打印头进行加热，通过温度传感器调节以达到材料所需塑化熔融温度；第二步，控制系统控制激励线圈通电，进行试打印，压力传感器反馈出所打印的深度和力的大小到控制系统，控制系统通过调节激励线圈电流的大小以达到所需的打印图案凹槽深度；第三步，滚筒或输送带将发泡材料输送到特制打印头部位，进入正式打印阶段；第四步，控制系统由所建立图案花纹的立体模型，进行控制多针打印，在发泡材料上形成数字点阵打印成型花纹图案。

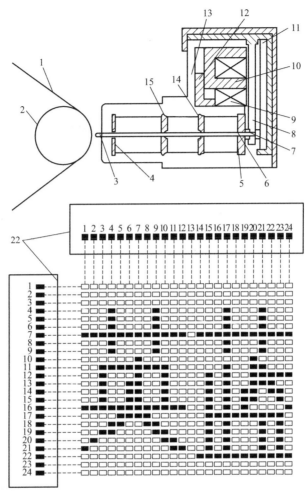

图6-10　数字点阵热压3D印制成型装置原理图（左）及其印制效果图（右）

1—发泡材料；2—滚筒或输送带；3—特制打印头；4—针向导片一；5—弹簧压阻片；
6—复位弹簧；7—压簧块；8—衔铁；9—激励线圈；10—电磁铁芯；
11—永磁铁；12—定位阻挡片；13—打印头壳体；14—针向导片二；
15—针向导片三；22—控制系统

6.3 智能物联时代

物联网（the internet of things，IOT），顾名思义是把所有物品通过
网络连接起来，实现任何物体、任何人、任何时间、任何地点的智能化

识别、信息交换与管理。而我们对于物联网的理解则为 intelligent inter-connection of things（IIOT），体现出了"智慧"和"泛在网络"的含义，所以我们称之为"智能物联网"，简称"智能物联"。

智能物联的本质就是将 IT 基础设施融入到物理基础设施中，也就是把感应器嵌入和装备到电网、铁路、桥梁、隧道、公路、建筑、供水系统、大坝、油气管道等各种物体中，并且被普遍连接，形成所谓"智能物联网"，实现实时的、智慧的、动态的管理和控制。

智能物联前景非常广阔，它将极大地改变我们目前的生活方式，我们的未来将是一个智能化的世界，将广泛运用于智能交通、环境保护、政府工作、公共安全、平安家居、智能消防、工业监测、老人护理、个人健康等多个领域，这一技术将会发展成为一个上万亿元规模的高科技市场。

当今制造业也面临新一轮的技术革命，智能制造将会是整个制造业的发展趋势，对此，德国率先提出了工业 4.0 的思想，代表着第四次工业革命的到来。注塑工业作为制造业的一个重要部分，也应该应势而为，寻求突破，着力发展注塑工业 4.0。

注塑工业 4.0 以智能制造为核心，其思想是将传统注塑工业和信息通信技术深度融合，在整个制造过程、制造产品及生产设备上，都融入信息技术，能够实时反馈、监控产品和设备的运行参数，并对整个制造过程进行自行优化。

注塑工业 4.0 中，最重要的一个环节就是智能生产。智能生产是一种"负责任的""有针对性"的生产活动。所谓"负责任"是指利用先进的传感器技术（如视觉检测技术等），实时反馈产品在流水线上的信息，产品是否符合要求、哪里有缺陷等信息都可传送到控制总部，从而检出不良品并自行及时调整工艺，使产品正常生产；所谓有"针对性"是指充分遵循客户个性化定制的要求，根据产品身上的"标签"（产品定制信息）自动进行个性化，小批量的生产。

在注塑工业中，产品的生产过程包括原料的处理与输送、注射成型、产品取出、自动化流水、后续处理过程（因产品而异）等，因此在整个注塑过程中实现智能生产的具体表现为以下几点。

（1）高度自动化集成

注塑机周边应配置多项自动化设备，如自动供料系统、机械手、自动流水线等。所有配置的周边设备应遵循两点原则：减少人工密集化、重复性的劳动；为实现提高产品的品质、生产效率和个性化生产的需求。

（2）RFID技术的应用

通过射频识别技术（radio frequency identification，RFID），可编码原料、原料处理设备、模具，并将收集的信息传送给注塑机控制系统。即将产品从原料到成品整个流程的所有信息记录并连接起来。

（3）设备智能化

① 注塑机应具有高度智能化　注塑机作为注塑工业中的主体设备，其自身应集成先进的传感技术，实时监测产品信息以及机器运行信息。同时，注塑机应具有高度的通信能力，能够集成周边设备的信息，并可进行智能地工艺调整。

此外，注塑机还应该将收集的信息（包括自身信息、周边设备信息、产品信息）传送到更高层的智能系统，如制造执行系统MES。

② 周边设备具有一定智能化　周边设备辅助注塑机成型制品，其应具备一定的信息接收能力、自动调整能力，以及信息反馈能力。如周边辅助设备应能够针对不同的产品和模具，自动调节所需的工艺，并将该工艺条件数据实时传送给注塑机或其他集成控制器。

（4）信息的通信

注塑工业4.0要求原料、设备、产品以及控制系统之间需进行实时、快速、准确地信息通信。具体表现为：注塑机与周边设备及原材料的信息通信；注塑机与MES的信息通信；产品反馈信息与注塑机或MES系统的信息通信；ERP与MES的信息通信。

（5）信息的集成

注塑机、周边设备以及产品的信息需集成在某一个或多个控制器上，方便操作、查看与监控。

（6）对反馈信息的智能反应

建立设备异常、产品缺陷等情况的大数据库，当某台设备运行参数异常，应能够快速智能分析原因并进行自行调整运行参数或停机报警，并将该信息发送到制造执行系统（MES）和管理系统（如ERP），以及时调整订单和交期等。

当某种产品的次品检出率增高时，应能够迅速核查从原料到成品整个生产过程中，各个环节的工艺参数是否偏离设定公差，设备运行是否有异常，材料批次是否更换等，并将这些信息汇总并智能分析和初步智能调整工艺参数，或汇总成报告显示，供技术人员迅速查明原因并做出正确反应。

其次，在实现注塑智能生产的基础上，可思考构建智能注塑工厂。

智能注塑工厂要求信息充分互通，可以以注塑机控制系统为单位，将其收集的所有信息，包括注塑机自身信息，原料信息及周边设备信息等，传送给更高层的控制系统，如 MES。

通过 MES 系统，可监控、查看及操作注塑车间的所有设备，并有条理地追踪产品从原料到成品整个流程中所经历的所有设备及设备的运行情况、工艺参数等，当产品生产出现问题应能迅速追溯源头，查明原因。

在智能注塑工厂中，生产制造执行系统 MES 应与管理系统 ERP 充分进行信息互通，建立强大的信息物理网络（CPS）。

计划执行者可通过实时的车间注塑机信息（停产状态、故障状态、运行状态）合理安排订单的生产情况。当车间出现突发情况（如机器故障），能够及时调整生产计划。业务部门可通过查看车间设备生产状况，对其订单量、交期等进行评估。

这样，很好地解决了业务部门和生产部门的信息孤立的问题。

对于注塑设备供应商来说，应考虑借助大数据、云服务等互联网技术，布局智能服务网络，实时监控设备运行状况，及时通知客户设备是否需要检修等，以实现智能服务。

目前，注塑生产商阿博格（ARBURG）、克劳斯玛菲（Krauss-Maffei）、恩格尔（ENGLE）等企业相继推出了自己的工业 4.0 方案，在智能检测、智能控制、信息记录跟踪、数据共享、远程维护等方面取得了很大的进展。

注塑工业 4.0 目前还处于起步阶段，仍需要突破许多的技术屏障，仍需要融入更多新的思想和创意，但其宏大的远景是值得注塑行业的有识之士去探索、去尝试。相信随着工业 4.0 的不断发展与智能物联时代的到来，3D 复印技术及模具制造技术也将更加智能、更加高效、更加方便。

参考文献

---

[1]　申开智.塑料成型模具［M］.北京：中国轻工业出版社，2002.

[2]　颜永年，张人佶，张磊.3D 打印技术与快速模具制造[C]. //中国模协技术委员会第七届委

员会换届会议论文集，浙江黄岩，2013.

[3] 杨卫民，鉴冉冉，焦志伟，等. 个性化口罩快速制造 3D 打印复印一体机 [P]. 中国: 2015104155792, 2015-07-15.

[4] 杨卫民，鉴冉冉，李发飞，等. 热力磁多场耦合电控磁流体压塑 3D 打印成型装置及方法 [P]. 中国: 2014102733755, 2014-06-18.

[5] 杨卫民，鉴冉冉，阎华，等. 机械手操控磁流体压熨成型装置及方法 [P]. 中国: 2015103864768, 2015-06-30.

[6] 杨卫民，鉴冉冉，戴正文，等. 浮雕壁画数字点阵热压 3D 打印成型方法及装置[P]. 中国: 2014103649362, 2014-07-29.

索 引